"十四五"职业教育国家规划教材

职业教育电类系列教材

U0160586

电工基础

第4版 | 微课版

俞艳 / 主编

金国砥 鲁晓阳 / 副主编

ELECTRICITY

人民邮电出版社
北京

图书在版编目（CIP）数据

电工基础：微课版 / 俞艳主编. -- 4版. -- 北京：
人民邮电出版社，2022.1
职业教育电类系列教材
ISBN 978-7-115-58164-8

Ⅰ. ①电… Ⅱ. ①俞… Ⅲ. ①电工－职业教育－教材
Ⅳ. ①TM1

中国版本图书馆CIP数据核字(2021)第251040号

内 容 提 要

本书以职业学校电类、机电类专业学生所必备的基本知识为主线，主要包括电路的基本知识、直流电路、电容器、磁与电、单相正弦交流电路、三相交流电路、变压器与电动机、安全用电与节约用电 8 章内容。每章均设有学习目标、本章小结、思考与练习，将技能训练融合在各知识点中，便于教师教学与学生自学。

本书思路新颖，体系完整，注重基础，突出应用，贴近职业学校教学实际，可作为职业学校电类、机电类专业"电工基础"课程教材，也可作为相关岗位培训教材。

◆ 主　　编　俞　艳
　　副 主 编　金国砥　鲁晓阳
　　责任编辑　王丽美
　　责任印制　王　郁　焦志炜
◆ 人民邮电出版社出版发行　　北京市丰台区成寿寺路 11 号
　　邮编　100164　　电子邮件　315@ptpress.com.cn
　　网址　https://www.ptpress.com.cn
　　大厂回族自治县聚鑫印刷有限责任公司印刷
◆ 开本：889×1194　1/16
　　印张：15.75　　　　　　　　2022 年 1 月第 4 版
　　字数：403 千字　　　　　　2025 年 1 月河北第 15 次印刷

定价：49.80 元

读者服务热线：(010)81055256　印装质量热线：(010)81055316
反盗版热线：(010)81055315
广告经营许可证：京东市监广登字 20170147 号

前　言

本书根据教育部颁布的职业学校"电工基础"教学大纲，同时参考相关国家职业技能标准编写。本书可供职业学校电类、机电类专业"电工基础"课程使用，也可作为相关岗位培训教材。

本书第 3 版是"十三五"职业教育国家规划教材。第 4 版是在前一版的基础上，根据职业教育的培养目标，坚持"以满足学生多元发展需要为宗旨，以岗位需求为依据，以职业实践为主线，以核心能力培养为本位"，使教学内容更加贴近职业学校教学实际，与职业学校电类、机电类专业培养目标相符，与行业、企业的技术发展接轨，与课程标准、职业技能标准对接，与学生认知水平相恰，努力体现"思路新颖，体系完整，注重基础，突出应用"的特点。

立德树人——本书为全面贯彻党的二十大精神，在"应用、提示、阅读材料"等小栏目中，有机融入与课程内容相关的制造强国、科技强国、中华优秀传统文化、产业发展新成就、绿色低碳、安全教育、工匠精神等内容，体现爱国主义，推动绿色发展，弘扬专业精神、劳动精神和勤俭节约精神，将立德树人落实到课程中。

思路新颖——本书遵循"学为主体、理实一体、做学合一"的编写思路，以提高学生全面素质为基础，培养学生能力为重点，对接课程标准和职业技能标准，理论联系实际，体现学以致用的原则，应用性强。在行文中力求语句简练，通俗易懂，图文并茂，使内容更直观。在编撰的体系结构上，采用模块结构，使学生在学习过程中更能感受到连贯性、针对性和选择性。在讲解方法上，注重学生兴趣，灵活多变，融知识、技能于兴趣之中。借助现代信息技术，配套数字课程资源，在相关的知识和技能点、本章小结旁插入二维码，读者扫描后可以通过网络观看相关视频和资料，更好地理解和掌握知识与技能。

体系完整——本书从职业岗位群对人才能力的需求出发，对接标准，努力适应现代电气电子工程技术的发展，将强电、弱电知识合为一体，内容分为必学与选学（打*号）两类，增加教材的灵活性，以适应不同专业、不同地区、不同学校、不同学制的教学需要。必学内容为各专业都应共同学习的"电工基础"中最基本、最重要的内容，选学内容为非共同性的基本内容，供不同专业、不同学校根据实际需要选择。本书满足经济社会发展和科技更新的时代需求，符合职业学校学生的认知规律和学习特点。

注重基础——"电工基础"是职业学校电类、机电类专业的一门技术基础课程，是电类、机电类专业对口升学、职业技能等级考试的必考内容。为使职业学校学生的能力结构能适应社会多方面的需求，体现"宽基础"的职业教育特色，本书注重"四基"，即基本知识、基本技能、基本能力和基本素养，使学生具备分析和解决生产、生活实际问题的能力，具备学习后续相关专业课程的能力；对学生进行职业意识培养和专业精神养成教育，提高学生的专业能力和综合素质，为学生对口升学以及就业所需的专业能力、职业素养、综合素质培养奠定良好的基础；增强学生适应职业变化的能力，促进学生职业生涯发展。

突出应用——职业教育的突出特点是应用性和实践性。本书本着知识内容"必需、够用"的原则，充分考虑学生的认知水平和已有的知识、技能、经验和兴趣，降低理论教学的难度，简化以学科知识体系为背景的知识要点的陈述，强化知识的应用性、技能的可操作性；以应用为主线，体现基本理论在工作现场的具体指导与应用，加强电工基本理论与技术革新的沟通，突出与现实生活和职业岗位的联系，引导教与学转向满足生产技术与生产岗位的实际需求，将电路基础知识的学习、基本技能的训练与生活生产的实际应用相结合，通过理实一体教学实践，让学生学有所乐、学有所用、学有所得。

使用本书教学建议总学时为 126～144 学时，各学校可根据教学实际灵活安排。各部分内容学时分配参见下表。

章序号	课程内容	学时数			
		讲授	实践	复习与评价	合计
1	电路的基本知识	12～14	6	2	20～22
2	直流电路	12～18	4	4	20～26
3	电容器	4～6	2	2	8～10
4	磁与电	8～10	2	2	12～14
5	单相正弦交流电路	16～20	4	2	22～26
6	三相交流电路	12～14	2	2	16～18
7	*变压器与电动机	6	2	2	10
8	*安全用电与节约用电	6	2	2	10
	机动			8	8
总　计		76～94	24	26	126～144

本书由杭州市萧山区第一中等职业学校俞艳任主编，杭州市中策职业学校金国砥、鲁晓阳任副主编，汪衍伟、赵红琴、金邓勋、吴晴华、汤芳丽、鲍洪霖参编。在本书的编写过程中，得到了杭州市萧山区第一中等职业学校、杭州市中策职业学校、杭州市千岛湖中等职业学校、温州市职业中等专业学校领导和老师们的大力支持，在此表示真挚的感谢！

由于编者水平有限，书中难免存在不足之处，恳请广大读者批评指正。

编　者

2023 年 5 月

素质教育内容设计

序号	章	节	内容	元素
1	第1章 电路的基本知识	1.1 电路	【应用】三峡水电站	中华人民共和国成立后的建设成就
2			【应用】太阳能电池	绿色低碳
3		1.4 电源与电源电动势	【应用】新能源汽车	科技强国、绿色低碳
4			【阅读材料】废电池回收	保护环境
5		1.5 电阻	【阅读材料】超导现象	科技强国
6		1.7 电能与电功率	【提示】节约用电方法	资源节约集约利用
7		1.2 电流、1.3 电压与电位、1.6 欧姆定律、1.7 电能与电功率、1.8 最大功率输出定理	【科学家小传】安培、伏特、欧姆、焦耳、瓦特	科学家精神
8		1.9 技能训练	【提示】遵守安全操作规范	职业素养
9	第2章 直流电路	2.2 电阻并联电路	【小结】串联、并联电路分析方法	科学素养
10		2.5 基尔霍夫定律及其应用	【科学家小传】基尔霍夫	科学家精神
11		2.6 电路的等效变换	【提示】等效变换	科学素养
12	第3章 电容器	3.1 电容器与电容	【科学故事】莱顿瓶	科学素养
13		3.3 电容器的充放电与电场能	【应用】超级电容器	科技强国
14	第4章 磁与电	4.1 磁的基本概念	【应用】指南针	中华优秀传统文化
15			【应用】磁悬浮	科技强国
16		4.1 磁的基本概念 4.2 磁场的基本物理量 4.5 电磁感应 4.6 电感器	【科学家小传】奥斯特、韦伯、特斯拉、法拉第、亨利	科学家精神
17	第5章 单相正弦交流电路	5.1 正弦交流电的基本物理量	【应用】微波	科技强国
18			【科学家小传】赫兹	科学家精神
19		5.5 感性负载与电容并联交流电路	【应用】提高功率因数	绿色低碳
20		5.7 技能训练	【提示】绿色照明光源	绿色低碳
21			【提示】规范接线	工匠精神
22	第6章 三相交流电路	6.2 三相负载的连接	【应用】三相四线制中性线	职业素养
23	第7章 变压器与电动机	7.1 变压器	【应用】特高压输电	中华人民共和国成立后的建设成就
24	第8章 安全用电与节约用电	8.1 电能的生产、输送和分配	【阅读材料】中华人民共和国成立后的电力工业发展	中华人民共和国成立后的建设成就
25		8.2 触电及现场处理	【阅读材料】雷电与避雷装置	职业素养
26		8.4 用电保护	【应用】家用电器插座接线	职业素养
27		8.5 安全用电案例	【提示】安全用电	职业素养
28		8.6 节约用电	【提示】一度电的应用	绿色低碳

目　录

电路的基本知识

现代社会，"电"已经越来越多地应用到了人们生产、生活的各个领域。生活中，五花八门的家用电器给生活带来了舒适和便利；生产中，电子电工技术已成为现代科学技术的基础和主导。很难想象，如果没有电，生活会是怎样的。所以，同学们即将从事的"电"的工作，是多么重要！

现在，一起走进神奇的"电"的世界，学习电路的基本知识吧。

知识目标

- 理解电流、电位、电压、电动势、电阻、电能、电功率等基本电量。
- 知道常用电阻器的类型，熟悉常用电阻器的型号，会识别电阻器的主要参数。
- 掌握欧姆定律、焦耳定律和最大功率输出定理等基本定律（定理）。

技能目标

- 能比较电位与电压、电压与电动势、电能与电功率，具有计算电路基本电量的能力。
- 会应用电阻定律、欧姆定律、焦耳定律和最大功率输出定理，分析和解决生产、生活中的实际问题。
- 会使用仪表测量电流、电压、电阻、电能等基本电量。

1.1 电路

学习目标

- 认识电路组成的基本要素，知道电路的工作状态。
- 会识读简单的电路图。

人们的生活已经离不开"电"了。现实生活中，多姿多彩的照明灯具为大家带来了光明，款式多样的手机让地球互联互通……这些都离不开电路，除此之外大家还可以列举很多的电路吧。这些电路类型多种多样，结构形式也各不相同。那么，一个完整的电路包括哪几个部分？如何来分析电路呢？

1.1.1 电路的基本组成

电路是电流流过的路径。一个完整的电路通常至少要由**电源、负载、连接导线、控制和保护装置**4部分组成。图1.1所示为由干电池、小灯泡、导线和开关组成的简单电路。

1. 电源

图1.1所示电路中，干电池是电路的电源。**电源是供给电能的装置，它把其他形式的能转

换成电能。图 1.2 所示为生活中常见的干电池与蓄电池，它们把化学能转换成电能；图 1.3 所示为举世闻名的三峡水电站。水电站的发电机把机械能转换成电能；光电池把太阳的光能转换成电能；等等。

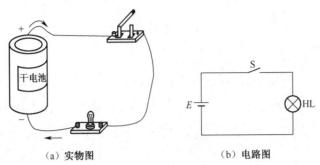

（a）实物图　　　　　　　　　　　（b）电路图

图 1.1　简单电路

图 1.2　干电池与蓄电池

图 1.3　三峡水电站

 应用

　　三峡水电站，又称三峡工程、三峡大坝，位于中国重庆市到湖北省宜昌市之间的长江干流上。大坝位于宜昌市上游不远处的三斗坪，并和下游的葛洲坝水电站构成梯级电站。它是世界上规模最大的水电站，也是中国有史以来建设的最大型工程项目。水电站大坝高 185m，蓄水高 175m，水库长 2 000 余千米，安装了 32 台单机容量为 70 万千瓦的水电机组，是全世界最大的（装机容量）水力发电站。它于 1994 年正式动工兴建，2003 年开始蓄水发电，2009 年全部完工。

2. 负载

图 1.1 所示电路中，小灯泡是电路的负载。**负载也称用电设备或用电器，是应用电能的装置，能把电能转换成其他形式的能量。**如图 1.4 所示，电灯泡把电能转换成光能，电动机把电能转换成机械能，电热水壶把电能转换成热能等。

（a）电灯泡　　　　　　（b）电动机　　　　　　（c）电热水壶

图 1.4　常见的负载

3. 导线

导线把电源和负载连接成闭合回路，输送和分配电能。常用的导线是铜线和铝线，如图 1.5 所示。

4. 控制和保护装置

图 1.1 所示电路中，开关是电路的控制装置。为了使电路安全可靠地工作，电路通常还安装有开关、熔断器等器件。它们对电路起控制和保护作用。常见的控制和保护装置有开关、低压断路器和熔断器等，如图 1.6 所示。

图 1.5　常见的导线

（a）常用开关　　　　　　　　　　（b）低压断路器　　　　　　　（c）熔断器

图 1.6　常见的控制和保护装置

太阳能电池是把光能直接转换成电能的一种半导体器件，如图 1.7 所示。太阳能发电安全可靠，无噪声，无污染；能量随处可得，无须消耗燃料；无机械转动部件，维护简便，使用寿命长；建设周期短，规模大小随意；可以无人值守，也无须架设输电线路，还可方便地与建筑物相结合，是常规发电和其他发电方式所不及的。

自从 1954 年第一个光电池问世以来，人们发现硅、锗、砷化镓等半导体材料都可以用来制造太阳能电池，而其中硅光电池应用最为广泛。它是最早被用作人造地球卫星的电源。现在，某些助听器、手表、半导体收音机、无人灯塔、灯光浮标、无人气象站、无线电中继站等设施的电源，都已使用了硅光电池。随着新材料的不断开发和相关技术的发展，以其他材料为基础的太阳能电池也越来越显示出良好的前景。

图 1.7　太阳能电池

1.1.2　电路图

图 1.1（a）所示为简单电路的实物图，它虽然直观，但画起来很复杂，不便于分析和研究电路。在工程上，为了便于分析和研究电路，通常用统一规定的符号来表示电路，称为**电路图**，如图 1.1（b）所示。**电路图是用来说明电气设备之间连接方式的图。**电路图中常用的部分图形

符号见表1.1。

表1.1　　　　　　　　　　　　　电路图中部分常用的图形符号

名　称	图形符号	名　称	图形符号	名　称	图形符号
电阻	─▭─	电感	～～～	电容	─┤├─
电位器	▭	开关	／	电池	─┤┣─
电灯	⊗	电流表	Ⓐ	电压表	Ⓥ
熔断器	▭	接地	⏚	接机壳	⊥

1.1.3　电路的工作状态

电路的工作状态有通路、开路和短路3种。

1．通路

通路是指正常工作状态下的闭合电路。此时，开关闭合，电路中有电流通过，负载能正常工作。如正常发光的灯泡、转动的电动机，都处于通路状态。

2．开路

开路，又称断路，是指电源与负载之间未接成闭合电路，即电路中有一处或多处是断开的。此时，电路中没有电流通过。当开关处于断开状态时，电路开路是正常状态；但当开关处于闭合状态时，电路仍然开路，就属于故障状态，需要维修电工检修。

3．短路

短路是指电源不经负载直接被导线相连。此时，电源提供的电流比正常通路时的电流大许多倍，严重时，会烧毁电源和短路内的电气设备。因此，电路不允许无故短路，特别不允许电源短路。防止电路短路的常用保护装置是熔断器。

┛应用┗

　　熔断器，俗称保险丝，是低压供配电系统和控制系统中最常用的安全保护电器，主要用于短路保护，有时也可用于过载保护。其主体是用低熔点金属丝或金属薄片制成的熔体，串联在被保护电路中。它根据电流的热效应原理，在正常情况下，熔体相当于一根导线；当电路短路或过载时，电流很大，熔体因过热而熔化，从而切断电路起到保护作用。图1.6（c）所示为电气控制电路中常见的熔断器。

1.2　电流

学习目标

⊙ 说出电流的概念，写出电流的公式。

⊙ 说出电流的方向，区分电流的参考方向和实际方向。

生活中，大家一按开关，灯立即会亮，这是为什么呢？这是由于电路接通后形成的电流，把能量从电源送到了电灯上，电灯就亮了起来。那么，如何形成电流呢？电流的大小和方向又是如何确定的呢?

1.2.1 产生电流的条件

如图 1.8 所示,有两个带电体 A、B。A 带正电,B 带负电。如果用一段金属导体将这两个带电体连接起来,它们之间会产生什么情形呢?

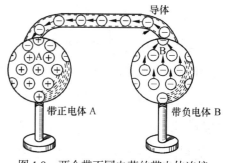

图 1.8 两个带不同电荷的带电体连接

两个带电体 A、B 之间将形成电流。因为金属导体中存在着许多自由电子,自由电子是带负电荷的。因此,一方面带正电的带电体 A 吸引导体中的自由电子;另一方面带负电的带电体 B 则排斥导体中的自由电子。这样一吸一斥,导体中的自由电子就由带负电体 B 一端流向带正电体 A 一端。靠近带负电体 B 一端导体中失去的自由电子则由带负电体 B 中的电子源源不断地补充。导体中的电子流就这样一直维持到带电体 A、B 的正负电荷互相完全抵消(中和)为止。这种自由电子的定向移动形成的电子流就称为电流。

电流形成示意图

因此,要形成电流,首先要有可以移动的电荷——自由电子。金属导体中就有能移动的自由电子。同时,要获得持续的电流,导体两端必须保持一定的电位差(电压),才能持续不断地推动自由电子朝同一个方向移动。

⌐ 提示 ∟

思考一下水流形成的条件。要形成水流,首先要有水(能自由移动的水分子),其次还必须保持一定的水位差(水压)。

1.2.2 电流的概念及方向

电流的本质是自由电子的流动。电流的流动如同水在水泵作用下在水管里的流动。水在水管中流动,流量有多有少;同样,电流在导体中流动,也有多有少。衡量电流大小或强弱的物理量称为电流。

电流物理量定义

电流的大小等于通过导体横截面的电荷量与通过这些电荷量所用的时间的比值,用公式表示为

$$I = \frac{q}{t} \tag{1-1}$$

式中:I——电流,单位是安培(A);

q——通过导体横截面的电荷量,单位是库仑(C);

t——通过电荷量所用的时间,单位是秒(s)。

在国际单位制中,电流的单位是安培,简称安,符号是 A。如果在 1s 内通过导体横截面的电荷量是 1C,导体中的电流就是 1A。电流的常用单位还有毫安(mA)和微安(μA),它们之间的关系为

$$1A=10^3 mA=10^6 \mu A$$

┘技巧└

电流的方向习惯上规定为正电荷定向移动的方向，与电子流的方向正好相反。因此，在金属导体中，电流的方向与电子定向移动的方向相反。

一段电路中电流的方向是客观存在的，是确定的。但在具体分析电路时，有时很难判断出电流的真实方向。为了计算方便，常常事先假设一个电流方向，称为**参考方向**，用箭头在电路图中标明。如果电流计算的结果为正值，那么电流的真实方向与参考方向一致；如果电流计算的结果为负值，则电流的真实方向与参考方向相反。

┘提示└

在实际计算中，若不设定电流的参考方向，电流的正负号是无意义的。因此，分析电路时，一定要先假设参考方向。

电流虽然既有大小又有方向，但它只是一个标量，电流方向只表明电荷的定向移动方向。**电流的方向不随时间变化的电流称为直流电流**。电流的大小和方向都不随时间变化的电流称为稳恒电流，如图1.9（a）所示。电流的大小随时间变化，但方向不随时间变化的电流称为脉动电流，如图1.9（b）所示。直流电的文字符号用字母"DC"表示，图形符号用"═"表示。在实际应用中，若不特别强调，一般所说的直流电流是指稳恒电流。如果电流的大小和方向都随时间周期性变化，这样的电流就称为交流电流，如图1.9（c）所示。交流电的文字符号用字母"AC"表示，图形符号用"～"表示。

电流参考方向

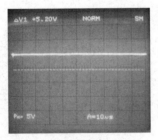　　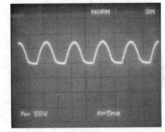　　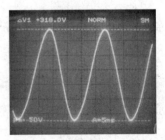

（a）稳恒电流　　　　　　　　（b）脉动电流　　　　　　　　（c）交流电流

图1.9　稳恒电流、脉动电流和交流电流

【例1.1】 某导体在0.5min的时间内通过导体横截面的电荷量是120C，求导体中的电流。

【分析】 $t = 0.5min = 30s$。

解： 由电流公式可得

$$I = \frac{q}{t} = \frac{120}{30} = 4(A)$$

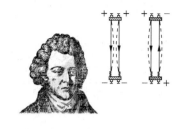

安培（1775—1836 年），物理学家。

安培最主要的成就是对电磁作用的研究：发现了安培定则、电流的相互作用规律，发明了电流计，提出了分子电流假说，总结了安培定律。1827 年，安培将他的研究综合为《电动力学现象的数学理论》，该书成为电磁学史上一部重要的经典论著。安培被誉为"电学中的牛顿"，为了纪念他在电磁学上的杰出贡献，电流的单位就是以他的姓氏命名的。

1.3 电压与电位

学习目标

- 说出电压、电位的概念，写出电压、电位的公式。
- 会比较电压与电位。

要获得持续电流的条件之一就是导体两端必须保持一定的电位差，即电压。那么，电压的大小和方向是如何确定的？电位与电压有什么区别与联系呢？

1.3.1 电压

俗话说："水往低处流。"水总是从水位高的地方流向水位低的地方。如图 1.10 所示，如果高处的水槽 A 装满了水，水流自然流向了低处的水槽 B。在这个过程中，水会做功。

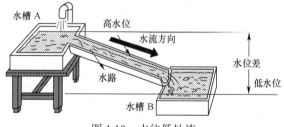

图 1.10　水往低处流

电与水类似，如图 1.11 所示，如果带正电体 A 和带负电体 B 之间存在一定的电位差（电压），只要用导线连接带电体 A、B，就会有电流流动，电流也会做功，即电荷在电场中受到电场力的作用而做功。**电压就是衡量电场力做功能力大小的物理量。**

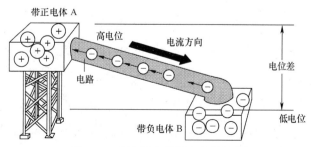

图 1.11　电流从高电位流向低电位

电场是存在于电荷周围的一种特殊的物质。电场对任何处在其中的电荷或带电体作用着一种力，即电场力。

A、B 两点间的电压 U_{AB} 在数值上等于电场力把电荷由 A 点移到 B 点所做的功 W_{AB} 与被移动电荷的电荷量 q 的比值，用公式表示为

$$U_{AB}=\frac{W_{AB}}{q}$$

（1-2）

电压的概念

式中：U_{AB}——A、B 两点间的电压，单位是伏特（V）；

　　　W_{AB}——电场力将电荷由 A 点移到 B 点所做的功，单位是焦耳（J）；

　　　q——由 A 点移到 B 点的电荷量，单位是库仑（C）。

在国际单位制中，电压的单位是**伏特**，简称"**伏**"，符号是 **V**。电压的常用单位还有千伏（kV）和毫伏（mV），它们之间的关系为

$$1kV=10^3V$$

$$1V=10^3mV$$

电压的表示
方法和方向

规定电压的方向由高电位指向低电位，即电位降低的方向。因此，电压也常被称为电压降。电压的方向可以用高电位指向低电位的箭头表示，也可以用高电位标"+"，低电位标"–"来表示，如图 1.12 所示。

电压有正负。如果 $U_{AB}>0$，说明 A 点电位比 B 点电位高；如果 $U_{AB}=0$，说明 A 点电位与 B 点电位相等；如果 $U_{AB}<0$，说明 A 点电位比 B 点电位低。

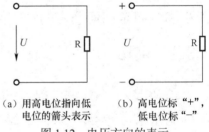

(a) 用高电位指向低　　(b) 高电位标"+"，
电位的箭头表示　　　低电位标"–"

图 1.12　电压方向的表示

与电流相似，在电路计算时，若无法确定电压的真实方向，常事先选定参考方向。用"+、–"标在电路图中，如果电压计算的结果为正值，那么电压的真实方向与参考方向一致；如果电压计算的结果为负值，则电压的真实方向与参考方向相反。

1.3.2　电位

电压就是两点间的电位差。在电路中，A、B 两点间的电压等于 A、B 两点间的电位之差，即

$$U_{AB}=V_A-V_B$$

（1-3）

如同水路中的每一处都有水位一样，电路中的每一点也都是有电位的。讲水位首先要确定一个基准面（即参考面），讲电位也一样，要先确定一个基准，这个基准称为**参考点**，规定参考点的电位为零。原则上参考点是可以任意选定的，但习惯上通常选择大地为参考点。在实际电路中也常选取公共点或机壳作为参考点，**一个电路中只能选一个参考点**。

电位的概念

综合案例

电路如图 1.13 所示，已知：以 O 点为参考点，$V_A=10V$，$V_B=5V$，$V_C=-5V$。

（1）求 U_{AB}、U_{BC}、U_{AC}；

（2）若以 B 点为参考点，求各点电位和电压 U_{AB}、U_{BC}、U_{AC}。

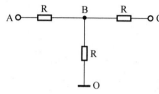

图 1.13　综合案例电路图

思路分析

求解本题的关键是要明确电压与电位的关系，即：$U_{AB}=V_A-V_B$，$V_A=U_{AB}+V_B$。

优化解答

（1）$U_{AB}=V_A-V_B=10-5=5$（V）

$\quad\quad U_{BC}=V_B-V_C=5-(-5)=10$（V）

$\quad\quad U_{AC}=V_A-V_C=10-(-5)=15$（V）

（2）若以 B 点为参考点，则

$\quad\quad V_B=0$

$\quad\quad V_A=U_{AB}=5V$

$\quad\quad V_C=U_{CB}=-U_{BC}=-10$（V）

$\quad\quad U_{AB}=V_A-V_B=5-0=5$（V）

$\quad\quad U_{BC}=V_B-V_C=0-(-10)=10$（V）

$\quad\quad U_{AC}=V_A-V_C=5-(-10)=15$（V）

小结

电压和电位的单位都是伏特，但电压和电位是两个不同的概念。电压是电场中两点间的电位差，即 $U_{AB}=V_A-V_B$，它是不变值，与参考点的选择无关；而电位是电场中某点对参考点的电压，即 $V_A=U_{AB}$（B 为参考点），它是相对值，与参考点的选择有关。

科学家小传

伏特（也称伏打）（1745—1827 年），物理学家。

　　伏特最伟大的成就是发明了伏特电堆（伏打电池）。电堆能产生连续的电流，它的强度的数量级比从静电起电机得到的电流大，由此开始了一场真正的科学革命。电压的单位伏特就是以他的姓氏命名的。

1.4 电源与电源电动势

学习目标

- 认识常见电源。
- 说出电动势的概念，写出电源电动势的公式。
- 会比较电动势与电压。

生活中，当手电筒用了一段时间后，小灯泡变暗了；当换上新的电池后，小灯泡又变亮了。那么，小灯泡的亮暗与电源有什么关系？电源电动势的大小和方向又是如何确定的呢？

1.4.1 电源

图 1.14 所示为一个闭合的水路，水槽 B 处的水由水泵从低处送到高处的水槽 A，再由水槽 A 从高处流向低处的水槽 B。在这个水路中，如果水泵不工作，水路中就没有水流，也就是说水泵是这个水路的水源。

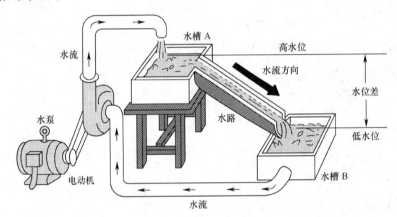

图 1.14 闭合水路示意图

电路也类似，图 1.15 所示为一个闭合的电路。当正电荷由干电池正极 A 经外电路移到负极 B 时，与负极 B 上的负电荷中和，使 A、B 两极板上聚集的正、负电荷数减少，两极板间电位差随之减小，电流随之减小，直至正、负电荷完全中和，电流中断。为保证电路中有持续不断的电流，就需要干电池把正电荷从负极 B 源源不断地移到正极 A，保证 A、B 两极间电压不变，电路中才能有持续不断的电流，干电池是这个电路的电源。

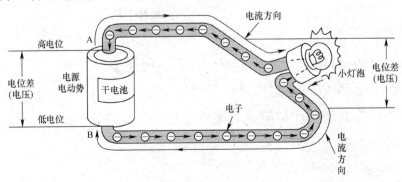

图 1.15 闭合电路示意图

电源是把其他形式的能转换成电能的装置。电源的种类很多，如干电池、蓄电池、发电机、光电池等。

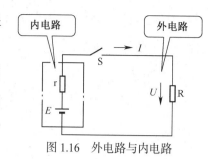

在电路中，电源以外的部分叫**外电路**，电源以内的部分叫**内电路**，如图 1.16 所示。电源的作用就是把正电荷由低电位的负极经内电路送到高电位的正极，内电路和外电路连接成闭合电路，这样外电路中就有了电流。

图 1.16 外电路与内电路

应用

新能源一般包括太阳能、风能、地热能、海洋能、生物能和核能等。新能源技术是高技术的支柱，包括核能技术、太阳能技术、磁流体发电技术、地热能技术、海洋能技术等。汽车行业已成为世界上最大的能源消耗和污染行业之一，要解决能源消耗与环境污染问题就应该先从汽车行业抓起。因此，新能源汽车应运而生。图 1.17 所示是正在充电的新能源汽车。

图 1.17 正在充电的新能源汽车

新能源汽车是指采用非常规的车用燃料作为动力来源（或使用常规的车用燃料、采用新型车载动力装置），综合车辆的动力控制和驱动方面的先进技术，形成的技术原理先进，具有新技术、新结构的汽车。新能源汽车包括纯电动汽车、增程式电动汽车、混合动力汽车、燃料电池电动汽车、氢发动机汽车、其他新能源汽车等。从全球新能源汽车的发展来看，其动力电源主要包括锂离子电池、镍氢电池、燃料电池、铅酸电池、超级电容器，其中铅酸电池、超级电容器大多以辅助动力源的形式出现。与传统汽车相比，新能源汽车的动力电源不管是从成本、动力还是续航里程上都有不少差距，这也是制约新能源汽车发展的重要原因。

随着政策支持和技术发展，新能源汽车的应用有很大的发展前景，以最低的成本换取最大的经济效益。

1.4.2 电源电动势

在外电路中，电场力把正电荷出高电位经过负载移动到低电位。那么，在内电路中，也必定有一种力能够不断地把正电荷从低电位移到高电位，这种力称为电源力。

电源电动势

因此，在电源内部，电源力不断地把正电荷从低电位移到高电位。在这个过程中，电源力要反抗电场力做功，这个做功过程就是电源将其他形式的能转换成电能的过程。对于不同的电源，电源力做功的性质和大小不同，**衡量电源力做功能力的大小的物理量称为电源电动势**。

在电源内部，电源力把正电荷从低电位（负极）移到高电位（正极）反抗电场力所做的功 W 与被移动电荷的电荷量 q 的比值就是电源电动势，用公式表示为

$$E = \frac{W}{q} \tag{1-4}$$

式中：E——电源电动势，单位是伏特（V）；

W——电源力移动正电荷做的功，单位是焦耳（J）；

q——电源力移动的电荷量，单位是库仑（C）。

电源内部的电源力由负极指向正极，因此，**电源电动势的方向规定为由电源的负极（低电位）指向正极（高电位）。**

提示

> 常用干电池的电动势约为 1.5V，铅蓄电池的电动势约为 2V，锂离子电池的电动势约为 3.7V。
> 对闭合电路来说，在内电路中，电源力移动正电荷形成电流，电流的方向是从电源负极指向正极；在外电路中，电场力移动正电荷形成电流，电流的方向是从电源正极指向负极。

小结

电压和电动势的单位都是伏特，但电压和电动势是两个不同的概念。电压是衡量电场力做功能力大小的物理量，其方向为高电位指向低电位，电源内、外部电路均有电压；而电动势是衡量电源力做功能力大小的物理量，其方向为低电位指向高电位，仅存在于电源内部。

阅读材料

废电池回收

随着人们生活水平的提高和现代化通信业的发展，人们使用电池的机会越来越多，手机、玩具、袖珍收音机、电动自行车等都需要大量的电池作为电源。有关资料显示，一节一号电池烂在地里，能使 $1m^2$ 的土壤永久失去利用价值；一粒纽扣电池可使 600t 水无法饮用，相当于一个人一生的饮水量。对自然环境威胁最大的 5 种物质中，电池里就包含了 3 种：汞、铅、镉。若将废旧电池混入生活垃圾一起填埋，渗出的汞及重金属物质就会渗透土壤，污染地下水，进而进入鱼类、农作物中，破坏人类的生存环境，间接威胁到人类的健康。因此，加强废旧电池的回收利用势在必行，如图 1.18 所示。大家要行动起来，回收利用废旧电池，严格按照垃圾分类标准，将废旧电池归入有害垃圾，保护环境，保护人类美丽的家园。

图 1.18　废电池的回收

1.5　电阻

学习目标

- 说出电阻的概念，写出电阻定律的公式，会应用电阻定律计算导体电阻。
- 知道常用电阻器的类型，熟悉常用电阻器的标注方法和典型应用。
- 熟悉常用电阻器的型号，会识别电阻器的主要参数。

常用导线一般用金属铜或铝制作。而导线的外套、开关的外壳等，一般用塑料、橡胶或胶木等材料制作，这是为什么呢？用电量越大的电器，它的导线为什么越粗呢？这一切，都与电阻有关。那么，什么是电阻？电阻的大小与哪些因素有关？常用电阻器又有哪些呢？

1.5.1 电阻与电阻定律

运动物体在运动中受到各种不同的阻碍作用，称为阻力。当自由电荷在导体中做定向移动形成电流时会遇到阻碍，这种阻碍作用使自由电子定向运动的平均速度降低，自由电子的一部分动能转换成分子热运动——热能，这种**阻碍电流通过的作用就称为电阻**，用字母 R 表示。任何物体都有电阻，当有电流流过时，都要消耗一定的能量，电阻是导体本身具有的属性。

在国际单位制中，电阻的单位是**欧姆**，简称**欧**，符号是**Ω**。电阻的常用单位还有千欧（kΩ）和兆欧（MΩ），它们之间的关系为

$$1k\Omega = 10^3\Omega$$

$$1M\Omega = 10^6\Omega$$

实验证明：自然界中的任何物质都有电阻，就像水管的水流总是有阻力一样，水管的粗细、长短及水管内壁粗糙程度都会影响水管对水流的阻力。同样，导体电阻值的大小不仅与导体的材料有关，还与导体的尺寸有关。

在温度不变时，一定材料的导体的电阻值与它的长度成正比，与它的截面积成反比，这个规律称为电阻定律。均匀导体的电阻可用公式表示为

电阻定律

$$R = \rho \frac{L}{S} \tag{1-5}$$

式中：R——导体的电阻值，单位是欧姆（Ω）；

ρ——电阻率，反映材料的导电性能，单位是欧姆·米（Ω·m）；

L——导体的长度，单位是米（m）；

S——导体的截面积，单位是平方米（m^2）。

几种常用材料在 20℃ 时的电阻率见表 1.2。

表 1.2　　　　　　　常用材料的电阻率（20℃）和电阻温度系数

用　　途	材料名称	电阻率 $\rho / (\Omega \cdot m)$	电阻温度系数 $\alpha / (1/℃)$
导电材料	银	1.65×10^{-8}	3.6×10^{-3}
	铜	1.75×10^{-8}	4.0×10^{-3}
	铝	2.83×10^{-8}	4.2×10^{-3}
电阻材料	铂	1.06×10^{-7}	4.0×10^{-3}
	钨	5.3×10^{-8}	4.4×10^{-3}
	锰铜	4.4×10^{-7}	6×10^{-6}
	康铜	5.0×10^{-7}	5×10^{-6}
	镍铬铁	1.0×10^{-7}	1.5×10^{-4}
	碳	1.0×10^{-7}	-5×10^{-4}

注：电阻温度系数 α 是温度每升高 1℃ 时电阻所变动的数值与原来电阻值的比。

应用

根据物质导电能力的强弱，自然界的物质分为**导体**、**绝缘体**和**半导体**。

导体是能很好地传导电流的物质，其主要作用是输送和传递电流。各种金属材料都是导体，如图1.19（a）所示。导体常用来制作导电材料（铜、铝等）和电阻材料（锰铜、康铜等）。

绝缘体是基本不能传导电流的物质，其主要作用是将带电体与不带电体隔离，确保电流的流向或人身安全，在某些场合，还起支撑、固定、灭弧、防电晕、防潮湿的作用。常用的绝缘体有玻璃、胶木、陶瓷、云母等，如图1.19（b）所示。

半导体是导电能力介于导体与绝缘体之间的物质。半导体具有光敏、热敏和掺杂特性，主要材料有硅、锗等，常用来制作二极管、三极管和集成电路。图1.19（c）所示为半导体二极管。

（a）导体　　　　　　　　　　　（b）绝缘体　　　　　　　　（c）半导体二极管

图1.19　导体、绝缘体和半导体

【例1.2】 小王家装修需一圈铜导线，铜导线的长度为100m，截面积为1.5mm²，求它的电阻值。

【分析】 $L=100\text{m}$，$S=1.5\text{mm}^2=1.5\times10^{-6}\text{m}^2$，查表1.2可知铜导线的电阻率 $\rho=1.75\times10^{-8}\Omega\cdot\text{m}$。

解： 由电阻定律可得

$$R=\rho\frac{L}{S}=1.75\times10^{-8}\times\frac{100}{1.5\times10^{-6}}\approx1.17(\Omega)$$

因为导线的电阻很小，所以在实际电路中其电阻可以忽略不计。

 阅读资料

超导现象

1911年，物理学家昂尼斯（1853—1926年）测定水银在低温状态下的电阻时发现，当温度降到-269℃时，水银的电阻突然消失，也就是说电阻突然降到零。以后人们又发现了另一些物质的温度降到某一值（称为转变温度）时，电阻也变成零，这就是**超导现象**。**能够发生超导现象的导体称为超导体**。因此，寻找高转变温度的超导材料和实现对超导体的实际应用，成为科学家努力的目标。

1987年2月24日，中国科学院物理研究所宣布获得了转变温度为-173℃的超导材料，使我国对超导技术的研究处于世界领先水平。

现在，科学家对超导的研究主要致力于应用技术：用超导技术可制造磁悬浮高速列车，用超导材料制造电动机线圈不会发热，用超导材料制成的输电线输电几乎没有损失。图1.20所示为真空超导电暖器。超导应用极其广泛，前景无限美好。

图1.20　真空超导电暖器

1.5.2 电阻器

1. 常用电阻器

电阻器是利用金属或非金属材料对电流起阻碍作用的特性制成的，电阻器通常称为电阻。它在电路中起分压、分流和限流等作用，是工程实际中使用最多的元件之一。随着技术的不断发展，电阻器的品种也日益增多。电阻器的分类如下。

按结构形式分，有固定电阻器、可变电阻器（可调电阻器、电位器）。

按制作材料分，有碳膜电阻器、金属膜电阻器、线绕电阻器。

按用途分，有精密电阻器、高频电阻器、熔断电阻器、敏感电阻器。

（1）固定电阻器

固定电阻器是阻值不能改变的电阻器。电阻器的一般图形符号如图 1.21 所示，文字符号为 R。常见的固定电阻器有碳膜电阻器、金属膜电阻器、线绕电阻器等。

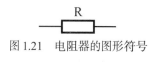
图 1.21 电阻器的图形符号

① 碳膜电阻器。碳膜电阻器是采用碳膜作为导电层，将通过真空高温热分解出的结晶碳沉积在柱形或管形陶瓷骨架上制成的，其实物如图 1.22 所示。它具有稳定性好、高频特性好、噪声小、制作成本低、价格低，可在 70℃ 的温度下长期工作等优点。碳膜电阻器是目前电子、电器、资讯产品使用量最大、价格最低、品质稳定性较好的电阻器。

② 金属膜电阻器。金属膜电阻器是采用金属膜作为导电层，用高真空加热蒸发等技术，将合金材料蒸镀在陶瓷骨架上制成的，经过切割调试阻值，以达到最终要求的精密阻值。金属膜一般为镍铬合金，也可以用其他金属或合金材料。电阻器的外表面涂有蓝色或红色保护漆。其实物如图 1.23 所示。金属膜电阻器除具有碳膜电阻器的特点外，还具有较好的耐高温特性（能在 125℃温度下长期工作）以及精度高的特点，因而常用在要求较高的电路中，如各种测试仪表。

图 1.22 碳膜电阻器　　　图 1.23 金属膜电阻器

⌐ 提示 ⌐

金属膜电阻器与碳膜电阻器的区别方法如下所述。

（1）外观区别

① 金属膜电阻器一般为 5 个环（允许误差为 ±1%），碳膜电阻器一般为 4 个环（允许误差为 ±5%）。

② 金属膜电阻器一般为蓝色，碳膜电阻器一般为土黄色或其他颜色。

但由于工艺的提高和假金属膜电阻器的出现，很多时候并不能通过外观很好地区分出这两种电阻器。

（2）内部区别（破坏性检查）

① 用刀片刮开保护漆，露出的膜的颜色是黑色的为碳膜电阻器；膜的颜色是亮白色的则为金属膜电阻器。

② 由于金属膜电阻器的温度系数比碳膜电阻器小得多，所以可以用万用表测电阻的阻值。用烧热的电烙铁靠近电阻器，若阻值变化很大，则为碳膜电阻器，反之则为金属膜电阻器。

③ 线绕电阻器。线绕电阻器是用电阻丝绕在绝缘骨架上，再经过绝缘封装处理而成的一类电阻器。电阻丝一般采用一定电阻率的镍铬、锰铜等合金制成，绝缘骨架一般采用陶瓷、塑料、涂覆绝缘层的金属骨架。线绕电阻器通常涂成黑色、绿色或棕色，其实物如图 1.24 所示。线绕电阻器具有精度高、稳定性好、耐高温的特点（能在 300℃的高温下连续工作），且电功率较大。因此，其常在大功率电阻电路中作为分压电阻和分流电阻，在电源电路中作为限流电阻。

图 1.24　线绕电阻器

┙提示└

工程上，线绕电阻器作为电动机控制电路中常用的电阻器，是电动机的启动、制动和调速控制的重要附件。其核心组成部分为电阻元件，用铁铬铝、康铜或其他种类的合金丝制成的线绕电阻是最基本的电阻元件。它可分为有骨架电阻和无骨架电阻两大类。有骨架电阻用电阻丝或带绕在管形或板形的瓷质支架上制成，管形电阻支架分有槽和无槽两种，板形电阻支架由瓷鞍和钢板组成；无骨架电阻制造方便，用料省，电流密度高，但元件刚性较差，不宜摇动。

电动机控制电路常用线绕电阻器有 ZX2 系列和 RT 系列，其实物如图 1.25 所示。ZX2 系列电阻器的电阻元件由康铜带或康铜线绕于装有绝缘瓷衬的板形支架上制成，中间用垫管隔开，保证元件有足够的散热面积，同时引线的安装由绝缘的安装板通过引线螺栓引出。电阻器为开启式，适用于交流 50Hz，电压在交流 500V 及直流 440V 以下电路中，用于电动机的启动、制动、调速、放电等。

RT 系列电阻器主要用作起重机配用的 JZR2 系列电动机和 YZR 系列电动机作启动调整电阻之用，也可与 KT 系列凸轮控制器和 LK 系列主令控制器配套使用。

（a）ZX2 系列　　　（b）RT 系列

图 1.25　电动机控制电路常用电阻器

（2）可变电阻器

阻值可变的电阻器称为可变电阻器或电位器，分为半可变电阻器和电位器。半可变电阻器用于需要变化阻值，但又不需要频繁调节的场合，通常有 3 个引脚，有一个一字形或十字形的阻值调节槽，外壳印有表示阻值的标注；电位器用于需要频繁调节阻值的场合，它的阻值也可以改变，体积比可变电阻器大，结构牢固，有转轴或操纵柄，外壳印有表示阻值的标注。可变电阻器（电位器）的实物、符号及用途见表 1.3。

表 1.3　　　　　　　　　　常见可变电阻器（电位器）比较

序号	名称	实物图	符号	用　途
1	半可变电阻器		R	电阻值可在某一值到标称值范围内变动。它一般用于晶体管中的偏流电阻，在收音机、电视机中用于电源滤波、调整偏流等
2	碳膜电位器		WT	阻值范围在 100Ω～4.7MΩ内变动，具有结构简单、耐高压、工作稳定性好、价格低的特点，但功率不大。它一般在家用电器中用于音量控制、亮度调节等

序号	名称	实物图	符号	用　途
3	线绕电位器		WX	额定功率大，一般可达几瓦到几十瓦，而且耐高温、精度高，但阻值变化范围较小。它在功率较大的电路中用于电源电压调节等
4	实心电位器		WS	利用接触电刷调节阻值，具有体积小、使用寿命长、易散热、阻值范围宽的特点。它在小型电子设备及仪器仪表的交直流电路中用于电压调节或电流微调
5	直滑式电位器		W	利用滑动杆做直线运动来调节电阻值，具有外观新颖、接触良好、密封防尘的特点。它常在家用电器、仪器仪表面板中用于电压、电流控制和音调、音量的调节等
6	开关电位器		W	附有开关装置的电位器，开关和电位器各自独立，但由同轴相连、控制，常在电视机、收音机中用于音量控制兼电源控制

2. 电阻器的型号、主要参数及标注

（1）电阻器的型号

电阻器的型号一般由 4 部分组成，各部分的含义如图 1.26 所示。电阻器和电位器型号的命名方法见表 1.4。

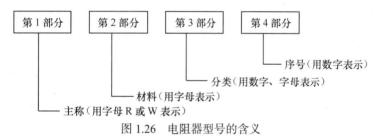

图 1.26　电阻器型号的含义

第 1 部分　　第 2 部分　　第 3 部分　　第 4 部分

序号（用数字表示）
分类（用数字、字母表示）
材料（用字母表示）
主称（用字母 R 或 W 表示）

表 1.4　　　　　　　　　　　　电阻器和电位器型号的命名方法

第 1 部 分		第 2 部 分		第 3 部 分		第 4 部 分
主称		材料		分类		序号
符号	意　义	符号	意　义	符号	意　义	
R	电阻器	T	碳膜	1	普通	
W	电位器	P	硼碳膜	2	普通	
		U	硅碳膜	3	超高频	
		H	合成膜	4	高阻	
		I	玻璃釉膜	5	高温	
		J	金属膜（箔）	7	精密	
		Y	氧化膜	8	电阻：高压；电位器：特殊	
		S	有机实芯	9	特殊	
		N	无机实芯	G	高功率	
		X	线绕	T	可调	
		G	光敏	X	小型	
				L	测量用	
				W	微调	

如 RT14 型电阻器，R 表示电阻器，T 表示其材料为碳膜，1 表示其分类为普通，4 为序号，故 RT14 型电阻器为普通碳膜电阻器。

如 WX25 型电位器，W 表示电位器，X 表示其材料为线绕，2 表示其分类为普通，5 为序号，故 WX25 型电位器为普通线绕电位器。

（2）电阻器的主要参数

电阻器的主要参数有标称阻值、允许误差和额定功率等。

① 标称阻值。电阻器的标称阻值是指电阻器表面所标的阻值。为了便于生产，同时考虑能够满足实际使用的需要，国家规定了一系列数值作为产品的标准，这一系列值就是电阻的标称阻值。

② 允许误差。标称阻值与实际阻值的差值与标称阻值之比的百分数称为允许误差，它表示电阻器的精度。允许误差与精度等级的对应关系见表 1.5。电阻器在制造时，实际阻值与它的标称阻值肯定存在着误差。误差越小，准确程度就越高。如标称阻值 10Ω、允许误差为 $\pm 5\%$ 的电阻器，其实际阻值应该在 $9.5\sim10.5\Omega$。

表 1.5　　　　　　　　　　　　　允许误差与精度等级的对应关系

允许误差	± 0.5%	± 1%	± 2%	± 5%	± 10%	± 20%
精度等级	005	01	02	Ⅰ	Ⅱ	Ⅲ

标称阻值按标准化优先数系列制造，系列数对应于允许误差。常用标称阻值系列有 E6、E12、E24 等，见表 1.6。

表 1.6　　　　　　　　　　　　　普通电阻器的标称阻值系列

阻值系列	允许误差	电阻标称值
E6	± 20%	1.0、1.5、2.2、3.3、4.7、6.8
E12	± 10%	1.0、1.2、1.5、1.8、2.2、2.7、3.3、3.9、4.7、5.6、6.8、8.2
E24	± 5%	1.0、1.1、1.2、1.3、1.5、1.6、1.8、2.0、2.2、2.4、2.7、3.0、3.3、3.6、3.9、4.3、4.7、5.1、5.6、6.2、6.8、7.5、8.2、9.1

③ 额定功率。电阻器的额定功率是指在规定的温度和大气压下，电阻器在交流或直流电路中能长期连续工作所消耗的最大功率。常用的额定功率有 0.125W、0.25W、0.5W、1W、2W、5W、10W、20W 等。在电路中表示电阻器额定功率的图形符号如图 1.27 所示。在正常工作下，电流对电阻器做功，电阻器就会产生热量，温度超过电阻器所能承受的极限时，电阻器就会烧坏。所以，选择电阻器时，电路中加在电阻器上的电功率不能大于它的额定功率。所选电阻器的额定功率，要符合应用电路中对电阻器功率容量的要求，一般不应随意加大或减小电阻器的功率。若电路要求是功率型电阻器，则其额定功率可高于实际应用电路要求功率的 1～2 倍。

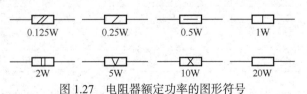

图 1.27　电阻器额定功率的图形符号

（3）电阻器主要参数的标注方法

电阻器主要参数的标注方法有直标法、文字符号法、数码法和色标法。

① 直标法。直标法是指用数字和单位符号将标称电阻值直接标注在电阻器上。电位器和功率较大的固定电阻器，体积比较大，一般用直标法标注在电阻器表面。如图 1.28（a）所示，电阻器的标称阻值为 0.1Ω，额定功率为 5W；如图 1.28（b）所示，电位器的标称阻值为 470Ω。

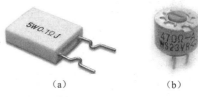

(a)　　　　(b)

图 1.28　电阻直标法

② 文字符号法。文字符号法是用数字和单位符号组合在一起表示的，文字符号前面的数字表示整数阻值，文字符号后面的数字表示小数点后面的小数阻值。电阻单位的文字符号见表 1.7，允许误差的文字符号见表 1.8。如图 1.29（a）所示，电阻器的标称阻值为 10Ω，允许误差为 ±5%；如图 1.29（b）所示，电位器的标称阻值为 5.6kΩ，允许误差均为 ±5%。

表 1.7	电阻单位的文字符号				
文字符号	R	k	M	G	T
表示单位	欧姆（Ω）	千欧姆（10^3Ω）	兆欧姆（10^6Ω）	吉欧姆（10^9Ω）	太欧姆（10^{12}Ω）

表 1.8	电阻允许误差的文字符号					
文字符号	D	F	G	J	K	M
允许偏差	±0.5%	±1%	±2%	±5%	±10%	±20%

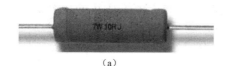

(a)　　　　　　　　　(b)

图 1.29　电阻文字符号法

③ 数码法。数码法是在电阻器上用 3 位或 4 位数码表示标称值的标注方法。

体积较小的可变电阻，一般采用 3 位数码表示。数码从左到右，第一、第二位表示电阻的有效值，第三位表示指数，即零的个数，单位为欧姆(Ω)。允许误差通常采用文字符号表示。如图 1.30 所示，"202"表示电阻器阻值为 20×10^2Ω = 2kΩ。

图 1.30　电位器数码法

贴片电阻器的电阻值，用 3 位或 4 位数码法表示。当贴片电阻器阻值允许误差为 ±5%时，采用 3 个数字表示：跨接电阻（相当于导线）记为 000；阻值小于 10Ω的，在两个数字之间补加"R"；阻值在 10Ω以上的，则最后一个数值表示增加的零的个数。如图 1.31（a）所示，"103"表示电阻阻值为 10kΩ，"6R8"表示电阻阻值为 6.8Ω。当贴片电阻器阻值的允许误差为 ±1%时，采用 4 个数字表示，前面 3 个数字为有效数，第 4 位表示增加的零的个数；阻值小于 10Ω的，仍在第 2 位补加"R"；阻值为 100Ω的，则在第 4 位补"0"。如图 1.31（b）所示，"1502"表示电阻阻值为 15kΩ，"8R20"表示电阻阻值为 8.2Ω。

(a)　　　　　　　　　(b)

图 1.31　贴片电阻数码法

④ 色标法。色标法是用不同颜色的带或点在电阻器表面标出标称阻值和允许偏差的方法。电阻器色环符号规定见表1.9。色标法分为两位有效数字表示法和3位有效数字表示法两种。

表 1.9　　　　　　　　　　　　　　　　　电阻器色环符号对照表

颜色	有效数字	倍乘数	允许误差	颜色	有效数字	倍乘数	允许误差
黑	0	10^0	—	紫	7	10^7	± 0.1%
棕	1	10^1	± 1%	灰	8	10^8	—
红	2	10^2	± 2%	白	9	10^9	—
橙	3	10^3	—	金	—	10^{-1}	± 5%
黄	4	10^4	—	银	—	10^{-2}	± 10%
绿	5	10^5	± 0.5%	无色	—	—	± 20%
蓝	6	10^6	± 0.25%				

」提示 L

目前，普通电阻器大多采用色环来标注电阻器的电阻值，即在电阻器表面印制不同颜色的色标来表示电阻器标称阻值的大小，故称色环电阻。

a. 两位有效数字的色标法。普通电阻器用四色环表示，前 3 条色环表示电阻值；最后一条色环表示误差，如图 1.32 所示。图 1.33 所示的四色环电阻器，色环按顺序排列分别为红、黑、红、金色，则该电阻器的电阻值为 $20 \times 10^2 = 2\text{k}\Omega$，允许误差为 ± 5%。

第1位数
第2位数
倍率
允许误差

图 1.32　四色环的意义　　　　　　　　　　　　图 1.33　四色环电阻器

b. 3 位有效数字的色标法。精密电阻器用五色环表示，前 4 条色环表示阻值，最后一条色环表示误差，如图 1.34 所示。图 1.35 所示的五色环电阻器，色环按顺序排列分别为黄、紫、黑、黑、棕色，则该电阻器的电阻值为 $470 \times 10^0 = 470\Omega$，允许误差为 ± 1%。

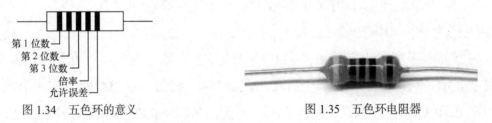

第1位数
第2位数
第3位数
倍率
允许误差

图 1.34　五色环的意义　　　　　　　　　　　　图 1.35　五色环电阻器

」提示 L

识读四色环电阻器的关键是：表示精度（误差）的第四环一般为金色或银色。

识读五色环电阻器的关键是：表示精度（误差）的第五环与其他 4 个色环相距较远。

3. 电阻传感器

电阻传感器种类繁多，应用广泛，其基本原理就是将被测物理量的变化转换成电阻值的变化，再经相应的测量电路显示或记录被测量值的变化。

应变式传感器是基于测量物体受力变形所产生应变的一种传感器。最常用的传感元件为电阻应变片，如图 1.36（a）所示。应变式传感器是将应变片粘贴于弹性体表面或者直接将应变片粘贴于被测试件上，可测量位移、加速度、力、力矩、压力等各种参数。

压阻式传感器是利用单晶硅材料的压阻效应和集成电路技术制成的传感器。常用的压阻式传感器有半导体应变片压阻式传感器和固态压阻式传感器，如图 1.36（b）和图 1.36（c）所示。半导体应变片压阻式传感器是利用半导体材料的电阻制成粘贴式的应变片，其使用方法与电阻应变片类似。固态压阻式传感器采用集成工艺将电阻条集成在单晶硅膜片上，制成硅压阻芯片，并将此芯片的周边固定封装于外壳之内，引出电极引线。不同于粘贴式应变片需通过弹性敏感元件间接感受外力，它可直接通过硅膜片感受被测压力。

（a）应变式传感器　　　　（b）半导体应变片压阻式传感器　　（c）固态压阻式传感器

图 1.36　电阻传感器

1.6　欧姆定律

学习目标

◉ 说出欧姆定律的内容，写出欧姆定律的表达式。

◉ 会灵活应用欧姆定律分析和解决实际问题。

导体两端加上电压后，导体中才会有持续的电流，电流与电压的关系可以用部分电路欧姆定律来表述。那么，部分电路欧姆定律的内容是什么？当手电筒的开关闭合后，形成了闭合电路，即全电路，全电路欧姆定律的内容又是什么呢？

1.6.1　部分电路欧姆定律

导体两端加上电压后，导体中才有持续的电流。那么，电压与电流有什么关系呢？

经过长期的科学研究，1826 年，德国科学家欧姆提出了**部分电路欧姆定律：电路中的电流 I 与电阻两端的电压 U 成正比，与电阻 R 成反比。**

如图 1.37 所示电路中，电压、电流的参考方向如图中箭头所示，部分电路欧姆定律可以用公式表示为

$$I = \frac{U}{R}$$ 　　　　　　（1-6）

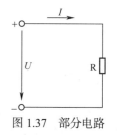

图 1.37　部分电路

式中：I——电路中的电流，单位是安培（A）；

U——电阻两端的电压，单位是伏特（V）；

R——电阻，单位是欧姆（Ω）。

电流与电压间的正比关系，可以用伏安特性曲线来表示。伏安特性曲线是以电压 U 为横坐标，以电流 I 为纵坐标画出的 U–I 关系曲线。电阻元件的伏安特性曲线如图 1.38 所示，**伏安特性曲线是直线时，称为线性电阻；如果不是直线，则称为非线性电阻。线性电阻组成的电路称为线性电路。欧姆定律只适用于线性电路。**

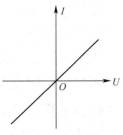

图 1.38　电阻元件的伏安特性曲线

欧姆定律经过数学变换，还可以得出：

$$U=RI$$

$$R=\frac{U}{I}$$

□ 应用 ∟

一般的普通电阻都是线性电阻，但也有一类电阻受温度、光线、电压等因素影响，电阻的伏安特性曲线是非线性的，这类电阻统称为敏感电阻器。常见的敏感电阻器如下。

① 热敏电阻［见图 1.39（a）］。热敏电阻是一种对温度极为敏感的电阻器，分为正温度系数电阻器和负温度系数电阻器。

② 光敏电阻［见图 1.39（b）］。光敏电阻是一种阻值随着光线的强弱而发生变化的电阻器，分为可见光光敏电阻、红外光光敏电阻、紫外光光敏电阻。

③ 压敏电阻［见图 1.39（c）］。压敏电阻是一种对电压变化很敏感的非线性电阻器。压敏电阻可分为无极性（对称型）压敏电阻和有极性（非对称型）压敏电阻。

④ 湿敏电阻［见图 1.39（d）］。湿敏电阻是一种对湿度变化非常敏感的电阻器，能在各种湿度环境中使用。它是将湿度转换成电信号的换能器件。

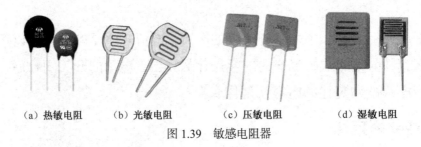

（a）热敏电阻　　　（b）光敏电阻　　　（c）压敏电阻　　　（d）湿敏电阻

图 1.39　敏感电阻器

【例 1.3】已知某灯泡两端的电压为 220V，灯泡的电阻为 1 210Ω，求通过灯泡的电流。

解：由部分电路欧姆定律可得

$$I=\frac{U}{R}=\frac{220}{1\ 210}\approx 0.182（\text{A}）$$

【例 1.4】某导体两端电压为 3V，通过导体的电流为 0.5A，导体的电阻为多大？当电压改变为 6V 时，电阻为多大？此时通过导体的电流又为多少？

【分析】电阻的大小与电压无关，$R=\dfrac{U}{I}$ 仅仅意味着利用加在电阻两端的电压和通过电阻的电流可以量度电阻的大小，而绝不意味着电阻的大小是由电压和电流决定的。

解： 由部分电路欧姆定律可得

$$R=\frac{U}{I}=\frac{3}{0.5}=6（\Omega）$$

当电压改变为 6V 时，电阻不变，$R=6\Omega$。

此时，电流 $I'=\frac{U'}{R}=\frac{6}{6}=1（A）$。

【例 1.5】 小鸟站在一条能导电的铝质裸输电线上，如图 1.40 所示。导线的横截面积为 $240mm^2$，导线上通过的电流为 400A，小鸟两爪间的距离为 5cm。求小鸟两爪间的电压。

【分析】 小鸟两爪间的电压 $U=RI$，$I=400A$，$R=\rho\frac{L}{S}$，$L=5cm=5\times10^{-2}m$，$S=240mm^2=240\times10^{-6}m^2$，查表 1.2 可知铝的电阻率 $\rho=2.83\times10^{-8}\Omega\cdot m$。

图 1.40　小鸟站在输电线上

解： 由电阻定律可得

$$R=\rho\frac{L}{S}=2.83\times10^{-8}\times\frac{5\times10^{-2}}{240\times10^{-6}}\approx5.9\times10^{-6}（\Omega）$$

由部分电路欧姆定律可得

$$U=RI=5.9\times10^{-6}\times400=2.36\times10^{-3}（V）=2.36（mV）$$

欧姆定律

因为小鸟两爪间的电压只有 2.36mV，通过小鸟的电流很小，所以小鸟站在输电线上是安全的。

1.6.2　全电路欧姆定律

实际电路是由电源和负载组成的闭合电路，称为全电路，如图 1.41 所示。E 为电源电动势，r 为电源内阻，R 为负载电阻。电路闭合时，电路中有电流 I 流过。全电路欧姆定律的内容是：闭合电路中的电流与电源电动势成正比，与电路的总电阻（内电路电阻与外电路电阻之和）成反比，用公式表示为

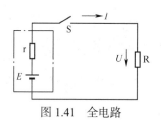

图 1.41　全电路

$$I=\frac{E}{r+R} \qquad\qquad （1-7）$$

式中：I——闭合电路的电流，单位是安培（A）；

E——电源电动势，单位是伏特（V）；

r——电源内阻阻值，单位是欧姆（Ω）；

R——负载电阻阻值，单位是欧姆（Ω）。

进一步做数学变换得

$$E=rI+RI$$

而 $RI=U$ 是外电路上的电压，称为路端电压或端电压。因此，全电路中的路端电压

$$U=E-rI \qquad (1-8)$$

┚提示┖

端电压随外电路电阻变化的规律：

$$R\uparrow \to I=\frac{E}{r+R}\downarrow \to U_0=rI\downarrow \to U=E-U_0\uparrow \qquad 特例：开路时（R=\infty），I=0，U=E$$

$$R\downarrow \to I=\frac{E}{r+R}\uparrow \to U_0=rI\uparrow \to U=E-U_0\downarrow \qquad 特例：短路时（R=0），I=\frac{E}{r}，U=0$$

【例 1.6】 如图 1.42 所示电路中，已知电源电动势 $E=220V$，电源内阻 $r=10\Omega$，负载电阻 $R=100\Omega$。求：（1）电路电流；（2）电源端电压；（3）负载上的电压；（4）电源内阻上的电压。

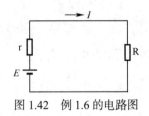

图 1.42　例 1.6 的电路图

【分析】 本题可利用全电路欧姆定律和部分电路欧姆定律相关公式求解。

解：（1）由全电路欧姆定律可得

$$I=\frac{E}{r+R}=\frac{220}{10+100}=2（A）$$

（2）电源端电压

$$U=E-rI=220-10\times2=200（V）$$

（3）负载上的电压

$$U=RI=100\times2=200（V）$$

负载上的电压等于电源端电压。

（4）电源内阻上的电压

$$U_0=rI=10\times2=20（V）$$

┚综合案例┖

如图 1.43 所示电路中，已知 $E=6V$，$r=0.5\Omega$，$R=200\Omega$。求开关 S 分别处于 1、2、3 位置时电压表和电流表的读数。

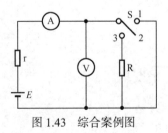

图 1.43　综合案例图

思路分析

解本题的关键是要弄清楚开关 S 分别处于 1、2、3 位置时，电路的工作状态。

优化解答

S 处于 1 时，电路呈短路状态

$$I = \frac{E}{r} = \frac{6}{0.5} = 12 \text{（A）}$$

$$U = 0$$

S 处于 2 时，电路呈开路状态

$$I = 0$$

$$U = E = 6\text{V}$$

S 处于 3 时，电路呈通路状态

$$I = \frac{E}{R+r} = \frac{6}{200+0.5} \approx 0.03 \text{（A）}$$

$$U = RI = 200 \times 0.03 = 6 \text{（V）}$$

科学家小传

欧姆（1789—1854 年），物理学家。

1827 年，欧姆在其不朽的著作《电路的数学研究》一书中，发表了有关电路的法则，这就是著名的欧姆定律。电阻的单位欧姆就是以他的姓氏命名的。

1.7 电能与电功率

学习目标

◉ 理解电能和电功率的概念，能简单计算电能和电功率。

◉ 会应用电能、焦耳定律分析和解决实际问题。

在日常生活中，提水、推车、向上搬移重物都是在做功。电流在通过负载时，将电能转换为另一种能量（如光能、热能、机械能等），这些能量的传递和转换现象都是电流做功的表现。那么，电流做功与哪些因素有关呢？衡量电流做功快慢的物理量又是什么呢？

1.7.1 电能

在电场力作用下，电荷定向移动形成的电流所做的功称为电功。电流做功的过程就是将电能转换成其他形式的能的过程。因此，**电功也称电能**。

如果加在导体两端的电压为 U，在时间 t 内通过导体横截面的电荷量为 q，则导体中的电流 $I = \frac{q}{t}$，根据电压的定义式 $U = \frac{W}{q}$ 可知，电流所做的功，即电能的大小为

$$W = Uq = UIt \tag{1-9}$$

式中：W——电能，单位是焦耳（J）；

U——加在导体两端的电压，单位是伏特（V）；

I——导体中的电流，单位是安培（A）；

t——通电时间，单位是秒（s）。

式（1-9）表明，电流在一段电路上所做的功，与这段电路两端的电压、电路中的电流和通电时间成正比。

在国际单位制中，电能的单位是**焦耳**，简称**焦**，符号是 **J**。如果加在导体两端的电压为 1V，导体中的电流是 1A，在 1s 时间内的电能就是 1J。

在实际使用中，电能常用千瓦时（俗称度）为单位，符号是 kW·h。

$$1kW \cdot h = 3.6 \times 10^6 J = 3.6 MJ$$

对于纯电阻电路，欧姆定律成立，即 $U=RI$，$I = \dfrac{U}{R}$，代入式（1-9）得到

$$W = \frac{U^2}{R}t = I^2 Rt \qquad （1-10）$$

1.7.2 电功率

电功率是描述电流做功快慢的物理量。电流在单位时间内所做的功称为电功率。如果在时间 t 内，电流通过导体所做的功为 W，那么电功率为

$$P = \frac{W}{t} \qquad （1-11）$$

式中：P——电功率，单位是瓦特（W）；

W——电能，单位是焦耳（J）；

t——电流做功所用的时间，单位是秒（s）。

在国际单位制中，电功率的单位是**瓦特**，简称**瓦**，符号是 **W**。如果在 1s 时间内，电流通过导体所做的功为 1J，电功率就是 1W。电功率的常用单位还有千瓦（kW）和毫瓦（mW），它们之间的关系为

$$1kW = 10^3 W$$

$$1W = 10^3 mW$$

对于纯电阻电路，电功率的公式还可以写成

$$P = UI = \frac{U^2}{R} = I^2 R \qquad （1-12）$$

【例 1.7】一电阻器表面标注 "500Ω 5W"，求电阻允许通过的最大电流和允许加在电阻两端的最大电压。

【分析】求解本题所用的公式为 $P = \dfrac{U^2}{R} = I^2 R$。

解：电阻允许通过的最大电流

$$I = \sqrt{\frac{P}{R}} = \sqrt{\frac{5}{500}} = 0.1 （A）$$

允许加在电阻两端的最大电压

$$U=\sqrt{PR}=\sqrt{5\times500}=50（V）$$

【例1.8】小王家现有"220V 40W"的白炽灯5盏，求：（1）如果平均每天使用4h，一年（365天）用电多少千瓦时？（2）如果平均每天少使用1h，一年能节约用电多少千瓦时？（3）如果改用"220V 15W"的节能灯，每天还是使用4h，一年能节约用电多少千瓦时？

【分析】求解本题所用的公式为 $W=Pt$，注意题中发生变化的量。

解：（1）$P=40\times5=200（W）=0.2（kW）$，$t=4\times365=1\,460（h）$

由电功率公式 $P=\dfrac{W}{t}$ 可得

$$W=Pt=0.2\times1\,460=292（kW\cdot h）$$

（2）$P=40\times5=200（W）=0.2kW$，$t=3\times365=1\,095（h）$

$$W_1=Pt=0.2\times1\,095=219（kW\cdot h）$$

$$\Delta W_1=W-W_1=292-219=73（kW\cdot h）$$

（3）$P=15\times5=75（W）=0.075kW$，$t=4\times365=1\,460（h）$

$$W_2=Pt=0.075\times1\,460=109.5（kW\cdot h）$$

$$\Delta W_2=W-W_2=292-109.5=182.5（kW\cdot h）$$

┘ 提示 └

通过以上的计算可知，节约电能可以从两方面入手：一是减少电功率 P，如尽量减少使用大功率电器；二是减少用电时间 t，如养成人走灯关的好习惯。在日常生活中，你能想出更多的节电妙招、并落实到行动中吗？

1.7.3 电流的热效应

在日常生活中，经常会发现用电器的一些热现象：电水壶能将水烧开，电视机使用一定时间后会发热……**电流通过导体会产生热的现象，称为电流的热效应**。热效应是电流通过导体时，由于自由电子的碰撞，电能不断地转换为热能的客观现象。

电流的热效应

1840年，物理学家焦耳通过实验发现：**电流通过导体产生的热量，与电流的平方、导体的电阻和通过的时间成正比**，这就是**焦耳定律**。4年之后，物理学家楞次公布了他的大量实验结果，从而进一步验证了焦耳关于电流热效应的正确性。因此，该定律也称为焦耳-楞次定律，用公式表示为

$$Q=I^2Rt \tag{1-13}$$

式中：Q——导体产生的热量，单位是焦耳（J）；

I——导体中通过的电流，单位是安培（A）；

R——导体的电阻，单位是欧姆（Ω）；

t——电流通过导体的时间，单位是秒（s）。

在生产和生活中，很多用电器都是根据电流的热效应制成的，统称为电热电器，如家庭中常见的电水壶、电饭煲、电熨斗等，工厂中常见的电炉、电烘箱、电烙铁等，如图 1.44所示。

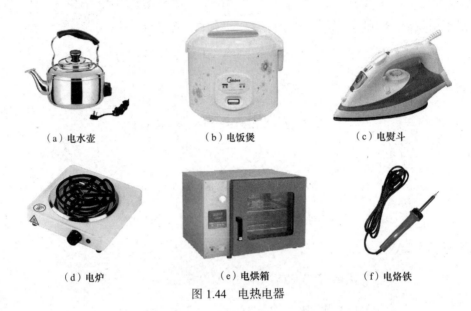

（a）电水壶　　　　　　　（b）电饭煲　　　　　　　（c）电熨斗

（d）电炉　　　　　　　（e）电烘箱　　　　　　　（f）电烙铁

图 1.44　电热电器

但是电流的热效应也有不利的方面：如导线发热加速绝缘老化；电动机、变压器发热容易烧坏设备；电路短路会造成电气设备烧毁，甚至引起火灾。因此，必须采取一定的保护措施，如设计散热装置加以防范。图 1.45（a）所示为计算机主机上的风扇和主机箱体散热孔；图 1.45（b）所示的电动机表面设计成散热片状，尾端加装风扇，都是为了有利于散热。

（a）计算机散热　　　　　　　（b）电动机散热

图 1.45　电器的散热装置

应用

白炽灯泡上"220V 40W"或电阻器上"100Ω1W"的标记，是为了保证电气设备能长期安全工作的额定值。电气设备的额定值主要有额定电流 I_N、额定电压 U_N、额定功率 P_N，在直流电路中，三者的关系是 $P_N = U_N I_N$。

科学家小传

焦耳（1818—1889年），物理学家。

1840年，焦耳发现电流热效应规律的焦耳定律。1843年，焦耳设计了一个新实验否定了热质说。1844年，焦耳研究了空气在膨胀和压缩时的温度变化，计算出气体分子的热运动速度值。焦耳还用鲸鱼油代替水来做实验，测得了热功当量的平均值。

功和能的单位焦耳就是以他的姓氏命名的。

综合案例

一台标有"2kW 220V"的电炉，求：（1）正常工作时的电流；（2）电炉的电阻；（3）如果每天使用3h，一个月（30天）消耗的电能；（4）把它接到110V电源上实际消耗的功率。

思路分析

求解本题所用的公式有：$W=Pt$；$P=UI=\dfrac{U^2}{R}$。

优化解答

（1）$I=\dfrac{P}{U}=\dfrac{2\times10^3}{220}\approx9.09$（A）

（2）$R=\dfrac{U^2}{P}=\dfrac{220^2}{2\times10^3}=24.2$（Ω）

（3）$W=Pt=2\times3\times30=180$（kW·h）

（4）$P'=\dfrac{U'^2}{R}=\dfrac{110^2}{24.2}=500(\text{W})=0.5$（kW）

1.8 最大功率输出定理

学习目标

● 说出负载获得最大功率的条件，计算负载获得的最大功率。

在闭合电路中，电源电动势所提供的功率，一部分消耗在电源的内电阻r上，另一部分消耗在负载电阻R上。那么，当R为何值时，负载能从电源处获得最大功率呢？

1.8.1 负载获得最大功率的条件

数学分析证明：当负载电阻和电源内阻阻值相等时，电源输出功率最大（负载获得最大功率$P_{\max}$），即当$R=r$时，有

$$P_{\max}=\frac{E^2}{4R} \tag{1-14}$$

式中：P_{max}——负载获得最大功率，单位是瓦特（W）；

E ——电源电动势，单位是伏特（V）；

R ——负载电阻，单位是欧姆（Ω）。

使负载获得最大功率的条件也称为**最大功率输出定理**。

1.8.2 最大功率输出定理的应用

在无线电技术中，把负载电阻等于电源内阻的状态称为**负载匹配**，也称阻抗匹配。负载匹配时，负载（如扬声器）可以获得最大的功率。

【例 1.9】如图 1.46 所示全电路中，电源电动势 $E=20V$，内阻 $r=1Ω$，$R_1=3Ω$，R_P 为可变电阻。当可变电阻 R_P 阻值为何值时，R_P 可以获得最大功率，其最大功率为多少？

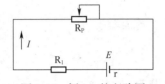

图 1.46 例 1.9 的电路图

【分析】求解本题时，只要将除 R_P 外的所有电阻（R_1+r）看作内电阻即可。

解：要使电阻 R_P 获得最大功率，$R_P = R_1 + r = 3 + 1 = 4$（Ω）。

此时，$P_{max} = \dfrac{E^2}{4R_P} = \dfrac{20^2}{4 \times 4} = 25$（W）。

科学家小传

瓦特（1736—1819 年），世界公认的蒸汽机发明家。

瓦特改进、发明的蒸汽机是对近代科学和生产的巨大贡献，具有划时代的意义。蒸汽机推动了第一次工业技术革命的兴起，极大地推进了社会生产力的发展。功率的单位瓦特就是以他的姓氏命名的。

1.9 技能训练

1.9.1 直流电流、电压的测量

学习目标

◉ 学会直流电流、电压测量方法，会正确选择和使用直流电流表和直流电压表。

◉ 会测量小型用电设备的电流和电压。

情景模拟

小任考上了职业学校的电工班，第一次上实训课，电工老师带着小任班同学参观了学校的电子电工实训室、电子技能实训室和电工技能实训室。老师介绍了实训台的各种仪器、仪表和操作开关。看着实训台的一排排仪表，小任产生了强烈的好奇心。那么，其中的直流电流表和直流电压表有哪些秘密呢？

基础知识

知识链接 1 电流表使用要点

电流表，又称安培表，是一种用来测量电路中电流的仪表，如图 1.47（a）所示，其测量接线图如图 1.47（b）所示。电流表使用时要注意以下几点。

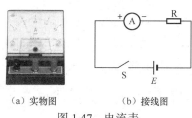

（a）实物图　　　（b）接线图

图 1.47　电流表

① 选择合适的量程。电流表选用量程一般应为被测电流值的 1.5～2 倍，如果被测量电流为 50A 以上，可采用电流互感器以扩大量程。

② 注意电流的极性。直流电流表的"+"接线柱接电源正极或靠近电源正极的一端，直流电流表的"−"接线柱接电源负极或靠近电源负极的一端，如图 1.47（b）所示。

③ 与待测电路串联。测量时电流表应串联接入待测电路中。

④ 防止短路。流过电流表的电流一定要同时流过用电器，不能不经过用电器而直接接到电源的两极上。

知识链接 2 电压表使用要点

电压表，又称伏特表，是一种用来测量电源或某段电路两端电压的仪表，如图 1.48（a）所示，其测量接线图如图 1.48（b）所示。电压表使用时要注意以下几点。

① 选择合适的量程。如被测电压在 600V 以上，则需应用电压互感器以扩大量程。

② 注意电压的极性。直流电压表的"+"接线柱接电源正极或靠近电源正极的一端，直流电压表的"−"接线柱接电源负极或靠近电源负极的一端，如图 1.48（b）所示。

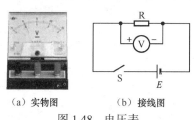

（a）实物图　　　（b）接线图

图 1.48　电压表

③ 与待测电路并联。测量时电压表应并联接入待测电路中。

▶ **实践操作**

✓ 列一列　元器件清单

请根据学校实际，将所需的元器件及导线的型号、规格和数量填入表 1.10 中。

表 1.10 　　　　　　　　　　　　直流电流、电压的测量元器件清单

序号	名称	符号	规格	数量	备注
1	直流电流表	Ⓐ			可以用万用表的直流电流挡代替
2	直流电压表	Ⓥ			可以用万用表的直流电压挡代替
3	直流稳压电源	E			
4	单刀开关	S			
5	用电器	R			可以用电阻、小灯泡等
6	连接导线			若干	

✓ **做一做　用直流电流表和直流电压表分别测量直流电流和直流电压**

① 直流电流表测直流电流。测量简单直流电路的直流电流，并将测量结果填入表 1.11 中。

② 直流电压表测直流电压。测量干电池、直流稳压电源的电压，并将测量结果填入表 1.11 中。

✓ **记一记**

表 1.11 　　　　　　　　　　　　直流电流、电压测量结果表

测量项目	测量仪表量程	测量对象	测量数据			测量结果（平均值）
			第1次	第2次	第3次	
直流电流						
直流电压						

┘ 提示 └

安全素养是从事"电"类工作的人员的基本职业素养之一。因此，在电工技能训练过程中，一定要始终牢记相关安全规程，严格遵守安全操作规范，养成良好职业素养。

➤ **训练总结**

请把直流电流、电压测量的收获和体会写在表 1.12 中，并完成评价。

表 1.12 　　　　　　　　　　　　直流电流、电压的测量训练总结表

课题		直流电流、电压的测量					
班级		姓名		学号		日期	
训练收获							
训练体会							
训练评价	评定人	评语				等级	签名
	自己评						
	同学评						
	老师评						
	综合评定等级						

> **训练拓展**

◇ **拓展 1　电气测量的常用方法**

电气测量的常用方法有直接测量法、间接测量法和比较测量法。

直接测量法是指测量结果从一次测量的实验数据中直接得到。它可以使用度量器直接测得被测量数值的大小；也可以使用具有相应单位刻度的仪表，直接测得被测量的数值。如用电流表直接测量电流，用电压表直接测量电压。

间接测量法是指测量时只能测出与被测量有关的电学量，然后经过计算求得被测量。如用伏安法测量电阻。

比较测量法是将被测的量与度量器在比较仪器中进行比较，从而测得被测量数值的一种方法。如用电桥测量电阻。

◇ **拓展 2　万用表的基本使用方法**

在实际测量中，直流电流表和直流电压表可以分别用万用表的直流电流挡和直流电压挡代替。万用表是一种多用途、广量程、使用方便的测量仪表，是电工最常用的工具。它可以用来测量直流电流、直流电压、交流电压和电阻，中高档的万用表还可以测量交流电流、电容器、电感及晶体管的主要参数等。常用的万用表有指针式和数字式万用表两种，其外形如图 1.49 所示。本书以 MF47 指针式万用表为例介绍万用表的使用。

（a）指针式万用表

（b）数字式万用表

图 1.49　万用表

（1）面板认识

万用表的面板主要由刻度盘和操作面板两部分组成，如图 1.50 所示。操作面板主要有刻度盘、机械调零旋钮、电阻调零旋钮、量程选择开关、表笔插孔等。

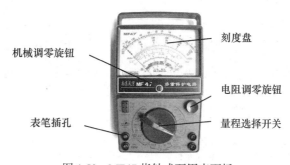

机械调零旋钮　　刻度盘

电阻调零旋钮

表笔插孔　　量程选择开关

图 1.50　MF47 指针式万用表面板

（2）使用前准备

① 将万用表水平放置。

② 检查指针。检查万用表指针是否停在刻度盘左端的"零"位。如不在"零"位，用小螺钉旋具轻轻转动表头上的机械调零旋钮，使指针指在"零"位，如图1.51所示。

③ 插好表笔。将红、黑两支表笔分别插入表笔插孔，红表笔插入标有"+"号的插孔，黑表笔插入标有"*"或"−"号的插孔。

④ 检查电池。将量程选择开关旋到电阻 R × 1 挡，把红、黑表笔短接，如图1.52所示。如进行"电阻调零"，若万用表指针不能转到刻度线右端的"零"位，说明电压不足，需要更换电池。

图 1.51　机械调零

图 1.52　检查电池

⑤ 选择项目和量程。将量程选择开关旋到相应的项目和量程上。禁止在通电测量状态下转换量程选择开关，以免产生电弧损坏开关触点。

（3）万用表的维护

万用表使用完毕后，应注意以下几点。

① 拔出表笔。

② 将量程选择开关拨到"OFF"或交流电压最高挡，防止下次开始测量时不慎烧坏万用表。

③ 若长期搁置不用时，应将万用表中的电池取出，以防电池电解液渗漏而腐蚀内部电路。

④ 平时对万用表要保持干燥、清洁，严禁振动和机械冲击。

1.9.2　电阻的测量

学习目标

⊙ 根据被测电阻的数值和精度要求选择测量方法，使用万用表测量电阻。

⊙ 了解兆欧表测量绝缘电阻和电桥测量电阻的基本方法。

情景模拟

星期天，家里来了好多客人，小任连忙用电水壶去烧开水。可是，十多分钟过去了，电水壶一点反应也没有。小任跑过去，一摸电水壶，冰凉！"怎么回事？"小任拔掉了电源，倒掉了水，拿来万用表，仔细检查起来。原来是电水壶的电热丝断了。你知道小任是如何发现电水壶的电热丝是断的吗?

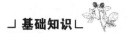基础知识

知识链接1 万用表电阻挡的使用要点

① 选择量程。万用表电阻挡标有"Ω",有 R×1、×10、×100、×1k、×10k 等不同量程。应根据被测电阻的大小把量程选择开关拨到适当挡位上,如图 1.53 所示,使指针尽可能做到在中心附近,因为这时的误差最小。

② 电阻调零。将红、黑表笔短接,如万用表指针不能满偏(指针不能偏转到刻度线右端的"零"位),可进行"电阻调零",如图 1.54 所示。

图 1.53 选择量程

图 1.54 电阻调零

③ 测量方法。将被测电阻同其他元器件或电源脱离,单手持表笔并跨接在电阻两端,如图 1.55 所示。绝不能用手去接触表笔的金属部分,避免因人体并接于被测电阻两端而造成不必要的误差。

④ 正确读数。读数时,应先根据指针所在位置确定最小刻度值,再乘以倍率,即电阻的实际阻值。如图 1.56 所示,指针指示的读数为 9.5Ω,选择的量程为 R×1kΩ,则测得的电阻值为 9.5kΩ。

图 1.55 测量方法

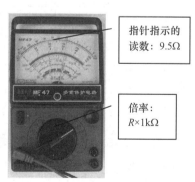

指针指示的读数: 9.5Ω

倍率: $R×1k\Omega$

图 1.56 正确读数

⑤ 每次换挡后,应再次调整电阻调零旋钮,然后再测量。

知识链接2 伏安法测电阻

根据部分电路欧姆定律 $R=\dfrac{U}{I}$,用电压表测出电阻两端的电压,用电流表测出流过电阻的

电流，就可以求出电阻。这种测量方法称为伏安法。

用伏安法测电阻时，由于电压表和电流表本身具有内阻，把它们接入电路后，不可避免地要改变被测电路中的电压和电流，给测量结果带来误差。

用伏安法测电阻有外接法和内接法，如图 1.57 所示。

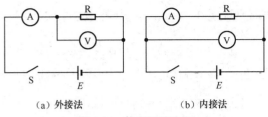

（a）外接法　　　　（b）内接法

图 1.57　伏安法测电阻

① 外接法。外接法的电路如图 1.57（a）所示。由于电压表的分流作用，电流表测出的电流值要比通过电阻 R 的电流大，即 $I=I_V+I_R$，因而求出的电阻值要比真实值小。待测电阻的阻值比电压表的内阻小得越多，因电压表的分流而引起的误差越小，所以测量小电阻时应采用外接法。

② 内接法。内接法的电路如图 1.57（b）所示。由于电流表的分压作用，电压表测出的电压值要比电阻 R 两端的电压大，即 $U=U_A+U_R$，因而求出的电阻值要比真实值大。待测电阻的阻值比电流表的内阻大得越多，因电流表的分压而引起的误差越小，所以测量大电阻时应采用内接法。

▶ 实践操作

✔ 列一列　元器件清单

请根据学校实际，将所需的元器件及导线的型号、规格和数量填入表 1.13 中。

表 1.13　　　　　　　　　　　　　电阻的测量元器件清单

序号	名称	符号	规格	数量	备注
1	万用表				
2	直流电流表	Ⓐ			可以用万用表的直流电流挡代替
3	直流电压表	Ⓥ			可以用万用表的直流电压挡代替
4	直流稳压电源	E			
5	单刀开关	S			
6	电阻	R			选择几欧姆、几十欧姆、几百欧姆、几千欧姆各挡电阻
7	电位器	R_P			
8	连接导线				

✔ 做一做　万用表测电阻与伏安法测电阻比较

① 用万用表分别测量阻值为几欧姆、几十欧姆、几百欧姆、几千欧姆的若干电阻，将测量结果记入表 1.14 中。

② 用伏安法分别测量阻值为几欧姆、几十欧姆、几百欧姆、几千欧姆的若干电阻，测量电路如图 1.58 所示，将测量结果记入表 1.15 中。

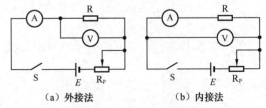

（a）外接法　　　　（b）内接法

图 1.58　伏安法测电阻

✓ **记一记 测量结果**

表 1.14 万用表测电阻测量结果表

电阻	标称阻值/Ω	测量数据/Ω			测量结果/Ω（平均值）
		第 1 次	第 2 次	第 3 次	
R_1					
R_2					
R_3					
R_4					

表 1.15 伏安法测电阻测量结果表

电阻	次数	外接法				内接法			
		电压 U/V	电流 I/A	电阻 R/Ω	平均值/Ω	电压 U/V	电流 I/A	电阻 R/Ω	平均值/Ω
R_1	1								
	2								
R_2	1								
	2								
R_3	1								
	2								
R_4	1								
	2								

结论：测量阻值较小的电阻时，应采用＿＿＿＿＿＿＿＿；
    测量阻值较大的电阻时，应采用＿＿＿＿＿＿＿＿。

✓ **比一比 外接法与内接法的测量值比较**

比较外接法和内接法测量的结果，并填入表 1.15 的结论中。想一想，试说明理由。

➤ **训练总结**

请把电阻测量的收获、体会写在表 1.16 中，并完成评价。

表 1.16 电阻的测量训练总结表

课题	电阻的测量						
班级		姓名		学号		日期	
训练收获							
训练体会							
训练评价	评定人	评 语				等级	签名
	自己评						
	同学评						
	老师评						
	综合评定等级						

▶ **训练拓展**

◇ **拓展1　兆欧表测量绝缘电阻的基本方法**

　　测量各种电气设备的绝缘电阻是判断电气设备绝缘程度的基本方法。**兆欧表**是测量绝缘电阻最常用的仪表。兆欧表可用于各种电气设备绝缘电阻的检测，如电动机、电缆、家用电器等绝缘电阻的检测。

　　兆欧表，又称绝缘摇表，是一种测量电动机、电器、电缆等电气设备绝缘性能的仪表，其外形如图1.59所示。兆欧表上有两个接线柱，一个是线路接线柱（L），另一个是接地柱（E），此外还有一个铜环，称保护环或屏蔽端（G）。使用兆欧表时的基本方法如下。

　　① 选择种类。兆欧表种类很多，有500V、1 000V、2 500V等。在选用时，要根据被测设备的电压等级选择合适的兆欧表。一般额定电压在500V以下的设备，选用500V或1 000V的兆欧表；额定电压在500V以上的设备，选用1 000V或2 500V的兆欧表。

图1.59　兆欧表

　　② 选择导线。兆欧表测量用的导线应采用单根绝缘导线，不能采用双绞线。

　　③ 平稳放置。兆欧表应放置平稳的地方，以免在摇动手柄时，因表身抖动和倾斜产生测量误差，如图1.60（a）所示。

　　④ 开路试验。兆欧表使用前，应先对兆欧表进行开路试验，如图1.60（b）所示。开路试验是先将兆欧表的两接线端分开，再摇动手柄。正常时，兆欧表指针应指向"∞"。

　　⑤ 短路试验。开路试验后，再进行短路试验，如图1.60（c）所示。短路试验是先将兆欧表的两接线端接触，再摇动手柄。正常时，兆欧表指针应指向"0"。

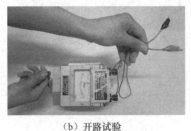
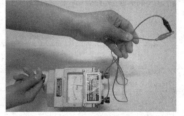

（a）平稳放置　　　　　　　　（b）开路试验　　　　　　　　（c）短路试验

图1.60　兆欧表的使用

　　⑥ 放电。兆欧表使用后，应及时对兆欧表放电（即将"L""E"两导线短接），以免发生触电事故。

◇ **拓展2　单臂电桥测电阻**

　　单臂电桥又称惠斯通电桥，如图1.61所示。单臂电桥是用电桥平衡原理测量被测电阻值，其实质是将被测电阻与已知电阻进行比较，从而求得测量结果。构成单臂电桥的4个桥臂中，有3个臂连接标准电阻 R_2、R_3 和可调标准电阻 R_4，只要电阻 R_2、R_3、R_4 的阻值足够准确，则被测电阻

图1.61　单臂电桥

R_x 的阻值测量精度也比较高。

本章小结

本章学习了电路的基本知识，包括电流、电压、电位、电动势、电阻、电能、电功率等电路的基本概念和电阻定律、欧姆定律、焦耳定律、最大功率输出定理等基本定律（定理）。本章是学好电工基础课程的基础，一定要切实掌握。

第 1 章知识
要点解读

① 学习基本概念，要明确这些概念的符号、物理意义、定义式、方向和单位等，可以列表加以比较。完成表 1.17。

表 1.17　　　　　　　　　　　　　　　　电路基本概念比较表

序号	物理量	符号	物理意义	定义式	方向	单位
1	电流					
2	电压					
3	电位					
4	电动势					
5	电阻				—	
6	电能				—	
7	电功率				—	

② 电阻器是利用金属或非金属材料对电流起阻碍作用的特性制成的。常见的电阻器有固定电阻器和可变电阻器，试比较常见电阻器并完成表 1.18 和表 1.19。电阻器主要参数的标注方法有哪些？试进行比较并完成表 1.20。

表 1.18　　　　　　　　　　　　　　　　常见固定电阻器比较

序号	名称	符号	主要用途
1	碳膜电阻器		
2	金属膜电阻器		
3	线绕电阻器		

表 1.19　　　　　　　　　　　　　　　　常见可变电阻器比较

序号	名称	符号	主要用途
1	半可变电阻器		
2	碳膜电位器		
3	线绕电位器		
4	实芯电位器		
5	直滑式电位器		
6	开关电位器		

表 1.20 　　　　　　　　　　　　　电阻器主要参数标注方法比较

序号	标注方法	电阻值识读要点	允许误差识读要点
1	直标法		
2	文字符号法		
3	数码法		
4	色标法		

③ 学习基本定律，要知道定律的内容、表达式等，并能应用这些定律分析和解决生产、生活中的实际问题。

a. 电阻定律是计算电阻大小的定律，能说出它的内容，写出它的表达式吗？要学会应用电阻定律计算导体的电阻。

b. 欧姆定律是电工基础的最基本定律，能说出它的内容，写出它的表达式吗？能灵活应用欧姆定律分析和解决生产、生活中的实际问题吗？

c. 焦耳定律是计算电流热效应的定律，能说出它的内容，写出它的表达式吗？能灵活应用焦耳定律分析和解决生产、生活中的实际问题吗？

d. 最大功率输出定理反映了负载获得最大功率的条件和大小，能说出它的内容，写出它的表达式吗？

思考与练习

一、填空题

1. 电路主要是由＿＿＿＿、＿＿＿＿、＿＿＿＿＿、控制和保护装置 4 部分组成的。

2. 电路的工作状态有＿＿＿＿、断路和＿＿＿＿3 种。

3. 单位换算：5mA＝＿＿＿＿A；10kA＝＿＿＿＿A。

4. 电流的单位是＿＿＿＿；用万用表测量电流时应把万用表＿＿＿＿在被测电路里。

5. 衡量电场力做功大小的物理量叫＿＿＿＿，其定义式为＿＿＿＿。

6. 电位是＿＿＿＿值，它的大小与参考点选择＿＿＿＿；电压是＿＿＿＿值，它的大小与参考点选择＿＿＿＿。

7. 电压的正方向为＿＿＿＿，电动势的正方向为＿＿＿＿。

8. 衡量电源力做功大小的物理量称为＿＿＿＿，其定义式为＿＿＿＿。

9. 给电池充电，是将＿＿＿＿能转换为＿＿＿＿能。

10. $10k\Omega =$ ＿＿＿＿Ω。

11. 有两根同种材料的电阻丝，长度之比为 1∶2，横截面积之比为 2∶3，则它们的电阻之比是＿＿＿＿。

12. 一段导线的电阻值为 R，若将其对折合并成一条新导线，其阻值为＿＿＿＿。

13. 电阻器型号命名中，第一部分表示＿＿＿＿，字母 R 代表的是＿＿＿＿，字母 W 代表的是＿＿＿＿。

14. 金属膜电阻器一般为 5 个环，允许误差为＿＿＿＿；碳膜电阻器一般为 4 个环，允许误差为_____。

15. 如图 1.62 所示,电阻器表面标注有"6.5W5ΩJ"字样,则该电阻器的电阻值为_____,允许误差为_____,额定功率为_____。

图 1.62　电阻器

16. 部分电路欧姆定律的内容是:在某段纯电阻电路中,电路中的电流 I 与电阻两端的电压 U 成_____,与电阻 R 成_____,其表达式为_____。

17. 全电路欧姆定律的内容是:闭合电路中的电流与_____成正比,与电路的_____成反比,其表达式为_____。

18. 一段导体两端电压是 3V,导体中的电流是 1A,若导体两端电压是 6V,则导体中的电流是_____。

19. 电炉的电阻是 44Ω,使用时的电流是 5A,则供电线路的电压为_____。

20. 电源电动势 E=4.5V,内阻 r=0.5Ω,负载电阻 R=4Ω,则电路中的电流 I=_____,路端电压 U=_____。

21. 电流在_____内所做的功称为电功率。电源电动势所供给的功率,等_____和_____所消耗的功率之和。

22. 额定值为"220V 60W"的白炽灯,灯丝的热态电阻为_____。如果把它接到 110V 的电源上,它实际消耗的功率为_____。

23. 一只标着"220V 30A"的电能表,可用在最大电功率是_____的电路中。

24. 焦耳定律指出:电流通过导体所产生的热量与_____、_____、_____成正比。

25. 当负载电阻可变时,负载获得最大功率的条件是_____,负载获得的最大功率为_____。在无线电技术中,把_____状态称为负载匹配。

二、选择题

1. 用来照明的白炽灯是电路的(　　)。

A. 电源　　　　B. 负载　　　　C. 导线　　　　D. 控制和保护装置

2. 正常运行的电动机,(　　)。

A. 将热能转换成电能　　　　B. 将电能转换成热能
C. 将机械能转换成电能　　　　D. 将电能转换成机械能

3. 下列电路工作状态中,属于正常状态的是(　　)。

A. 转动的电动机　　　　B. 正常发光的小灯泡
C. 开关断开时小灯光不发光　　　　D. 以上都是

4. 如图 1.63 所示电路,A、B 两点间的电压为(　　)。

A. 0V　　　　B. 3V

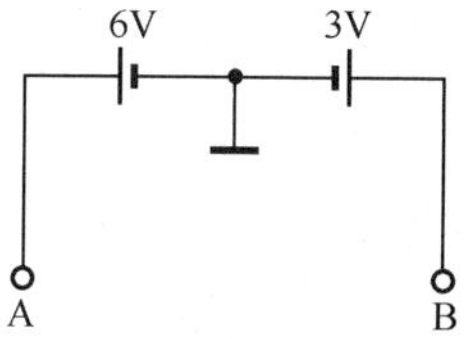

图 1.63　选择题 4 图

C. 6V   D. 9V

5. 电路中两点间的电压高，则（   ）。

A. 这两点的电位都高   B. 这两点的电位差大

C. 这两点的电位都大于零   D. 无法判断

6. 电阻器在电路中的作用是（   ）。

A. 分压   B. 分流   C. 限流   D. 以上都是

7. 下列材料中，适宜于制造标准电阻的是（   ）。

A. 银   B. 锰铜合金   C. 铜   D. 镍铬铁合金

8. 用色标法表示电阻器的允许误差时，允许误差为 ±1% 的色环颜色是（   ）。

A. 棕   B. 绿   C. 蓝   D. 金

9. 有一条电阻线，在其两端加 1V 电压时，测得电阻值为 0.5Ω，如果在其两端加 10V 电压时，其电阻值应为（   ）。

A. 0.05Ω B. 0.5Ω C. 5Ω D. 20Ω

10. 在全电路中，端电压的高低随着负载电流的增大而（   ）。

A. 减少   B. 增多   C. 不变   D. 无法判断

11. 电源的电动势为 1.5V，内阻为 0.22Ω，外电路的电阻为 1.28Ω，电路的电流和外电路电阻两端的电压分别为（   ）。

A. $I=1.5A$，$U=0.18V$ B. $I=1A$，$U=1.28V$ C. $I=1.5A$，$U=1V$ D. $I=1A$，$U=0.22V$

12. 一台直流电动机，运行时消耗功率为 2.8kW，每天运行 6h，30 天消耗的能量为（   ）。

A. $30kW \cdot h$ B. $60 kW \cdot h$ C. $180 kW \cdot h$ D. $504 kW \cdot h$

13. 灯泡 A 为 "6V 12W"，灯泡 B 为 "9V 12W"，灯泡 C 为 "12V 12W"，它们都在各自的额定电压下工作，以下说法正确的是（   ）。

A. 3 个灯泡一样亮   B. 3 个灯泡电阻相同

C. 3 个灯泡的电流相同   D. 灯泡 C 最亮

三、计算题

1. 电源的电动势 $E = 2V$，与 $R = 9\Omega$ 的负载电阻连接成闭合回路，测得电源两端的电压为 1.8V，求电源的内阻 r。

2. 一个电池接在闭合电路中，当外电阻为 1Ω 时，电路中的总电流为 1A；，当外电阻改为 2.5Ω 时，电流为 0.5A，计算这个电源的电动势和内电阻。

3. 如图 1.64 所示电路中，当开关 S 合上时，电流表读数为 5A，电压表读数为 10V；当开关 S 断开时，电压表读数为 12V，求电源电动势 E 和电阻 R 消耗的功率。

4. 一个 "220V 300W" 的电熨斗，接的电源为 220V，使用 30min。（1）电路中流过的电流是多少？（2）电熨斗消耗的电能可供 "220V 40W" 的电灯使用多长时间？

5. 如图 1.65 所示电路中，$R_1=2\Omega$，电源电动势 $E=10V$，内阻 $r=0.5\Omega$，R_P 为可变电阻。可变电阻 R_P 的阻值为多少时它才可获得最大功率，R_P 消耗的最大功率为多少？

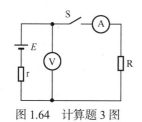

图 1.64　计算题 3 图

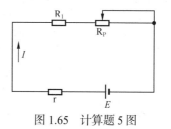

图 1.65　计算题 5 图

*四、综合题

1. 电路有哪几种工作状态？列举实际电路，说明电路不同情况下对应的不同状态。

2. 据报道：著名的长江三峡水电站是利用超高电压、小电流输电的。输送到重庆时每度（kW·h）电的价格大约为 0.28 元，输送到浙江时每度电的价格大约为 0.38 元。应用所学的知识分析下面两个问题：（1）为什么输电时要采用超高压、小电流输电？（2）为什么输送到重庆与浙江的电价格不一样？

3. 节约用电是每一位公民的职责，请应用所学的知识列举 5 条以上的节约用电措施。

4. 生活中哪些电器会因为电流的热效应产生不良影响？这些电器如何散热的？

第 2 章

直流电路

在生产实际中，凡是用直流电源供电的电路都是直流电路，如电子电路、汽车电路等，手电筒、电动自行车等电路也都是直流电路。直流电路的分析方法是研究电路的基本方法，也是学习其他专业课程的基本方法。掌握直流电路的分析方法对今后的学习是非常关键的。

那么，直流电路有哪些连接方式？它们有什么特点？简单直流电路如何分析？复杂直流电路如何分析？我们一起来学一学。

知识目标

- 掌握电阻串、并联电路的特点，理解分压、分流公式。
- 掌握基尔霍夫定律，能正确、熟练地列出节点电流方程和回路电压方程。
- 理解电路的等效变换，掌握电流源与电压源的等效变换，掌握戴维南定理和叠加原理。

技能目标

- 会应用电阻串、并联电路的特点分析和解决实际的简单电路。
- 会计算电路中某点的电位。
- 会应用基尔霍夫定律、电路的等效变换分析复杂电路。

2.1 电阻串联电路

学习目标

- 认识电阻串联电路，会说出电阻串联电路的特点，写出分压公式。
- 会应用电阻串联电路的特点分析实际电路。

一般用电器都标有额定电压，若电源电压比用电器的额定电压高，则不能直接把用电器接到电源上。在这种情况下，可以给用电器串联一个阻值合适的电阻器，让它分担一定的电压，使用电器能在额定电压下正常工作。那么，如何分析电阻串联电路呢？

2.1.1 电阻串联电路的安装与测量

1. 安装电阻串联电路

将两个电阻按图 2.1（a）所示依次连接，图 2.1（b）为它的实物图。

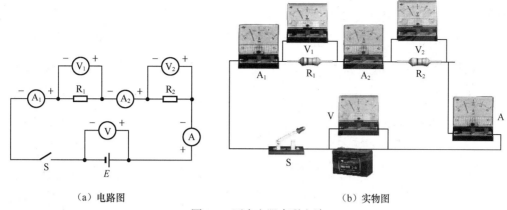

| （a）电路图 | （b）实物图 |

图 2.1 两个电阻串联电路

2. 测量电阻串联电路

用直流电流表和直流电压表分别测量两个电阻串联电路的分电流、总电流和电路两端总电压、各电阻两端分电压，将测量结果记入表 2.1。

表 2.1 串联电路测量结果表

测量电量	电流			电压		
	分电流 I_1	分电流 I_2	总电流 I	分电压 U_1	分电压 U_2	总电压 U
数据						

2.1.2 电阻串联电路的分析

如图 2.1 所示，把两个或两个以上的电阻依次连接，使电流只有一条通路的电路，就组成了电阻串联电路。图 2.2（a）所示为由 3 个电阻组成的串联电路。

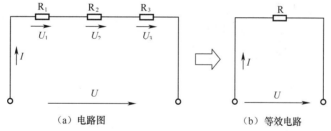

| （a）电路图 | （b）等效电路 |

图 2.2 3 个电阻串联电路

同学们将表 2.1 中数据填入后可以看出，电阻串联电路具有以下特点。

1. 电流特点

串联电路的电流处处相等，即

$$I=I_1=I_2=I_3=\cdots=I_n \tag{2-1}$$

2. 电压特点

串联电路的总电压等于各电阻分电压之和，即

$$U=U_1+U_2+U_3+\cdots+U_n \tag{2-2}$$

电流特点和电压特点是电路的基本特点，其他特点都可以从基本特点中推导出来。

3. 电阻特点

如果用一个电阻代替几个串联电阻，两者具有相同的电压、电流关系，就把这个电阻称为串联电阻的**等效电阻**。等效电阻就是电路的总电阻。图2.2（b）所示电路是图2.2（a）的等效电路。

将式（2-2）同除以电流 I，得

$$\frac{U}{I} = \frac{U_1}{I} + \frac{U_2}{I} + \frac{U_3}{I} + \cdots + \frac{U_n}{I}$$

因为

$$I = I_1 = I_2 = I_3 = \cdots = I_n$$

所以，根据欧姆定律可得

$$R = R_1 + R_2 + R_3 + \cdots + R_n \tag{2-3}$$

即串联电路的等效电阻等于各分电阻之和。

同学们可以断开电源，用万用表的电阻挡测量验证。

电阻的阻值越串越大。当 n 个等值电阻 R_0 串联时，其等效电阻为 $R = nR_0$。

电阻的串联就好比是几根水管连接在一起，水流是从同一根水管流出的，只不过其长度增加了。从水流的角度来考虑电流，就会明白串联电路的等效电阻。

4. 功率特点

将式（2-2）同乘以电流 I，得

$$UI = U_1 I + U_2 I + U_3 I + \cdots + U_n I$$

因为

$$I = I_1 = I_2 = I_3 = \cdots = I_n$$

所以根据功率公式，可得

$$P = P_1 + P_2 + P_3 + \cdots + P_n \tag{2-4}$$

即串联电阻的总功率等于各电阻的分功率之和。

5. 电压分配

因为

$$I = I_1 = I_2 = I_3 = \cdots = I_n$$

所以

$$I = \frac{U_1}{R_1} = \frac{U_2}{R_2} = \frac{U_3}{R_3} = \cdots = \frac{U_n}{R_n} \tag{2-5}$$

即串联电路中各电阻两端的电压与各电阻的阻值成正比。

如果两个电阻 R_1 和 R_2 串联，则它们的分压公式为

$$U_1 = \frac{R_1}{R_1 + R_2} U$$

$$U_2 = \frac{R_2}{R_1 + R_2} U$$

公式的记忆方法是：R_1 和 R_2 分电压 U，因为成正比，所以分给 R_1 的电压是 U_1，分给 R_2 的电压是 U_2。公式的推导方法很多，同学们可以尝试自己推导。

6. 功率分配

因为

$$I = I_1 = I_2 = I_3 = \cdots = I_n$$

所以

$$I^2 = \frac{P_1}{R_1} = \frac{P_2}{R_2} = \frac{P_3}{R_3} = \cdots = \frac{P_n}{R_n} \tag{2-6}$$

即串联电路中各电阻消耗的功率与各电阻的阻值成正比。

两个电阻的分功率公式与分压公式相似，即用相应的 P 代替相应的 U。

 应用

电阻串联电路的应用十分广泛。在工程上，常利用串联电阻的分压作用来实现一定的要求。图 2.3 为用于电力系统现场测量的高压分压器，采用串联电路的分压原理按一定的比例（如 1/1 000）采样测量显示。

用串联电阻的方法还可以限制电流，常用的有电动机串电阻降压启动、电子电路中与二极管串联的限流电阻等，还可利用串联电阻扩大电压表的量程。同学们也可以上网或到图书馆查一查串联电路还有哪些应用。

图 2.3 高压分压器

【例 2.1】 图 2.4 所示为常见的电阻分压器电路。已知电路的输入电压 U_{AB}=200V，电位器 R=100Ω，当电位器触点在中间位置时，求输出电压 U_{CD}。

【分析】 当电位器触点在中间位置时，上、下电阻各为 50Ω，利用分压公式即可求出输出电压。

解： 当电位器触点在中间位置时，输出电压为

$$U_{CD} = \frac{R_{下}}{R_{上} + R_{下}} U_{AB} = \frac{50}{50+50} \times 200 = 100 \text{（V）}$$

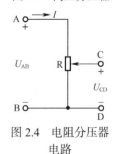

图 2.4 电阻分压器电路

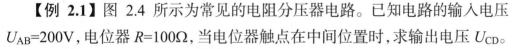 注意

图 2.4 中是电压连续可调的分压器，当电位器触点上下移动时，输出电压 U_{CD} 在 0～U_{AB} 连续可调。

【例 2.2】 如图 2.5 所示，表头内阻 R_g=1kΩ，满偏电流 I_g=500μA，若要将其改装成量程为 2.5V 的电压表，应串联多大的电阻？

【分析】 先根据欧姆定律求出满偏电压，再求出电阻 R 分担的电压，即可求出分压电阻的值。

解： 表头的满偏电压

$$U_g=R_gI_g=1\times10^3\times500\times10^{-6}=0.5（V）$$

串联电阻分担的电压

$$U_R=U-U_g=2.5-0.5=2（V）$$

串联电阻值

$$R=\frac{U_R}{I_R}=\frac{U_R}{I_g}=\frac{2}{500\times10^{-6}}=4\times10^3（\Omega）=4（k\Omega）$$

同学们还可尝试用其他方法求出分压电阻的值。

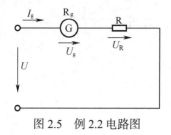

图 2.5　例 2.2 电路图

⌐ 注意 ∟

> 为扩大电压表的量程，要串联阻值较大的电阻。因此，电压表的内阻较大。在实际测量中，电压表应并联在被测电路中，其内阻可以看作无穷大。

2.2　电阻并联电路

学习目标

◉ 认识电阻并联电路，能说出电阻并联电路的特点，写出分流公式。

◉ 会应用电阻并联电路的特点分析实际电路。

在家里，有各种不同的负载，如照明灯、电饭煲等，这些负载都是并联连接的。那么，如何分析电阻并联电路呢？

2.2.1　电阻并联电路的安装与测量

1. 安装电阻并联电路

将两个电阻按图 2.6（a）所示并接在直流电源两端，图 2.6（b）为它的实物图。

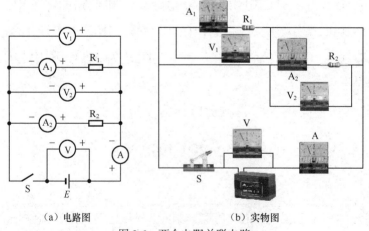

（a）电路图　　　　　　　　　（b）实物图

图 2.6　两个电阻并联电路

2. 测量电阻并联电路

用直流电流表和直流电压表分别测量两个电阻并联电路的总电流、分电流和电路两端电压、各电阻两端电压，并将测量结果记入表2.2。

表 2.2　　　　　　　　　　　　　　　　并联电路测量结果表

测量电量	电流			电压		
	分电流 I_1	分电流 I_2	总电流 I	分电压 U_1	分电压 U_2	总电压 U
数据						

2.2.2　电阻并联电路的分析

如图2.6（a）所示，把两个或两个以上的电阻并接在两点之间，电阻两端承受同一电压的电路，称为并联电路。图2.7（a）所示为由3个电阻组成的并联电路。图2.7（b）所示电路是图2.7（a）的等效电路。

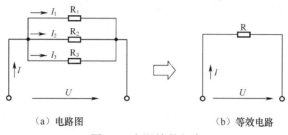

（a）电路图　　　　　　　　　（b）等效电路

图 2.7　电阻并联电路

同学们将表2.2中数据填入后可以看出，电阻并联电路具有以下特点。

1. 电压特点

并联电路电阻两端的电压相等，即

$$U=U_1=U_2=U_3=\cdots=U_n \tag{2-7}$$

2. 电流特点

并联电路的总电流等于通过各电阻的分电流之和，即

$$I=I_1+I_2+I_3+\cdots+I_n \tag{2-8}$$

3. 电阻特点

将式（2-8）同除以电压 U，得

$$\frac{I}{U}=\frac{I_1}{U}+\frac{I_2}{U}+\frac{I_3}{U}+\cdots+\frac{I_n}{U}$$

因为

$$U=U_1=U_2=U_3=\cdots=U_n$$

所以，根据欧姆定律可得

$$\frac{1}{R}=\frac{1}{R_1}+\frac{1}{R_2}+\frac{1}{R_3}+\cdots+\frac{1}{R_n} \tag{2-9}$$

即并联电路等效电阻的倒数等于各分电阻的倒数之和。

同学们可以断开电源，用万用表的电阻挡测量验证。

电阻的阻值越并越小。当 n 个等值电阻并联时，其等效电阻 $R=\dfrac{R_0}{n}$。

两个电阻并联时，其等效电阻 $R=R_1\,/\!/\,R_2=\dfrac{R_1R_2}{R_1+R_2}$。

公式的记忆口诀是：积比和（即上乘下加）。

」提示 ∟ 🌿

电阻的并联就好比是几根水管并排接在一起，相当于水管的宽度叠加在一起，水流变大。

4. 功率特点

将式（2-8）同乘以电压 U，得

$$IU=I_1U+I_2U+I_3U+\cdots+I_nU$$

因为

$$U=U_1=U_2=U_3=\cdots=U_n$$

所以，根据功率公式可得

$$P=P_1+P_2+P_3+\cdots+P_n \tag{2-10}$$

即并联电阻的总功率等于各电阻的分功率之和。

」注意 ∟ 🔦

功率特点是串联电路与并联电路唯一相同的特点，因为能量总是守恒的，与电路的连接方式是无关的。

5. 电流分配

因为

$$U=U_1=U_2=U_3=\cdots=U_n$$

所以

$$U=R_1I_1=R_2I_2=R_3I_3=\cdots=R_nI_n \tag{2-11}$$

即并联电路中通过各个电阻的电流与各个电阻的阻值成反比。

」技巧 ∟ 🌿

如果两个电阻 R_1 和 R_2 并联，则它们的分压公式为

$$I_1=\frac{R_2}{R_1+R_2}I$$

$$I_2=\frac{R_1}{R_1+R_2}I$$

公式的记忆口诀是：R_1 和 R_2 分电流 I，因为成反比，分给 R_1 的电流是 I_2，分给 R_2 的电流是 I_1。公式的推导方法很多，同学们可以尝试自己推导。

6. 功率分配

因为

$$U=U_1=U_2=U_3=\cdots=U_n$$

所以

$$U^2=R_1P_1=R_2P_2=R_3P_3=\cdots=R_nP_n \quad\quad (2\text{-}12)$$

即并联电路中各个电阻消耗的功率与各个电阻的阻值成反比。

两个电阻的分功率公式与分流公式相似，即用相应的 P 代替相应的 I。

⌐ **工程应用** ⌐

电阻并联电路的应用十分广泛。在工程上，常利用并联电阻的分流作用来实现一定要求。图 2.8 所示就是用于扩大仪表测量电流范围的分流器。同时，额定电压相同的负载几乎都采用并联方式连接，这样，既可以保证用电器在额定电压下正常工作，又能在断开或闭合某个用电器时，不影响其他用电器的正常工作。同学们也可以上网或到图书馆查一查并联电路还有哪些应用。

图 2.8 分流器

【例 2.3】有一个 1 000Ω 的电阻，分别与 10Ω、1 000Ω、1 100Ω 的电阻并联，并联后的等效电阻各为多少？

解： 并联后的等效电阻分别为

（1）$R=1\,000 /\!/ 10=\dfrac{1\,000\times10}{1\,000+10}\approx10$（Ω）

（2）$R=1\,000 /\!/ 1\,000=\dfrac{1\,000\times1\,000}{1\,000+1\,000}=500$（Ω）

（3）$R=1\,000 /\!/ 1\,100=\dfrac{1\,000\times1\,100}{1\,000+1\,100}\approx524$（Ω）

⌐ **注意** ⌐

电阻并联，电阻值越并越小。两个阻值相差很大的电阻并联，其等效电阻值由小电阻决定。

【例 2.4】如图 2.9 所示，表头内阻 $R_g=1\text{k}\Omega$，满偏电流 $I_g=500\mu\text{A}$，若要改装成量程为 1A 的电流表，应并联多大的电阻？

【分析】先根据欧姆定律求出满偏电压，再求出电阻 R 分担的电流，即可求出分流电阻的值。

解： 表头的满偏电压 $U_g=R_gI_g=1\times10^3\times500\times10^{-6}=0.5$（V）

并联电阻分担的电流 $I_R=I-I_g=1-500\times10^{-6}=0.999\,5$（A）

并联电阻值 $R=\dfrac{U_R}{I_R}=\dfrac{U_g}{I_R}=\dfrac{0.5}{0.999\,5}\approx0.5$（Ω）

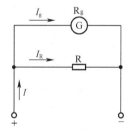

图 2.9 例 2.4 电路图

同学们还可尝试用其他方法求出分流电阻的值。

⌐ **注意** ⌐

为扩大电流表的量程，要并联阻值较小的电阻。因此，电流表的内阻较小。在实际测量中，电流表应串联在被测电路中，其内阻可以忽略不计。

⌐ **综合案例** ⌐

有两个白炽灯，它们的额定电压都是 220V，A 灯额定功率为 40W，B 灯额定功率为 100W，电源电压为 220V。（1）将它们并联连接时，白炽灯的电阻分别为多少？它们能正常工作吗？功率分别为多少？哪一盏灯更亮？（2）将它们串联连接时，白炽灯的电阻分别为多少？它们能正常工作吗？实际功率分别为多少？哪一盏灯更亮？

思路分析

解决本案例的关键是分清电路的连接方式不同，但要注意白炽灯的电阻是不变的。

优化解答

（1）白炽灯并联时，白炽灯的电阻分别为

$$R_\text{A}=\frac{U_\text{A}^2}{P_\text{A}}=\frac{220^2}{40}=1\,210\,(\Omega)$$

$$R_\text{B}=\frac{U_\text{B}^2}{P_\text{B}}=\frac{220^2}{100}=484\,(\Omega)$$

因为白炽灯在额定电压下工作，所以白炽灯并联时能正常工作，其功率分别为 40W 和 100W，100W 的 B 灯更亮。

（2）白炽灯串联时，白炽灯的电阻不变，仍为 $R_\text{A}=1\,210\Omega$，$R_\text{B}=484\Omega$。

各白炽灯两端的电压分别为

$$U_\text{A}=\frac{R_\text{A}}{R_\text{A}+R_\text{B}}U=\frac{1\,210}{1\,210+484}\times220\approx157\,(\text{V})<220\text{V}$$

$$U_\text{B}=\frac{R_\text{B}}{R_\text{A}+R_\text{B}}U=\frac{484}{1\,210+484}\times220\approx63\,(\text{V})<220\text{V}$$

白炽灯的实际功率分别为

$$P_\text{A}=\frac{U_\text{A}^2}{R_\text{A}}=\frac{157^2}{1\,210}\approx20.4\,(\text{W})$$

$$P_\text{B}=\frac{U_\text{B}^2}{R_\text{B}}=\frac{63^2}{484}\approx8.2\,(\text{W})$$

因为白炽灯不在额定电压下工作，所以白炽灯串联时不能正常工作，其实际功率分别为 20.4W 和 8.2W，A 灯较亮。

小结

电阻的连接方式有串联和并联。分析和计算串、并联电路问题时，要注意比较它们的电流、电压、电阻和功率特点，特别注意串联电阻的分压作用和并联电阻的分流作用。

分析电阻串联电路与电阻并联电路，要用比较思维法。比较思维法是寻找事物之间的相同点与不同点的思维方法。比较是在分析综合的基础上进行的，也是抽象概括的前提。比较是一切理解和思维的基础，也是分析问题、解决问题的常用思维方法。

注意

电阻可以串联和并联，电源也可以串联和并联。在工程上，经常根据需要把电动势和内阻相同的电池串联或并联起来，组成电池组，如两节干电池串联起来作手电筒的电源等。电池组串联时，其等效电动势 $E_\text{串}=nE$，内阻 $r_\text{串}=nr$；电池组并联时，其等效电动势 $E_\text{并}=E$，内阻 $r_\text{并}=\dfrac{r}{n}$。

2.3 电阻混联电路

学习目标

● 认识混联电路，会分析混联电路的等效电阻。

● 学会混联电路的分析方法。

在实际电路中，既有电阻串联又有电阻并联的电路，称为**电阻混联电路**（简称**混联电路**），如图 2.10 所示。那么，如何分析混联电路呢？

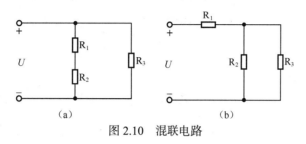

图 2.10 混联电路

2.3.1 混联电路的一般分析方法

混联电路的一般分析方法如下。

1. 求混联电路的等效电阻

根据混联电路电阻的连接关系，求出电路的等效电阻。

2. 求混联电路的总电流

根据欧姆定律，求出电路的总电流。

3. 求各部分的电压、电流和功率

根据欧姆定律，电阻的串、并联特点和电功率的计算公式，分别求出电路各部分的电压、电流和功率。

【例 2.5】如图 2.11 所示，电源电压为 220V，输电线上的等效电阻 $R_1=R_2=10\Omega$，外电路的负载 $R_3=R_4=400\Omega$。求：（1）电路的等效电阻；（2）电路的总电流；（3）负载两端的电压；（4）负载 R_3 消耗的功率。

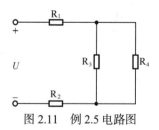

图 2.11 例 2.5 电路图

【分析】根据混联电路的一般分析方法，应用欧姆定律，电阻的串、并联特点和电功率的计算公式即可求出相关未知量。

解：（1）电路的等效电阻

$$R=R_1+R_3/\!/R_4+R_2=10+400/\!/400+10=220（\Omega）$$

（2）电路的总电流

$$I=\frac{U}{R}=\frac{220}{220}=1（A）$$

（3）负载两端的电压

$$U_{34}=U-I(R_1+R_2)=220-1\times(10+10)=200 \text{（V）}$$

（4）负载 R_3 消耗的功率

$$P_3=\frac{U_{34}^2}{R_3}=\frac{200^2}{400}=100 \text{（W）}$$

同学们也可尝试用其他方法求 U_{34} 和 P_3。

2.3.2　混联电路等效电阻的求法

混联电路求解的关键是等效电阻的计算。而等效电阻的计算是根据电路结构，把串、并联关系不易分清的电路整理成串、并联关系直观清晰的电路，其实质是进行**电路的等效变换**。等效电阻的计算常用**等电位法**。用等电位法求解混联电路等效电阻的一般步骤如下。

1. 确定电路中的等电位点

导线的电阻和理想电流表的电阻可忽略不计，可以认为导线和电流表连接的两点是等电位点。

2. 确定电阻的连接关系

从电路的一端（A 点）出发，沿一定的路径到达电路的另一端（B 点），确定电阻的串、并联关系。一般先确定电阻最少的支路，再确定电阻次少的支路。

3. 求解等效电阻

根据电路的连接关系列出表达式，求出等效电阻。

【例 2.6】 如图 2.12（a）所示电路中，各电阻均为 12Ω，分别求 S 打开和闭合时 AB 两端的等效电阻。

【分析】 在图 2.12（a）所示电路中标出电位点 C、D，开关 S 在 C、D 之间。当 S 打开时，C、D 两点电位不同；当 S 闭合时，C、D 两点电位相同。由此确定电阻的连接关系如图 2.12（b）所示。

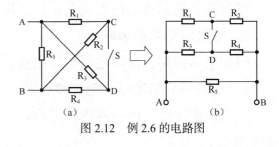

图 2.12　例 2.6 的电路图

解： 当 S 打开时，等效电阻

$$R_{AB}=(R_1+R_2)/\!/(R_3+R_4)/\!/R_5=(12+12)/\!/(12+12)/\!/12=6 \text{（Ω）}$$

当 S 闭合时，等效电阻

$$R_{AB}=(R_1/\!/R_3+R_2/\!/R_4)/\!/R_5=(12/\!/12+12/\!/12)/\!/12=6 \text{（Ω）}$$

└ 综合案例 ┘

如图 2.13 所示电路中，$R_1=R_2=R_3=4Ω$，$R_4=6Ω$，$U=12V$，求：（1）AB 两端的等效电阻；（2）电路的总电流；（3）通过电阻 R_1 的电流和 R_1 消耗的功率。

思路分析

本例的关键是求出电路的等效电阻。电路中各电位点如图 2.13 所示。

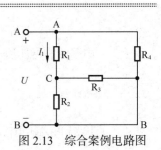

图 2.13　综合案例电路图

优化解答

（1）AB 两端的等效电阻

$$R_{AB}=R_4 /\!/ (R_1+R_2 /\!/ R_3)=6 /\!/ (4+4 /\!/ 4)=3（\Omega）$$

（2）电路的总电流

$$I=\frac{U}{R_{AB}}=\frac{12}{3}=4（A）$$

（3）R_1 支路的等效电阻

$$R'=R_1+R_2 /\!/ R_3=4+4 /\!/ 4=6（\Omega）$$

通过电阻 R_1 的电流

$$I_1=\frac{U}{R'}=\frac{12}{6}=2（A）$$

R_1 消耗的功率

$$P_1=I_1^2 R_1=2^2\times4=16（W）$$

小结

混联电路的一般分析方法是利用等电位法求出等效电阻，再根据欧姆定律求出电路的总电流。

2.4 电路中各点电位的计算

学习目标

● 会计算电路中各点电位。

电路中某点的电位是该点与参考点之间的电压。因此，求电路中某点的电位，就是求该点与参考点之间的电压。从这个角度来说，求电位还是可以转换为求电压。那么，如何计算电路中各点电位呢?

2.4.1 电路中各点电位

如图 2.14 所示电路中，分别求出各个电路中 A 点的电位。

<table>
<tr>
<td>A○—┤├—[R]—┴
   E   →I
(a)</td>
<td>A○—┤├—[R]—┴
   E   ←I
(b)</td>
<td>A○—┤├—[R]—┴
   E   →I
(c)</td>
<td>A○—┤├—[R]—┴
   E   ←I
(d)</td>
</tr>
</table>

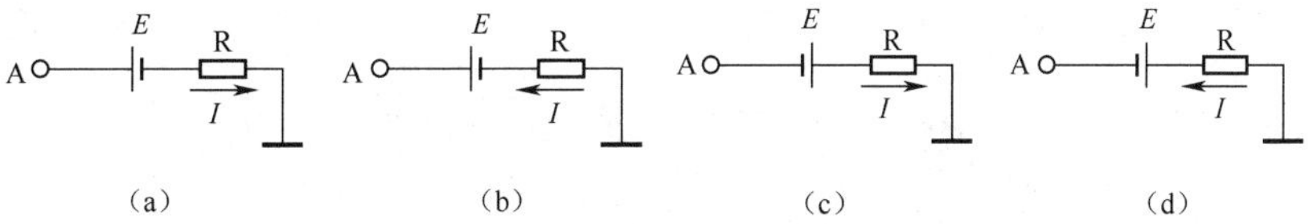

图 2.14 求各个电路中 A 点的电位

电路中 A 点的电位分别为:

图 2.14（a）中，$V_A=E+RI$;

图 2.14（b）中，$V_A=E-RI$；

图 2.14（c）中，$V_A=-E+RI$；

图 2.14（d）中，$V_A=-E-RI$。

2.4.2 电路中各点电位计算的一般方法

电路中各点的电位，就是从该点出发通过一定的路径到达参考点，其电位等于此路径上全部电压降的代数和。各点电位计算的一般步骤如下。

1. 确定电路中的参考点

电路中有时可能指定参考点。如未指定，可任意选取，一般选择大地、机壳或公共点为参考点。

2. 确定电路各元件两端电压的正、负极性

电源电动势的正、负极性直接根据其已知的正、负极性确定，电阻两端电压的正、负极性根据电路的电流方向确定。

3. 确定待求点的电位

从待求点开始沿任意路径绕到零电位点，则该点的电位等于此路径上全部电压降的代数和。

【例 2.7】如图 2.15 所示电路中，电源电动势 $E_1=12V$，$E_2=3V$，$E_3=4V$，$R_1=3\Omega$，$R_2=2\Omega$，$R_3=10\Omega$，求电路中各点的电位。

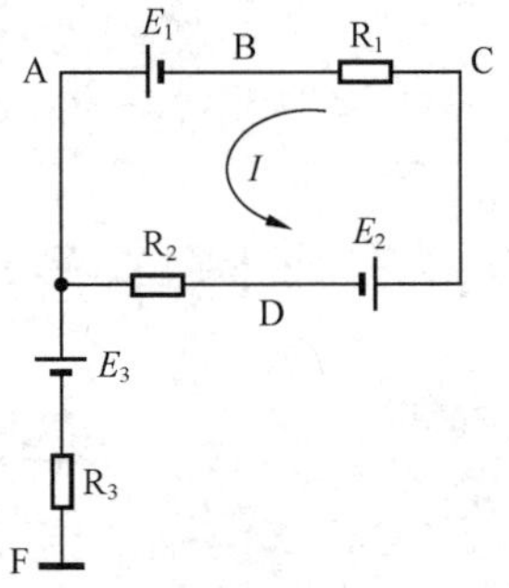

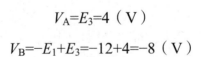

【分析】电阻 R_3 上无电流通过，因此 R_3 两端电压为零。

解：闭合电路电流方向如图 2.15 所示，闭合电路的电流

$$I=\frac{E_1+E_2}{R_1+R_2}=\frac{12+3}{3+2}=3（A）$$

图 2.15　例 2.7 电路图

电路中各点的电位分别为

$$V_A=E_3=4（V）$$

$$V_B=-E_1+E_3=-12+4=-8（V）$$

或

$$V_B=-R_1I+E_2-R_2I+E_3=-3\times3+3-2\times3+4=-8（V）$$

$$V_C=E_2-R_2I+E_3=3-2\times3+4=1（V）$$

或

$$V_C=R_1I-E_1+E_3=3\times3-12+4=1（V）$$

$$V_D=-R_2I+E_3=-2\times3+4=-2（V）$$

$$V_F=0$$

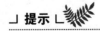
⌐ 提示 ∟

电路中各点的电位与参考点的选择有关，但与电路通过的路径无关。一般选择计算方便的路径（即捷径）计算。

小结

电路中各点的电位，就是从该点出发通过一定的路径到达参考点，其电位等于此路径上全部电压降的代数和。

2.5　基尔霍夫定律及其应用

学习目标

◉ 能叙述基尔霍夫第一、第二定律的内容，写出表达式。

◉ 能正确、熟练地列出节点电流方程和回路电压方程。

◉ 能应用基尔霍夫定律分析复杂电路。

在实际电路中，经常遇到由两个或两个以上的电源组成的多回路电路。如在汽车电路中，由蓄电池（电动势 E_1、内阻 R_1）、发电机（电动势 E_2、内阻 R_2）和负载（灯 R_3）组成的电路，其等效电路如图 2.16 所示。不能用电路串、并联分析方法简化成一个单回路的电路，称为复杂电路。那么，如何分析复杂电路呢？

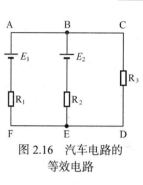

图 2.16　汽车电路的等效电路

2.5.1　复杂电路的相关名词

1. 支路

支路是由一个或几个元件首尾相接构成的无分支电路。同一支路电流处处相等。如图 2.16 所示，R_1、E_1 构成一条支路，R_2、E_2 构成一条支路，R_3 是另一条支路。

2. 节点

节点是 3 条或 3 条以上支路的交点。如图 2.16 所示，节点有 B 点和 E 点。

3. 回路

回路是电路中任何一条闭合的路径。如图 2.16 所示，回路有 ABEFA、BCDEB、ABCDEFA。

4. 网孔

网孔是内部不包含支路的回路。如图 2.16 所示，ABEFA 回路和 BCDEB 回路是网孔。

2.5.2　复杂直流电路的安装与测量

1. 安装复杂直流电路

将复杂直流电路按图 2.17（a）所示依次连接，图 2.17（b）是它的实物图。直流电源 E_1 和 E_2 为可调电源。

2. 测量复杂直流电路

（1）测量复杂直流电路各支路电流

先将电源 E_1 调到 12V，电源 E_2 调到 6V，接通电路，将电流表的读数记入表 2.3。再将电源 E_1 保持 12V 不变，电源 E_2 调到 18V，重复上述操作。

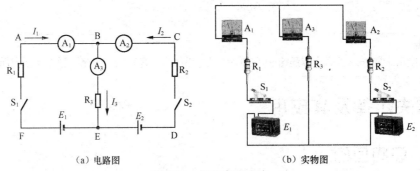

（a）电路图　　　　　　　　　　（b）实物图

图 2.17　复杂直流电路

表 2.3　　　　　　　　　　　　　　　电流表测各支路电流结果表

电源电压	I_1/mA	I_2/mA	I_3/mA
$E_1 = 12V$，$E_2 = 6V$			
$E_1 = 12V$，$E_2 = 18V$			

（2）测量复杂直流电路各段电压

先将电源 E_1 调到 12V，电源 E_2 调到 6V，接通电路，将电压表的读数记入表 2.4。再将电源 E_1 保持 12V 不变，电源 E_2 调到 18V，重复上述操作。

表 2.4　　　　　　　　　　　　　　　电压表测各段电压结果表

电源电压	U_{AD}/V	U_{DE}/V	U_{AE}/V	U_{EB}/V	U_{EF}/V	U_{FA}/V
$E_1 = 12V$，$E_2 = 6V$						
$E_1 = 12V$，$E_2 = 18V$						

2.5.3　基尔霍夫定律

1. 基尔霍夫第一定律

同学们将表 2.3 中数据填入后可以看出，B 节点的电流关系满足 $I_1 + I_2 = I_3$，E 节点的电流关系满足 $I_3 = I_1 + I_2$。即对于各节点，流入节点的电流之和等于流出节点的电流之和。

基尔霍夫定律

这就是基尔霍夫第一定律的内容，即对电路中的任一节点，在任一时刻，流入节点的电流之和等于流出节点的电流之和，用公式表示为

$$\Sigma I_i = \Sigma I_o \qquad\qquad (2\text{-}13)$$

式中：ΣI_i——流入节点的电流之和，单位为安培（A）；

　　　　ΣI_o——流出节点的电流之和，单位为安培（A）。

基尔霍夫第一定律也称节点电流定律。

如图 2.18 所示电路，有 5 条支路汇集于节点 A，I_2、I_4 流入节点 A，I_1、I_3、I_5 流出节点 A，因此

$$I_2 + I_4 = I_1 + I_3 + I_5$$

通常规定流入节点的电流为正值，流出节点的电流为负值，汇集

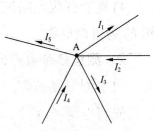

图 2.18　节点电流示意图

于节点 A 的各支路电流关系为

$$-I_1+I_2-I_3+I_4-I_5=0$$

因此，基尔霍夫第一定律的内容也可表述为：**在任一时刻，通过电路中任一节点的电流代数和恒等于零**，用公式表示为

$$\sum I=0 \tag{2-14}$$

基尔霍夫第一定律可推广用于任何一个假想的闭合曲面 S，S 称为广义节点，如图 2.19 所示。通过广义节点的各支路电流的代数和恒等于零。

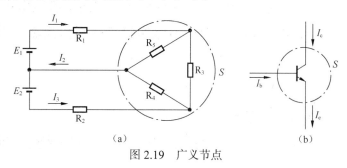

图 2.19　广义节点

在图 2.19（a）中，电阻 R_3、R_4、R_5 构成广义节点，广义节点的电流方程为

$$I_1-I_2+I_3=0$$

在图 2.19（b）中，三极管的 3 个电极构成广义节点，其节点电流方程为

$$I_b+I_c-I_e=0$$

【例 2.8】如图 2.20 所示电桥电路中，已知：$I=8mA$，$I_1=15mA$，$I_2=3mA$，求其余各支路电流。

【分析】先任意标定未知电流方向，如图 2.20 所示，再根据节点电流定律求出未知电流。

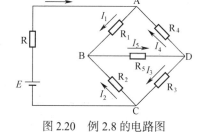

图 2.20　例 2.8 的电路图

解：对于节点 A，可列节点电流方程

$$I-I_1+I_4=0$$

因此，$I_4=I_1-I=15-8=7$（mA）。

对于节点 B，可列节点电流方程

$$I_1+I_2-I_5=0$$

因此，$I_5=I_1+I_2=15+3=18$（mA）。

对于节点 C，可列节点电流方程

$$I_3-I_2-I=0$$

因此，$I_3=I_2+I=3+8=11$（mA）。

⌐ 提示 ⌐ 🌿

节点（包括广义节点）可以想象成自来水管中的三通管。流出三通管的水流始终等于流入三通管的水流，水不可能在三通管中积聚起来。电流也类似。

╛注意╘

只能对流过同一节点（包括广义节点）的各支路电流列节点电流方程。列节点电流方程时，首先假定未知电流的参考方向，若计算结果为正值，说明该支路电流实际方向与参考方向相同；若计算结果为负值，说明该支路电流实际方向与参考方向相反。

2. 基尔霍夫第二定律

同学们将表2.4中数据填入后可以看出，图2.17中ABCDEFA回路的各段电压关系满足$U_{AD}+U_{DE}+U_{EF}+U_{FA}=0$；ABEFA回路的各段电压关系满足$U_{AE}+U_{EF}+U_{FA}=0$；BCDEB回路的各段电压关系满足$U_{BD}+U_{DE}+U_{EB}=0$。即对于各回路，沿回路绕行方向上各段电压的代数和等于零。

这就是基尔霍夫第二定律的内容，即**对于电路中的任一闭合回路，沿回路绕行方向上各段电压的代数和等于零**，用公式表示为

$$\sum U=0 \tag{2-15}$$

基尔霍夫第二定律也称回路电压定律。

图2.21所示为复杂电路的一部分，带箭头的虚线表示回路的绕行方向，各段电压分别为

$$U_{ab}=-R_1I_1+E_1$$
$$U_{bc}=R_2I_2$$
$$U_{cd}=R_3I_3-E_2$$
$$U_{da}=-R_4I_4$$

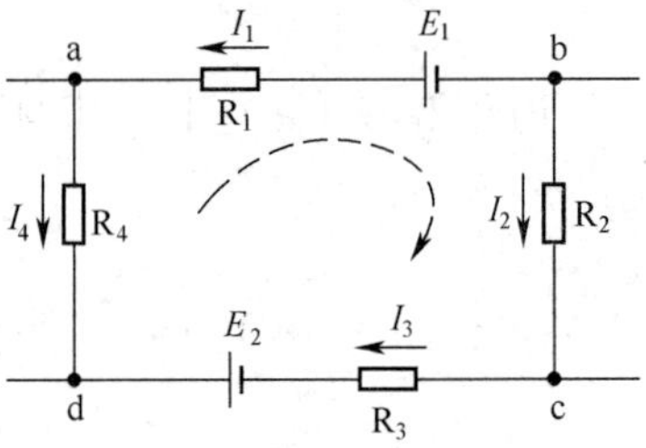

图2.21 复杂电路的一部分

根据回路电压定律，可得

$$U_{ab}+U_{bc}+U_{cd}+U_{da}=0$$

即

$$-R_1I_1+E_1+R_2I_2+R_3I_3-E_2-R_4I_4=0$$

整理后得

$$-R_1I_1+R_2I_2+R_3I_3-R_4I_4=-E_1+E_2$$

因此，基尔霍夫第二定律也可表述为：**对电路中的任一闭合回路，各电阻上电压降的代数和等于各电源电动势的代数和**，用公式表示为

$$\sum RI=\sum E \tag{2-16}$$

在实际应用中，基尔霍夫第二定律的表达式通常采用式（2-16）来表示。列回路电压方程时，电压与电动势都是指代数和，必须注意正、负号的确定，其步骤如下所述。

（1）假设各支路电流的参考方向和回路的绕行方向。

（2）将回路中的全部电阻上的电压RI写在等式左边，若通过电阻的电流方向与回路的绕行方向一致，则该电阻上的电压取正，反之取负。

（3）将回路中的全部电动势E写在等式右边，若电动势的方向（由电源负极指向电源正极）与回路的绕行方向一致，则该电动势取正，反之取负。

ᴗ注意ᴗ

【**例 2.9**】图 2.22 所示为复杂电路的一部分，已知 $E_1=10V$，$E_2=15V$，$R_1=6\Omega$，$R_2=6\Omega$，$R_3=8\Omega$，$I_2=2A$，$I_3=1A$，求 R_1 支路电流 I_1。

【**分析**】根据回路电压定律列出回路电压方程，即可求出 I_1。

解： 由回路电压定律可得

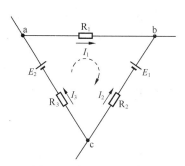

图 2.22　例 2.9 的电路图

$$R_1I_1-R_2I_2+R_3I_3=-E_1+E_2$$

因此

$$I_1=\frac{-E_1+E_2+R_2I_2-R_3I_3}{R_1}$$

$$=\frac{-10+15+6\times2-8\times1}{6}=1.5（A）$$

2.5.4　支路电流法

复杂电路求解的依据是**欧姆定律和基尔霍夫定律**。

图 2.23 所示是 3 支路 2 网孔的复杂电路。根据节点电流定律可列出节点电流方程。B 节点的电流方程为

$$I_1+I_2-I_3=0 \qquad ①$$

E 节点的电流方程为

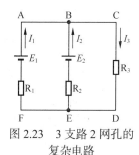

图 2.23　3 支路 2 网孔的复杂电路

$$-I_1-I_2+I_3=0$$

两个方程中只有一个独立方程。n 个节点，只能列出（$n-1$）个独立的节点电流方程。

根据回路电压定律可列出回路电压方程。ABEFA 回路的电压方程为

$$R_1I_1-R_2I_2=E_1-E_2 \qquad ②$$

BCDEB 回路的电压方程为

$$R_2I_2+R_3I_3=E_2 \qquad ③$$

ABCDEFA 回路的电压方程为

$$R_1I_1+R_3I_3=E_1$$

3 个方程中只有两个独立方程。**回路的独立电压方程数等于网孔数。** 为保证方程的独立性，一般选择网孔来列方程。

由式①、②、③组成方程组，将电路参数代入方程，就可求出各支路电流。这种**以支路电流为未知量，应用基尔霍夫定律列出方程式**，求出各支路电流的方法，称为支路电流法。

【**例2.10**】如图2.24所示，已知$E_1=18V$，$E_2=28V$，$R_1=1\Omega$，$R_2=2\Omega$，$R_3=10\Omega$，求各支路电流。

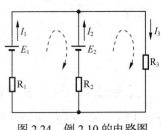

图2.24 例2.10的电路图

【**分析**】这个电路有3条支路，需要列出3个方程式。电路有两个节点，可列出一个节点电流方程，再用回路电压定律列出两个回路电压方程，即可求出各支路电流。

解：设各支路电流方向和回路的绕行方向如图2.24所示，根据题意列出节点电流方程和回路电压方程为

$$I_1+I_2-I_3=0$$

$$R_1I_1-R_2I_2=E_1-E_2$$

$$R_2I_2+RI_3=E_2$$

代入已知参数得

$$I_1+I_2-I_3=0$$

$$I_1-2I_2=18-28$$

$$2I_2+10I_3=28$$

解得

$$I_1=-2A，I_2=4A，I_3=2A$$

I_1为负值，说明电流的实际方向与假设方向相反；I_2、I_3为正值，说明电流的实际方向与假设方向相同。

小结

用支路电流法求解复杂电路的步骤如下所述。

① 任意假设各支路电流的参考方向和回路的绕行方向。

② 用节点电流定律列出节点电流方程。如果有m条支路n个节点，只能列出（$n-1$）个独立的节点电流方程，不足的（$m-n+1$）个方程由回路电压定律补足。

③ 用回路电压定律列出回路电压方程。为保证方程的独立性，一般选择网孔来列方程。

④ 代入已知数，解联立方程组，求出各支路电流。

科学家小传

基尔霍夫（1824—1887年），物理学家。

1845年，当他21岁在大学就读期间，就根据欧姆定律总结出网络电路的两个定律（基尔霍夫电路定律），发展了欧姆定律，对电路理论做出了显著贡献。1859年，基尔霍夫与本生一道创立了光谱分析法，后来发现了元素铯和铷；同年，他又发现了基尔霍夫辐射定律。1862年，基尔霍夫又进一步得出绝对黑体的概念。这一概念和他的热辐射定律是开辟20世纪物理学新纪元的关键。

*2.6 电路的等效变换

学习目标

◉ 能叙述电流源与电压源的等效变换、戴维南定理和叠加原理的内容，知道等效变换的方法。

◉ 能应用电路的等效变换分析复杂电路。

在日常生活中，解决一个复杂问题，总是把它分解成几个简单问题，再逐个加以解决。复杂电路的分析也是如此。电路的等效变换就是通过一定的方法将复杂电路等效变换成简单电路，用简单电路的方法分析。常用的电路等效变换方法有电压源与电流源等效变换、戴维南定理和叠加原理。那么，如何应用等效变换方法分析直流电路呢？

2.6.1 电压源与电流源等效变换

1. 电压源

为电路提供一定电压的电源称为**电压源**。大多数电源如干电池、蓄电池、发电机等都是电压源。

电压源

电压源可以用一个恒定电动势 E 的电源与内阻 r 串联表示，如图 2.25（a）所示，它的输出电压（即电源的端电压）的大小为

$$U=E-Ir \tag{2-17}$$

式中，E、r 为常数。随着输出电流 I 的增加，内阻 r 上的电压降增大，输出电压就降低。因此，要求电压源内阻越小越好。

如果内阻 $r=0$，则输出电压 $U=E$，与输出电流 I 无关，电源始终输出恒定的电压 E。**$r=0$ 的电压源称为理想电压源**，也称恒压源，如图 2.25（b）所示，如稳压电源、新电池或内阻 r 远小于负载电阻 R 的电源，都可以看作理想电压源。事实上理想电压源是不存在的，因为电源内部总是存在内阻。

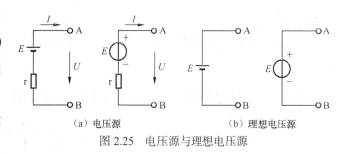

（a）电压源　　　　（b）理想电压源

图 2.25　电压源与理想电压源

2. 电流源

为电路提供一定电流的电源称为电流源。实际中的稳流电源、光电池等都是电流源。

电流源

电流源可以用一个恒定电流 I_S 的电源与内阻 r 并联表示，如图 2.26（a）所示，它的输出电流 I 总是小于电流源的恒定电流 I_S。电流源的输出电流的大小为

$$I=I_S-I_0 \tag{2-18}$$

式中，I_0 为通过电源内阻的电流。电流源内阻 r 越大，负载变化引起的电流变化就越小，即输出电流越稳定。因此，要求电流源内阻越大越好。

如果内阻 $r=\infty$，则输出电流 $I=I_S$，电源始终输出恒定的电流 I_S。$r=\infty$ 的电流源称为**理想电流源**，**也称恒流源**，如图 2.26（b）所示。事实上理想电流源是不存在的，因为电源内阻不可能为无穷大。

3. 电压源与电流源等效变换

电压源以输出电压形式向负载供电，电流源以输出电流形式向负载供电。在满足一定条件下，电压源与电流源可以等效变换。等效变换是指对外电路等效，即把它们与相同的负载连接，负载两端的电压、流过负载的电流、负载消耗的功率都相同，如图 2.27 所示。

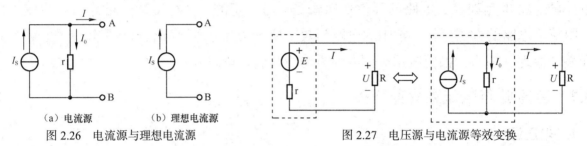

（a）电流源　　　（b）理想电流源

图 2.26　电流源与理想电流源　　　　　图 2.27　电压源与电流源等效变换

电压源与电流源等效变换关系式为

$$I_S=\frac{E}{r} \tag{2-19}$$

$$E=rI_S \tag{2-20}$$

应用式（2-19）可将电压源等效变换成电流源，内阻 r 阻值不变，将其改为并联；应用式（2-20）可将电流源等效变换成电压源，内阻 r 阻值不变，将其改为串联。

【**例 2.11**】如图 2.28（a）所示，已知 $E_1=18\text{V}$，$E_2=28\text{V}$，$R_1=1\Omega$，$R_2=2\Omega$，$R_3=10\Omega$，求 R_3 支路电流。

【**分析**】将电压源 E_1、E_2 等效变换成电流源，合并电流源，应用分流公式可求出 R_3 支路电流。

解：（1）将电压源 E_1、E_2 等效变换成电流源，如图 2.28（b）所示。由等效变换公式得

$$I_{S1}=\frac{E_1}{R_1}=\frac{18}{1}=18\text{（A）}$$

$$I_{S2}=\frac{E_2}{R_2}=\frac{28}{2}=14\text{（A）}$$

（2）将两个并联电流源合并成一个电流源，如图 2.28（c）所示。

$$I_S=I_{S1}+I_{S2}=18+14=32\text{（A）}$$

$$R=R_1 /\!/ R_2=1 /\!/ 2=\frac{2}{3}\text{（}\Omega\text{）}\approx0.67\text{（}\Omega\text{）}$$

（3）应用分流公式得 R_3 支路电流为

$$I_3=\frac{R}{R+R_3}I_S=\frac{0.67}{0.67+10}\times32\approx2\text{（A）}$$

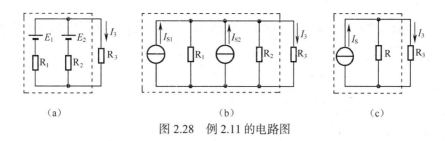

图 2.28　例 2.11 的电路图

┘注意└

（1）电压源与电流源的等效变换只对外电路等效，对内电路不等效。

（2）电压源与电流源等效变换后，电压源与电流源的极性必须一致。

（3）理想电压源与理想电流源之间不能进行等效变换。

小结

应用电压源与电流源的等效变换求解复杂电路的步骤如下所述。

（1）将电压源等效变换成电流源或将电流源等效变换成电压源。

（2）将几个并联的电流源（或串联的电压源）合并成一个电流源（或电压源）。

（3）应用分流公式（或分压公式）求出未知数。

2.6.2　戴维南定理

1. 二端网络

任何具有两个出线端的部分电路都称为二端网络。若网络中含有电源称为有源二端网络，否则称为无源二端网络，如图 2.29 所示。

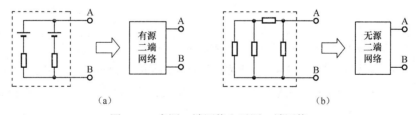

图 2.29　有源二端网络和无源二端网络

2. 戴维南定理的内容及应用

戴维南定理的内容是：任何线性有源二端网络，对于外电路来说，可以用一个等效电源代替，等效电源的电动势 E_0 等于有源二端网络的开路电压，等效电源的内阻 R_0 等于该有源二端网络中所有电源取零值，仅保留其内阻时所得的无源二端网络的等效电阻，如图 2.30 所示。

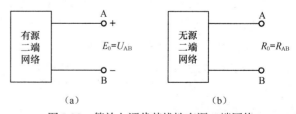

图 2.30　等效电源代替线性有源二端网络

【例 2.12】如图 2.31（a）所示，已知 $E_1=18V$，$E_2=28V$，$R_1=1\Omega$，$R_2=2\Omega$，$R_3=10\Omega$，求 R₃ 支路电流。

【分析】可将电路分成待求支路和有源二端网络（即等效电源）两部分，求出等效电源的电动势和内阻，得出戴维南等效电路，即可求出待求支路电流。

解：（1）断开待求支路，将电路分成待求支路和有源二端网络两部分，如图 2.31（b）所示；

（2）闭合电路的电流方向如图 2.31（b）所示，电流

$$I'=\frac{E_1-E_2}{R_1+R_2}=\frac{18-28}{1+2}=-\frac{10}{3}\ (\text{A})$$

等效电源的电动势

$$E_0=U_{AB}=E_2+R_2I'=28+2\times\left(-\frac{10}{3}\right)\approx21.33\ (\text{V})$$

或

$$E_0=U_{AB}=E_1-R_1I'=18-1\times\left(-\frac{10}{3}\right)\approx21.33\ (\text{V})$$

（3）将有源二端网络变成无源二端网络，等效电源的内阻

$$R_0=R_1/\!/R_2=1/\!/2\approx0.67\ (\Omega)$$

（4）画出戴维南等效电路如图 2.31（c）所示，待求支路电流

$$I_3=\frac{E_0}{R_3+R_0}=\frac{21.33}{10+0.67}\approx2\ (\text{A})$$

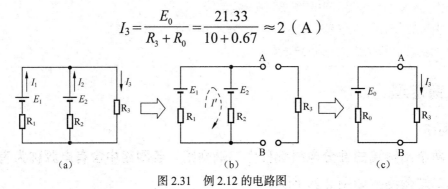

图 2.31　例 2.12 的电路图

 注意

（1）等效电源只对外电路等效，对内电路不等效。

（2）等效电源的电动势的方向与有源二端网络开路时的端电压极性一致。

（3）有源二端网络变成无源二端网络时，将电压源作短路处理，电流源作开路处理。

小结

应用戴维南定理求解复杂电路的步骤如下所述。

（1）断开待求支路，将电路分成待求支路和有源二端网络两部分。

（2）求出有源二端网络的开路电压 U_{AB}，即等效电源的电动势 E_0。

（3）将有源二端网络变成无源二端网络，求出无源二端网络的等效电阻，即等效电源的内阻 R_0。

（4）画出戴维南等效电路，求出待求支路电流。

2.6.3　叠加原理

1. 叠加原理的内容

叠加原理是线性电路分析的基本方法，它的内容是：由线性电阻和多个电源组成的线性电路中，任何一条支路中的电流（或电压）等于各个电源单独作用时，在此支路中所产生的电流（或电压）的代数和。

2. 多余电源处理

应用叠加原理求复杂电路，可将电路等效变换成几个简单电路，然后将计算结果叠加，求得原来电路的电流、电压。在等效变换过程中，要保持电路中所有电阻不变（包括电源内阻）。假定电路中只有一个电源起作用，而将其他电源作多余电源处理：多余理想电压源作短路处理，多余理想电流源作开路处理。

【例 2.13】如图 2.32（a）所示，已知 $E_1=18V$，$E_2=28V$，$R_1=1\Omega$，$R_2=2\Omega$，$R_3=10\Omega$，求各支路电流。

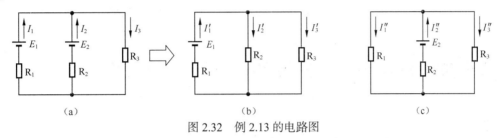

图 2.32 例 2.13 的电路图

【分析】将电路等效变换成 E_1、E_2 两个电源单独作用时的简单电路，然后将计算结果叠加，求出各支路电流。

解：（1）E_1 电源单独作用时，各支路电流的参考方向如图 2.32（b）所示。

$$R'=R_1+R_2 /\!/ R_3=1+2 /\!/ 10 \approx 2.67（\Omega）$$

$$I_1'=\frac{E_1}{R'}=\frac{18}{2.67}\approx 6.74（A）$$

$$I_2'=\frac{R_3}{R_2+R_3}\, I_1'=\frac{10}{2+10}\times 6.74\approx 5.62（A）$$

$$I_3'=\frac{R_2}{R_2+R_3}\, I_1'=\frac{2}{2+10}\times 6.74\approx 1.12（A）$$

（2）E_2 电源单独作用时，各支路电流的参考方向如图 2.32（c）所示。

$$R''=R_2+R_1 /\!/ R_3=2+1 /\!/ 10 \approx 2.91（\Omega）$$

$$I_2''=\frac{E_2}{R''}=\frac{28}{2.91}\approx 9.62（A）$$

$$I_1''=\frac{R_3}{R_1+R_3}\, I_2''=\frac{10}{1+10}\times 9.62\approx 8.75（A）$$

$$I_3''=\frac{R_1}{R_1+R_3}\, I_2''=\frac{1}{1+10}\times 9.62\approx 0.88（A）$$

（3）应用叠加原理求各电源共同作用时的各支路电流。

$$I_1=I_1'-I_1''=6.74-8.75\approx -2（A）$$

$$I_2=-I_2'+I_2''=-5.62+9.62=4（A）$$

$$I_3=I_3'+I_3''=1.12+0.88=2（A）$$

注意

叠加原理只适用于线性电路，只能用来求电路中的电压或电流，而不能用来计算功率。

小结

用叠加原理求解复杂电路的步骤如下所述。

（1）分别求各电源单独作用时的各支路电流。

（2）应用叠加原理求各电源共同作用时的各支路电流。

」提示 ∟

> 应用电压源与电流源等效变换、戴维南定理、叠加原理，可以将复杂电路等效变换成简单电路，再应用简单电路的分析方法求解。这种等效变换方法，不仅是电路分析的常用方法，也是分析与解决复杂问题的常用方法。

2.7 技能训练：电压表、电流表的改装

  学习目标

● 学会电流表和电压表的改装方法。

情景模拟

一天，小王的同学小明带了只旧万用表。两人一起拆开了万用表，想看一看里面究竟有哪些元器件。"哇，怎么有这么多电阻？"两人找到了课本中有关万用表原理的内容，对照万用表，终于明白了其中的奥妙。"哦，原来如此！"你知道万用表为什么有这么多的电阻吗？它的电压挡、电流挡为什么会有不同的量程呢？

」基础知识 ∟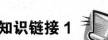

知识链接 1 📖 **小量程电流表（表头）**

常用的表头主要由永久磁铁和放入永久磁铁磁场中的可转动的线圈组成。当线圈中有电流通过时，线圈在磁场力的作用下带着指针一起偏转。电流越大，指针偏转的角度越大，由指针在标有电流值的刻度盘上所指的位置，就可以读出通过表头的电流值。由欧姆定律可知，通过表头的电流与加在表头两端的电压成正比。如果在刻度盘上标出电压值，由指针所指的位置就可以读出加在表头两端的电压值。

描述表头特征的参数主要有满偏电流 I_g 和表头内阻 R_g。满偏电流是指针偏转达到最大刻度时的电流；表头内阻是电流表 G 的电阻。根据欧姆定律，满偏电压 $U_g = R_g I_g$。

知识链接 2 📖 **串联大电阻把电流表改装成电压表**

串联电阻有分压作用。如果把表头（满偏电压 U_g）改装成量程为 U 的电压表，可串联一电阻，如图 2.33 所示，这个电阻可分担一部分电压

$$U_R = U - U_g$$

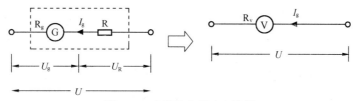

图 2.33　改装的电压表电路图

该电阻的阻值 R 可利用欧姆定律求出

$$R=\frac{U_R}{I_R}=\frac{U_R}{I_g}$$

R 为分压电阻，一般为大电阻。

知识链接 3　**并联小电阻把小量程电流表改装成大量程电流表**

　　并联电阻有分流作用。如果想把表头（满偏电流 I_g）改装成量程为 I 的电流表，可并联一电阻，如图 2.34 所示，这个电阻可分担一部分电流

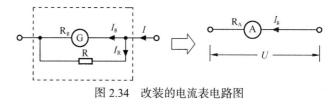

图 2.34　改装的电流表电路图

$$I_R=I-I_g$$

该电阻的阻值 R 可利用欧姆定律求出

$$R=\frac{U_R}{I_R}=\frac{U_g}{I_R}$$

　　R 为分流电阻，一般为小电阻。

❯ 实践操作

✓　**列一列　元器件清单**

　　请根据学校实际，将所需的元器件及导线的型号、规格和数量填入表 2.5。

表 2.5　　　　　　　　　　　电压表、电流表的改装元器件清单

序号	名称	代号	规格	数量	备注
1	灵敏电流表	Ⓖ			
2	电阻箱	R			
3	直流电源	E			
4	开关	S			
5	电位器	R_1			

✓　**做一做　电压表和电流表的改装**

（1）设灵敏电流表参数已知（教师事先测得），满偏电流 $I_g=$ _____ μA，$R_g=$ _____ kΩ。

（2）将电流表改装成为量程为 3V 的电压表，需要在电流表上串联一个电阻 R，计算得到 $R=$ _____ Ω。在电阻箱上取好电阻值为 R 的电阻并与电流表串联起来，就构成一个量程为 3V 的电压表。

（3）将电流表改装成为量程为 1A 的电流表，需要在电流表上并联一个电阻 R，计算得到

$R=$ _____ Ω。在电阻箱上取好电阻值为 R 的电阻并与电流表并联起来，就构成一个量程为 1A 的电流表。

✓ **测一测　表头内阻的测量**

如果改装电表时，表头内阻 R_g 未知，可用实验方法测出。实验电路图如图 2.35 所示。

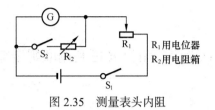

图 2.35　测量表头内阻

（1）合上开关 S_1，调整 R_1 的阻值，使电流表指针偏转到满刻度（注意不要使通过电流表的电流超过它的满偏电流，以免表被烧坏）。

（2）合上开关 S_2，调整 R_2 的阻值，使电流表指针正好是满刻度的一半。

（3）当 $R_1 \gg R_2$ 时，可以认为 $R_g=R_2$。

▶ **训练总结**

请把电压表、电流表改装的收获体会写在表 2.6 中，并完成评价。

表 2.6　　　　　　　　　　　　　　　　电压表、电流表的改装训练总结表

课题	电压表、电流表的改装						
班级		姓名		学号		日期	
训练收获							
训练体会							
训练评价	评定人	评语				等级	签名
	自己评						
	同学评						
	老师评						
	综合评定等级						

▶ **训练拓展**

◇ **拓展 1　多量程电流表**

一般多量程电流表是通过扩量程的方法来实现的，不同系列的仪表，扩量程的方法有所不同。

磁电系电流表采用表头与分流器并联来扩大电流表的量程，一般用于直流电流的测量，过载能力较小，但配上变换器后可测量交流量，应用十分广泛。电磁系电流表采用分段线圈串、并联的方法来扩大电流表的量程，它可以交直流两用，过载能力较强，但准确度较低，与电流互感器配合使用，可以测量大电流。电动系电流表采用定圈和动圈并联，或用分流电阻对动圈分流来扩大电流表的量程，它可以交直流两用，但仪表自身功耗较大。

◇ **拓展 2　多量程电压表**

多量程电压表具有几个标有不同量程的接线柱（或插孔），这些接线柱可分别与相应阻值

的分压电阻串联。对于某一只电压表，只要改接不同阻值的分压电阻和换上相应刻度的标度尺，就成为具有新的量程的电压表了。

磁电系电压表采用在测量机构上串联附加电阻的办法来扩大电压表的量程，一般用于直流电压的测量，它过载能力较小，但配上变换器后可测量交流量，应用十分广泛。电磁系电压表一般是将分段绕制的固定线圈的绕组串联、并联后，再与多个附加电阻串联，改变量程是通过转换开关来实现的，它可以交直流两用，过载能力较强，但准确度较低，当被测电压高于 600V 时，一般应与电压互感器配合使用。电动系电压表采用测量机构中的定圈、动圈和附加电阻一起串联来扩大电压表的量程，它可以交直流两用，但仪表自身功耗较大。

 本章小结

本章学习了直流电路的分析方法，包括串、并联电路和复杂电路的分析方法。直流电路的分析方法是电路分析的基础，也是学习电子技术基础等课程的基础。

第 2 章知识
要点解读

1. 电阻的串联和并联是电阻的两种基本连接方式，可列表加以比较，完成表 2.7。

表 2.7 电阻串联、并联比较表

连接方式		电阻串联	电阻并联
特点	电流		
	电压		
	电阻		
	功率		
	电压（电流）分配		
	功率分配		
	分压（分流）公式	两个电阻分压公式	两个电阻分流公式
	应用		

2. 电阻混联电路是串联、并联的组合电路，怎样分析电阻混联电路？

3. 基尔霍夫定律包括哪两个定律？它们的内容分别是什么？其表达式如何表示？

4. 如何用支路电流法求解复杂电路？

5. 电路的等效变换方法有哪些？如何用电压源与电流源等效变换求解复杂电路？如何用戴维南定理求解复杂电路？如何用叠加原理求解复杂电路？

 思考与练习

一、填空题

1. 串联电路中各电阻两端的电压与各电阻的阻值成_____比。

2. 电阻器串联时，因为_____相等，所以负载消耗的功率与电阻成_____比。

3. 利用串联电阻的_____原理可以扩大电压表的量程。

4. 有 5 个 100Ω 的电阻串联，其等效电阻是_____。

5. 一个 2Ω 电阻和一个 3Ω 电阻串联，已知 2Ω 电阻两端电压是 1V，则 3Ω 电阻两端电压是_____，通过 3Ω 电阻的电流是_____。

6. 电阻负载并联时，因为_____相等，所以负载消耗的功率与电阻成_____比。

7. 利用并联电阻的_____原理可以扩大电流表的量程。

8. 有 3 个 60Ω 的电阻器并联，等效电阻为_____。

9. 已知 R_1 和 R_2 两个电阻，且 $R_2=2R_1$，若并联在电路中，则 R_1 消耗功率与 R_2 消耗功率之比为_____。

10. 有两个电阻 R_1 和 R_2，已知 $R_1=2R_2$，把它们并联起来的总电阻为 4Ω，则 R_1=_____，R_2=_____。

11. 如图 2.36 所示，每个电阻的阻值均为 30Ω，则电路的等效电阻 R_{AB}=_____。

12. 如果把一个 12V 的电源的正极接地，则负极的电位是_____。

13. 如图 2.37 所示电路，A 点的电位 V_A 等于_____。

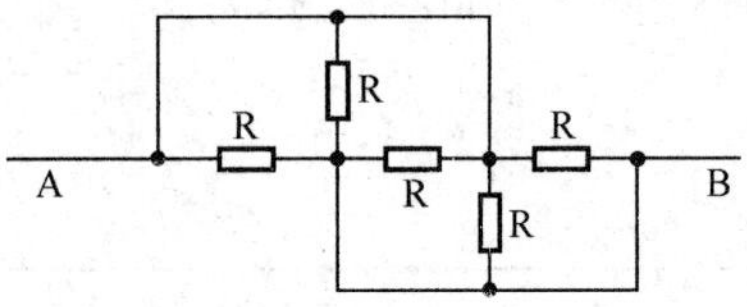

图 2.36　填空题 11 电路图 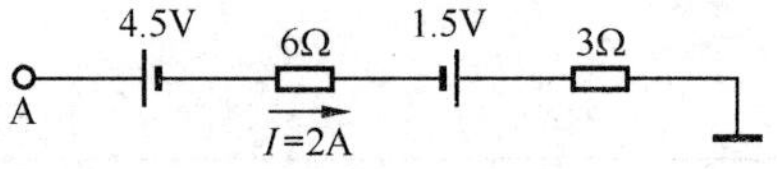　　　　　图 2.37　填空题 13 电路图

14. 节点电流定律指出：在任一时刻，通过电路任一节点的_____为零，其数学表达式为_____；回路电压定律指出：对电路中的任一闭合回路，_____的代数和等于_____的代数和，其数学表达式为_____。

15. 如图 2.38 所示的电路中，有_____个节点、_____条支路、_____个回路。

16. 如图 2.39 所示电路中，I_3=_____。

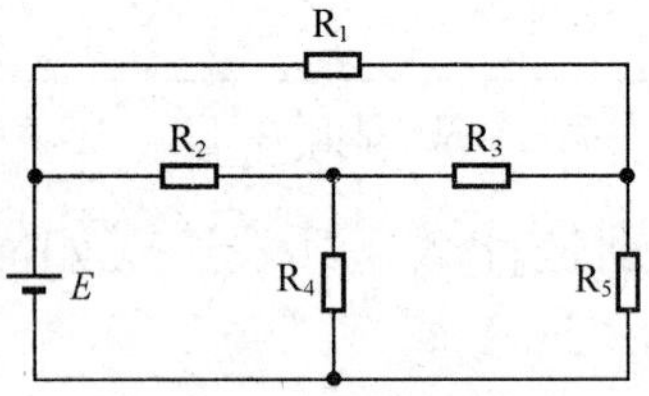

图 2.38　填空题 15 电路图 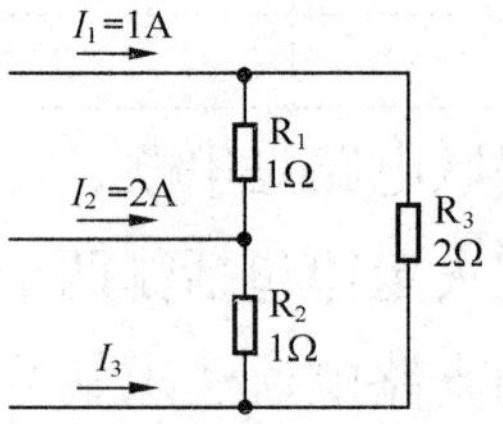　　　　　图 2.39　填空题 16 电路图

17. 对有 m 条支路、n 个节点的复杂电路，只能列出_____个独立的节点电流方程、_____个独立电压方程。

18. 理想电压源和理想电流源不可以_____。理想电压源不允许_____，理想电流源不允许___。电压源和电流源的等效变换，是对_____等效，对_____不等效。

19. 任何线性有源二端网络，对于外电路而言，可以用一个等效电源代替，等效电源的电动势 E_0 等于有源二端网络两端点间的_____；等效电源的内阻 R_0 等于该有源二端网络中所有电源取零值，仅保留其内阻时所得的无源二端网络的_____。

20. 应用戴维南定理将有源二端网络变成无源二端网络时，将电压源作_____处理，电流源作_____处理。

21. 由线性电阻和多个电源组成的线性电路中，任何一条支路中的电流（或电压）等于各个电源单独作用时，在此支路中所产生的电流（或电压）的_____，这就是叠加原理。叠加原理只适用于线性电路，只能用来求电路中的_____，而不能用来计算_____。

二、选择题

1. 一个 10Ω 的电阻器和一个 20Ω 的电阻器串联，已知 20Ω 电阻器两端的电压是 10V，则 10Ω 电阻器两端的电压是（　　）。

A. 5V　　　　　　B. 10V　　　　　　C. 20V　　　　　　D. 30V

2. R_1 和 R_2 为两个串联连接的电阻器，已知 $R_1 = 2R_2$，若 R_1 消耗的功率为 10W，则 R_2 消耗的功率为（　　）。

A. 2.5W　　　　　B. 5W　　　　　　C. 10W　　　　　　D. 15W

3. 有 3 个阻值相同的电阻器，串联接入电路中，总电阻为 12Ω，则每个电阻器的阻值为（　　）。

A. 4Ω　　　　　B. 6Ω　　　　　C. 12Ω　　　　　D. 36Ω

4. 把一个"1.5V 0.2A"的小灯泡接到 4.5V 的电源上，要使灯泡正常发光应串联降压电阻，阻值为（　　）。

A. 22.5Ω　　　　B. 15Ω　　　　C. 4.5Ω　　　　D. 1.5Ω

5. 如图 2.40 所示电路中，A、B 间有 4 个电阻串联，且 $R_2=R_4$，电压表 V_1 示数为 12V，V_2 示数为 18V，则 A、B 之间电压 U_{AB} 应是（　　）。

A. 6V　　　　　　B. 12V　　　　　　C. 18V　　　　　　D. 30V

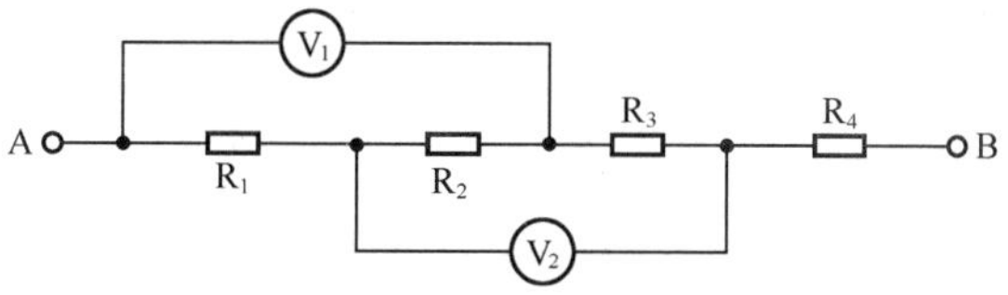

图 2.40　选择题 5 电路图

6. 标明"100Ω 4W"和"100Ω 25W"的两个电阻串联时允许加的最大电压是（　　）。

A. 40V　　　　　　B. 70V　　　　　　C. 140V　　　　　　D. 200V

7. 教室日光灯电路的连接方式是（　　）。

A. 串联　　　　　B. 并联　　　　　C. 混联　　　　　D. 可能串联也可能并联

8. 3 个阻值相同的电阻，并联接入电路中，总电阻是 6Ω，则每个电阻的阻值是（　　）。

A. 2Ω　　　　　B. 6Ω　　　　　C. 9Ω　　　　　D. 18Ω

9. 标明"100Ω 4W"和"100Ω 25W"的两个电阻并联时允许加的最大电流是（　　）。

A. 0.4A　　　　　B. 0.7A　　　　　C. 1A　　　　　　D. 2A

10. 图 2.41 所示的等效电阻 R_{AB} 为（　　　）。

A. 2Ω　　　　　　　B. 5Ω　　　　　　　C. 6Ω　　　　　　　D. 7Ω

11. 如图 2.42 所示电路中，当开关 S 接通后，灯 A 将（　　　）。

A. 较原来暗　　　　B. 与原来一样亮　　　C. 较原来亮　　　　D. 无法判断

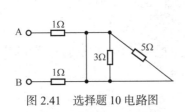

图 2.41　选择题 10 电路图

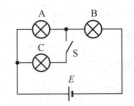

图 2.42　选择题 11 电路图

12. 如图 2.43 所示电路中，A 点电位 $V_A = E - RI$ 对应的电路是（　　　）。

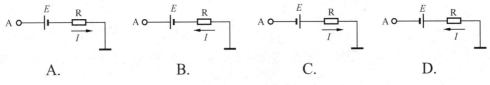

A.　　　　　　　　B.　　　　　　　　C.　　　　　　　　D.

图 2.43　选择题 12 电路图

13. 如图 2.44 所示电路中，当开关 S 打开时 B 点的电位是（　　　）。

A. 0　　　　　　　　B. 4V　　　　　　　C. 6V　　　　　　　D. 10V

14. 某电路有 3 个节点和 5 条支路，采用支路电流法求解各支路电流时，应列出电流方程和电压方程的个数分别为（　　　）。

A. 3　2　　　　　　B. 4　1　　　　　　C. 2　3　　　　　　D. 4　5

15. 如图 2.45 所示电路，电流 I_1、I_2 分别是（　　　）。

A. 1A　2 A　　　　　B. 2A　1A　　　　　C. 1A　1A　　　　　D. 3A　3A

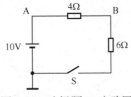

图 2.44　选择题 13 电路图

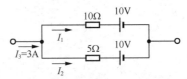

图 2.45　选择题 15 电路图

16. 关于叠加原理，下列说法不正确的是（　　　）。

A. 只能用来计算线性电路的电流和电压

B. 只对线性电路适用

C. 在线性电路中，能用叠加原理计算功率

D. 以上说法都正确

三、计算题

1. 有一盏弧光灯的额定电压 $U_1 = 40V$，正常工作时通过的电流 $I = 5A$。现已知电源电压为 220V，应该怎样连接才能使它正常工作？

2. 如图 2.46 所示电路中，已知 E=220V，R_1=30Ω，R_2=55Ω，R_3=25Ω，求：（1）开关 S 打开时，电路中的电流及各电阻上的电压；（2）开关 S 闭合时，电路中的电流及各电阻上的电压。

3. 图 2.47 所示为一个双量程电压表，已知表头内阻 R_g=500Ω，满偏电流 I_g=1mA，当使用 A、B 两端点时，量程为 3V，当使用 A、C 两端点时，量程为 30V，求分压电阻 R_1、R_2 的电阻值。

4. 两个电阻并联，其中 R_1=200Ω，通过 R_1 的电流 I_1=0.2A，通过整个并联电路的电流 I=0.8A，求 R_2 和通过 R_2 的电流 I_2。

5. 如图 2.48 所示电路中，R_1=200Ω，I=5mA，I_1=3mA，求 R_2 及 I_2。

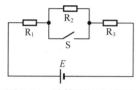

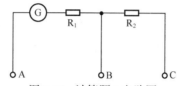
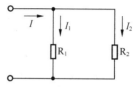

图 2.46 计算题 2 电路图　　图 2.47 计算题 3 电路图　　图 2.48 计算题 5 电路图

6. 如图 2.49 所示电路中，AB 间的电压为 12V，流过电阻 R_1 的电流为 1.5A，R_1=6Ω，R_2=3Ω，求 R_3 的电阻值。

7. 如图 2.50 所示各电路中，各电阻值均为 12Ω，求电路的等效电阻 R_{AB}。

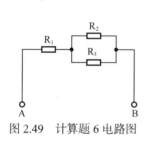
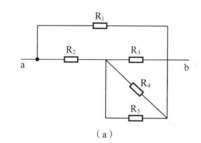
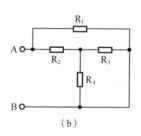

图 2.49 计算题 6 电路图　　（a）　　（b）

图 2.50 计算题 7 电路图

8. 如图 2.51 所示电路中，电阻值均为 R=12Ω，分别求 S 打开和闭合时，A、B 两端的等效电阻 R_{AB}。

9. 如图 2.52 所示电路中，已知 R_1=6Ω，R_2=3Ω，R_3=6Ω，流过 R_2 的电流为 12A。求：（1）流过电阻 R_3 的电流 I；（2）加在 A、B 两端的电压 U_{AB}。

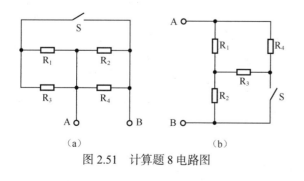
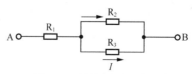

（a）　　（b）

图 2.51 计算题 8 电路图　　图 2.52 计算题 9 电路图

10. 图 2.53 所示为复杂电路的一部分，已知 E = 18V，I_3 = 1A，I_4 = -4A，R_1 = 3Ω，R_2 =

4Ω，求 I_1、I_2 和 I_5。

11. 如图 2.54 所示电路中，已知 $E_1 = 7\text{V}$，$E_2 = 16\text{V}$，$E_3 = 12\text{V}$，$R_1 = 5\Omega$，$R_2 = 4\Omega$，$R_3 = 7\Omega$，求各支路电流。

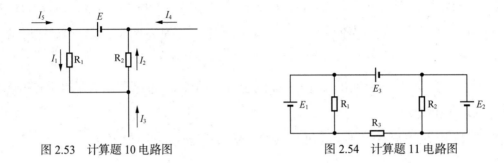

图 2.53　计算题 10 电路图　　　　　图 2.54　计算题 11 电路图

12. 如图 2.55 所示电路中，已知 $E_1=120\text{V}$，$E_2=130\text{V}$，$R_1=10\Omega$，$R_2=2\Omega$，$R_3=10\Omega$，求各支路电流和 U_{AB}。

13. 如图 2.56 所示电路中，已知 $E_1=8\text{V}$，$E_2=4\text{V}$，$R_1=R_2=R_3=2\Omega$，求：（1）电流 I_3；（2）电压 U_{AB}；（3）R_3 消耗的功率。

图 2.55　计算题 12 电路图　　　　　图 2.56　计算题 13 电路图

四、综合题

1. 两个完全相同的表头，分别改装成一个电流表和一个电压表。一个同学误将这两个改装完的电表串联起来接到电路中，这两个改装表的指针偏转可能出现什么情况？

2. 实验室现有一个 36V 的电源、一个开关和一些完全相同的小灯泡，设每个灯泡在正常发光时，其电流是 2A，电阻是 6Ω，如果要用这些材料来照明：

（1）可以把＿＿＿＿＿个灯泡＿＿＿＿＿联起来后，接到电路中，使各灯泡能正常发光；

（2）画出电路图；

（3）用电压表测量每个灯泡两端的电压时，应与灯泡＿＿＿＿＿联。

3. 额定电压为 110V 的 100W、60W、40W 3 个灯泡，如何连接在电源电压为 220V 的电路中，使各灯泡能正常发光？画出电路图，并用计算简单说明原因。

电容器

电容器是电路的基本元件之一。在电力系统中，电容器可作为功率因数的补偿元件；在电子电路中，电容器可用于滤波、耦合、调谐、隔直等；在机械加工中，电容器可用于电火花加工。因此，电容器是一种应用非常广泛的电工元件。掌握电容器的基本知识，将为学好交流电路和电子技术课程打好基础。

那么，电容器具有哪些基本性质？电容电路有哪些基本特点？下面一起学一学电容器的知识吧！

知识目标

● 理解电容和电容器的概念。

● 知道常用电容器的类型，熟悉常用电容器的型号，会识别电容器的主要参数。

● 掌握电容串、并联电路的特点。

● 了解电容器充电、放电过程和电场能。

技能目标

● 能应用电容串、并联电路的特点分析简单电容电路。

● 会使用万用表测量电容器。

3.1 电容器与电容

学习目标

● 说出电容器的构成和电容的概念，写出电容的公式。

● 知道常用电容器的类型，熟悉常用电容器的符号、功能和典型应用。

● 熟悉常用电容器的型号，会识读电容器的主要参数。

电容器和电阻器都是电路中的基本元件，但它们在电路中所起的作用却不相同。电阻器是一种消耗电能的元件，那么，电容器是一种什么样的元件？电容器又具有哪些基本特性呢？

3.1.1 电容器的基本知识

任何两个被绝缘介质隔开而又互相靠近的导体，就可称为电容器。这两个导体就是电容器的两个极板，中间的绝缘物质称为电容器的介质。

电容器最基本的特性是能够储存电荷。如果在电容器的两极板上加上电压，则在两个极板上将分别出现数量相等的正、负电荷，如图 3.1 所示，这样电容器就储存了一定量的电荷和电场能量。

电容器极板上所储存的电荷随着外接电源电压的增高而增加。

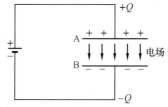

图 3.1　电容器储存电荷

实验证明，电容器所储存的电荷量与两极板间的电压的比值是一个常数，称为电容器的电容量，简称电容，用字母 C 表示。它表示电容器储存电荷的本领，用公式表示为

$$C = \frac{Q}{U} \tag{3-1}$$

式中：C——电容，单位是法拉（F）；

  Q——一个极板的电荷量，单位是库仑（C）；

  U——两极板间的电压，单位是伏特（V）。

电容量的单位是**法拉**，简称**法**，用符号 F 表示。实际应用时，法拉这个单位太大，通常用远远小于法拉的单位微法（μF）和皮法（pF）：

$$1\mu F = 10^{-6}F$$

$$1pF = 10^{-12}F$$

最简单的电容器是平行板电容器。它由两块相互平行且靠得很近而又彼此绝缘的金属板组成，两块金属板就是电容器的两个极板，中间的空气即电容器的介质，如图 3.2 所示。平行板电容器的电容量 C 与电容器的结构有关。理论和实验证明：平行板电容器的电容量与电介质的介电常数及极板面积成正比，与两极板间的距离成反比，用公式表示为

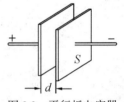

图 3.2　平行板电容器

$$C = \frac{\varepsilon S}{d} \tag{3-2}$$

式中：C——电容，单位是法拉（F）；

  ε——某种电介质的介电常数，单位是法拉每米（F/m）；

  S——每块极板的有效面积，单位是平方米（m^2）；

  d——两极板间的距离，单位是米（m）。

式（3-2）说明：对某一个平行板电容器而言，它的电容是一个确定值，其大小仅与电容器的极板面积、相对位置及极板间的电介质有关，与两极板间的电压、极板所带电荷量无关。

不同电介质的介电常数是不同的，真空中的介电常数用 ε_0 表示。实验证明：

$$\varepsilon_0 = 8.85 \times 10^{-12} F/m$$

其他电介质的介电常数与真空中的介电常数的比值，称为某种物质的相对介电常数，用 ε_r 表示，即

$$\varepsilon_r = \frac{\varepsilon}{\varepsilon_0} \tag{3-3}$$

则

$$\varepsilon = \varepsilon_r \varepsilon_0$$

相对介电常数没有单位。常用电介质的相对介电常数见表 3.1。

表 3.1　　　　　　　　　　　　　　　　　常用电介质的相对介电常数

介质名称	相对介电常数 ε_r	介质名称	相对介电常数 ε_r
水	1	聚苯乙烯	2.2
石英	4.2	三氧化二铝	8.5
人造云母	5.2	玻璃	5.0～10
酒精	35	蜡纸	4.3
纯水	80	五氧化二钽	11.6
云母	7.0	超高频瓷	7.0～8.5
木材	4.5～5.0	变压器油	2.0～2.2

」提示 L

并不是只有电容器才有电容，实际上任何两个导体之间都存在着电容。如晶体三极管各电极之间、输电线之间、输电线与大地之间等都存在电容。因其电容量很小，一般可以忽略不计。

【例 3.1】将一个电容量为 1 000μF 的电容器接到电动势为 24V 的直流电源两端，求充电结束后电容器极板上所带的电荷量。

【分析】充电结束后电容器两端的电压为电源电压 24V，$C=1\,000\mu F=1\times10^{-3}F$。

解：由式（3-1）可得

$$Q=CU=1\times10^{-3}\times24=0.024（C）$$

3.1.2　常用电容器

电容器种类很多，按结构形式可分为固定电容器、半可变电容器和可变电容器；按有无极性可分为无极性电容器和有极性电容器；按介质材料可分为纸介电容器、瓷片电容器、云母电容器、涤纶电容器、聚苯乙烯电容器和玻璃釉电容器等。

1．固定电容器

固定电容器是容量不可改变的电容器。电容器的图形符号如图 3.3 所示，文字符号为 C。常见的固定电容器可分为有极性电容器和无极性电容器两大类。

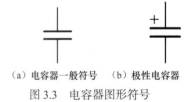

（a）电容器一般符号　（b）极性电容器
图 3.3　电容器图形符号

（1）有极性电容器

常用的有极性电容器即电解电容器，有铝电解电容器、钽电解电容器和铌电解电容器，其容量范围为 0.47～10 000μF，额定电压为 6.3～500V。常见的有极性电容器如图 3.4 所示。

铝电解电容器是由铝圆筒作负极，里面装有液体电解质，再插入一片弯曲的铝带作正极而制成的电容器，其实物如图 3.4（a）所示。其特点是容量大、价格低，但体积大、漏电大、容量误差大、耐高温性较差，长时间存放容易失效，适用于低频电路中，常用于交流旁路和滤波。

钽电解电容器、铌电解电容器是以金属钽或铌作为正电极的电容器，用稀硫酸等配液作负极，用钽或铌表面生成的氧化膜作介质制成，其实物如图 3.4（b）、图 3.4（c）所示。它们的特点是性能稳定、漏电小、电荷储存能力好，适用于高精密的电子电路中。钽电解电容器较同容量的铝电解电容器温度特性、可靠性高，但价格昂贵。铌电解电容器可靠性接近钽电解电容器，但制作成本低于钽电解电容器。

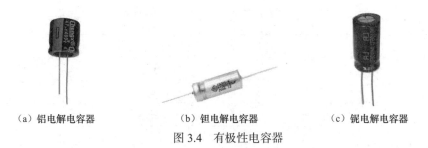

（a）铝电解电容器　　　　（b）钽电解电容器　　　　（c）铌电解电容器

图 3.4　有极性电容器

┘ 提示 ┕

对于有极性电容器，可以从外观识别其正、负极性。

① 未使用过的电解电容器以引线的长短来区分电容器的正、负极，长引线为正极，短引线为负极，如图 3.5 所示。

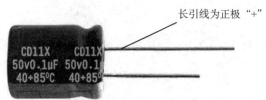

长引线为正极"+"

图 3.5　以引线的长短来区分电容器的正、负极

② 也可以通过电容器外壳标注来区分，如有些电容器外壳标注负号对应的引线为负极，如图 3.6 所示。

负号对应的引线为"－"

图 3.6　通过电容器外壳标注来区分

（2）无极性电容器

无极性电容器有纸介电容器、薄膜电容器、陶瓷电容器、云母电容器、玻璃釉电容器等。

① 纸介电容器。纸介电容器是以两条铝箔作为电极，中间以电容纸隔开铝箔电极卷绕而成的电容器。其实物如图 3.7 所示。它的特点是制造工艺简单，价格低，容量较大，但损耗大、稳定性差，一般适用于低频电路中，通常不能在频率高于 3MHz 的电路中应用。其容量范围为 $30\sim470\mu F$，低压纸介电容器的额定电压为 $63\sim600V$。

图 3.7　纸介电容器

② 薄膜电容器。其结构与纸质电容器相似，但用聚酯、聚苯乙烯等低损耗塑材作介质，频率特性好，介电损耗小，不能做成大的容量，耐热能力差，常用于滤波器电路、积分电路、

振荡电路、定时电路。常见的薄膜电容器有聚酯电容器、聚苯乙烯电容器、聚丙烯电容器等。

聚酯电容器（CL），也称涤纶电容器。涤纶电容器是以涤纶薄膜作为介质，金属箔或金属化薄膜为电极制成的电容器，通常为圆柱形或者扁柱形。其实物如图 3.8 所示。它的特点是体积小，容量大，成本低，绝缘性能好，耐热性、耐压性、耐潮性能都很好，但稳定性较差，适用于对稳定性和损耗要求不高的低频电路中。其容量范围为 40pF～4μF，低压聚酯电容器的额定电压为 63～630V。

聚苯乙烯电容器（CB），是以聚苯乙烯薄膜为介质，以金属箔或金属化薄膜为电极制成的电容器。其实物如图 3.9 所示。它的特点是成本低、损耗小，但不能做成大容量电容器，适用于对稳定性和损耗要求较高的电路。其容量范围为 10pF～1μF，额定电压为 100V～30kV。

图 3.8 涤纶电容器　　　　　　图 3.9 聚苯乙烯电容器

聚丙烯电容器（CBB），是以金属箔作为电极，将其和聚丙烯薄膜从两端重叠后，卷绕成圆筒状构造而成的电容器。其实物如图 3.10 所示。其性能与聚苯乙烯电容器相似，但体积小、稳定性略差，可代替大部分聚苯乙烯电容器或云母电容器，用于要求较高的电路。其容量范围为 1 000pF～10μF，额定电压为 63V～2kV。

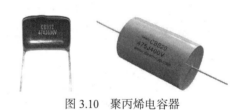

图 3.10 聚丙烯电容器

」提示 L

　　用来启动单相异步电动机的启动电容器是交流电解电容器或聚丙烯电容器、聚酯电容器，如图 3.11 所示。

图 3.11 单相异步电动机的启动电容器

③ 陶瓷电容器。陶瓷电容器是以陶瓷材料作为介质，在陶瓷上覆银制成电极，并在外层涂以各种颜色的保护漆而成的电容器。它又分为高频瓷介电容器（CC）和低频瓷介电容器（CT）两种。其实物如图 3.12 所示。它的特点是损耗小、耐热性好、绝缘电阻高、稳定性好，广泛用于电子电路中。其容量范围为 1pF～0.1μF，低压陶瓷电容器的额定电压为 63～630V。

④ 云母电容器。云母电容器是以云母作为介质，用金属箔或者在云母上喷涂银作极板，

极板和云母层叠后封固制成的电容器。其实物如图 3.13 所示。它的特点是损耗小，可靠性高，频率特性好，化学稳定性高，耐热性好，但成本较高、电容量小，广泛用于电子、电力和通信设备的仪器仪表中。其容量范围为 10pF～0.5μF，额定电压为 100V～7kV。

图 3.12　陶瓷电容器　　　　　　　　　图 3.13　云母电容器

⑤ 玻璃釉电容器。玻璃釉电容器是以玻璃釉粉为介质，将玻璃釉粉压制成薄片，通过调整釉粉的比例，可以得到不同性能的电容器。其实物如图 3.14 所示。它的特点是介电常数大，损耗低，耐高温性、耐潮湿性能好，适用于半导体电路和小型电子仪器中的交、直流电路或脉冲电路。其容量范围为 10pF～0.1μF，额定电压为 63～500V。

2. 半可变电容器

容量可调范围较小的电容器称为半可变电容器，又称微调电容器，在各种调谐及振荡电路中作为补偿电容器或校正电容器使用。其图形符号如图 3.15（a）所示。常见的半可变电容器有陶瓷微调电容器、薄膜微调电容器、拉线微调电容器等，如图 3.16 所示。

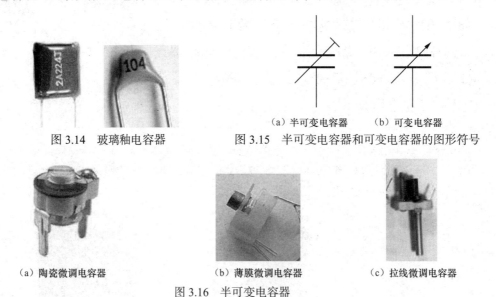

（a）半可变电容器　　（b）可变电容器

图 3.14　玻璃釉电容器　　图 3.15　半可变电容器和可变电容器的图形符号

（a）陶瓷微调电容器　　　　（b）薄膜微调电容器　　　　（c）拉线微调电容器

图 3.16　半可变电容器

3. 可变电容器

容量可调范围大的电容器称为可变电容器，通常在无线电接收电路中作调谐电容器用。其图形符号如图 3.15（b）所示，其实物图如图 3.17 所示。

图 3.17　可变
电容器

3.1.3　电容器的型号及主要参数

1. 识读电容器的型号

电容器的型号一般由 4 部分组成,各部分的含义如图 3.18 所示,电容器型号的命名方法见表3.2。

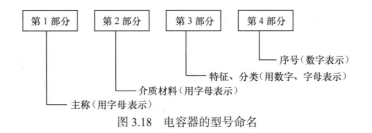

图 3.18　电容器的型号命名

表 3.2　　　　　　　　　　　　　　　　电容器型号命名方法

第 1 部分		第 2 部分		第 3 部分						第 4 部分
主称		材料		特征、分类						序号
符号	意义	符号	意义	符号	意义					
					瓷介	云母	玻璃	电解	其他	
C	电容器	C	陶瓷	1	圆片	非密封	—	箔式	非密封	对主称、材料相同，仅尺寸、性能指标略有不同，但基本不影响相互使用的产品，给予同一序号；若尺寸性能指标的差别明显，影响互换使用时，则在序号后面用大写字母作为区别代号
		Y	云母	2	管形	非密封	—	箔式	非密封	
		I	玻璃釉	3	迭片	密封	—	烧结粉固体	密封	
		O	玻璃膜	4	独石	密封	—	烧结粉固体	密封	
		Z	纸介	5	穿心	—	—	—	穿心	
		J	金属化纸介质	6	支柱	—	—	—	—	
		B	聚苯乙烯	7	—	—	—	无极性	—	
		L	涤纶	8	高压	高压	—	—	高压	
		Q	漆膜	9	—	—	—	特殊	特殊	
		S	聚碳酸酯	J	金属膜					
		H	复合介质	W	微调					
		D	铝							
		A	钽							
		N	铌							
		G	合金							
		T	钛							
		E	其他							

如 CZ82 型电容器，"C" 表示电容器，"Z" 表示其材料是纸介，"8" 表示分类是高压型，"2" 为序号，故 CZ82 型电容器为纸介高压型电容器。

又如 CY11 型电容器，"C" 表示电容器，"Y" 表示其材料是云母，"1" 表示分类是非密封型，"1" 为序号，故 CY11 型电容器为云母非密封型电容器。

2. 电容器的主要参数

电容器的参数主要有电容器的额定工作电压、标称容量和允许误差等。

（1）额定工作电压

电容器的额定工作电压一般称为耐压，是电容器能长时间稳定工作，并能保证电介质性能良好的直流电压的数值。

电容器上所标明的额定工作电压，通常指的是直流工作电压。电容器常用的额定工作电压有 6.3V、10V、16V、25V、50V、63V、100V、160V、250V、400V、630V、1 000V、1 600V、2 500V 等。

在电容器外壳上所标的电压就是该电容器的额定工作电压。如果在交流电路中使用电容器，必须保证电容器的额定工作电压不低于电路交流电压的最大值，否则电容器将会被击穿。

（2）标称容量

电容器的标称容量是指标注在电容器上的电容量。它表征了电容器储存电荷的能力，是电容器的重要参数。常用的有 E6、E12、E24 标称系列，见表3.3。

表3.3 电容器标称系列

标称系列	允许误差	标称值
E6	±20%	1.0 1.5 2.2 3.3 4.7 6.8
E12	±10%	1.0 1.2 1.5 1.8 2.2 2.7 3.3 3.9 4.7 5.6 6.8 8.2
E24	±5%	1.0 1.1 1.2 1.3 1.5 1.6 1.8 2.0 2.2 2.4 2.7 3.0 3.6 3.9 4.3 4.7 5.1 5.6 6.2 6.8 7.5 8.2 9.1

（3）允许误差

电容器的允许误差是指电容器实际容量与标称容量之间的误差。电容器的误差一般直接标在电容器上。常用的固定电容器允许误差的等级见表3.4。

表3.4 常用固定电容器允许误差等级

允许误差	±2%	±5%	±10%	±20%
精度等级	02	Ⅰ	Ⅱ	Ⅲ

3. 电容器参数的标注方法

电容器主要参数的标注方法有直标法、文字符号法、数码法和色标法。

（1）直标法

直标法是将电容器的各种参数直接用数字标注在电容器上的表示方法。图 3.19（a）电容器的

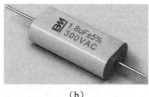

（a）　　　　　　　　（b）

图 3.19　电容器直标法

标称容量为 1 000μF、额定工作电压为 16V，图 3.19（b）电容器的标称容量为 1.8μF、额定工作电压为 300V，允许误差为 ±5%。

」提示」

有些电容器由于体积小，为了便于标注，习惯上省略其单位，但遵循以下规则。

① 凡不带小数点的整数，若无标注单位，则表示皮法。如图 3.20（a）所示，"18" 表示电容器容量为 18pF。

② 凡带小数点的数值，若无标注单位，则表示微法。如图 3.20（b）所示，0.033 表示电容器容量为 0.033μF。

③ 许多小型固定电容器，如陶瓷电容器等，其耐压均在 100V 以上，由于体积小可以不标注。

（a）　　　　　　（b）

图 3.20　体积小的电容器直标法

（2）文字符号法

文字符号法是由数字和字母相结合表示电容器的容量的方法，字母符号前面的数字表示整数值，字母符号后面的数字表示小数点后面的小数值。如图3.21所示，"4n7"表示电容器电容量为4.7nF，即4 700pF。

图3.21 电容器文字符号法标注

」提示 L

由于电容器电容量较小，因此表示标称容量的字母符号常用 m（10^{-3}）、μ（10^{-6}）、n（10^{-9}）、p（10^{-12}）。

允许误差的字母符号含义与电阻器相同，可参见表1.8。

（3）数码法

标称容量一般用 3 位数字来表示容量的大小，前两位数字表示有效数字，第 3 位数字表示指数，即零的个数，单位为 pF。若第三位数字用"9"表示时，则说明该电容器的容量在 1～9.9pF，即这个"9"代表"10^{-1}"。如图3.22所示，图 3.22（a）中，"155"表示电容器容量为 $15 \times 10^5 = 1\,500\,000$pF = 1.5μF，"K"表示允许误差为 ±10%，额定工作电压为 250V；图 3.22（b）中，"474"表示电容器容量

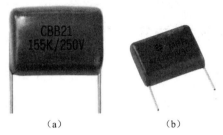

（a）　　　（b）

图3.22 电容器数码法标注

为 $47 \times 10^4 = 470\,000$pF = 0.47μF，"J"表示允许误差为 ±1%，额定工作电压为 300V。

（4）色标法

色标法是用不同颜色的带或点在电容器表面标出标称容量的方法。电容器的色标一般只有 3 环，前两环色标表示有效数字，第 3 环色标表示倍率，单位为 pF。如图 3.23 所示色标法标注的电容器，色环按顺序排列分别为黄、紫、棕色，则该电容器的标称容量为 47×10^1=470pF。

图3.23 电容器色标法标注

」提示 L

电容器使用色环颜色代表的数字与电阻器是相同的，只是电容器标称容量单位为 pF。

当色标有 4 种颜色表示时，前两位色标表示有效数字，第 3 位色标表示倍乘，第 4 位为允许误差，标称容量单位为 pF。

科学故事

图3.24 莱顿瓶

早期科学家暂存电荷的装置是莱顿瓶（见图 3.24），它是由穆申布鲁克（1692—1761 年）于公元 1746 年在莱顿大学发现的，这便是它名称的由来。操作的时候，电荷可沿着金属链流进瓶内的金属层，因为这些电荷无法穿过玻璃瓶漏出来，自然就被存储在瓶子里。当放电杆移进莱顿瓶时，瓶内的电荷会从瓶口的金属球跳出，顺着放电杆流到瓶外的金属层而产生电火花。莱顿瓶可算是一种早期的电容器。法拉第还发现电介质的作用，创立了介电常数的概念。后来电容的单位法拉就是用他的姓氏缩写命名的。

3.2 电容的连接

学习目标

⊙ 说出电容串、并联电路的特点和应用。

⊙ 会应用电容串、并联电路的特点分析电容电路。

在实际应用中，电容器的选择主要考虑电容器的容量和额定工作电压。如果电容器的容量和额定工作电压不能满足电路要求，可以将电容器适当连接，以满足电路工作要求。与电阻的连接方式相似，电容的连接方式也有串联和并联，它们的特点怎么样？如何分析电容电路呢？

3.2.1 电容串联电路

将两个或两个以上的电容首尾依次相连，中间无分支的连接方式称为电容串联，如图 3.25 所示。电容串联电路具有以下特点。

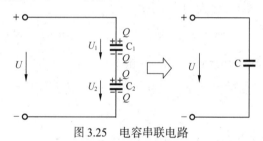

图 3.25 电容串联电路

电容器的串联和并联

1. 电量特点

电容串联电路中各电容所带的电量相等。

在电容串联电路中，将电源接到这个电容组的两个极板上，当给电容 C_1 上面的极板充上电荷量$+Q$ 时，则下面的极板由于静电感应而产生电荷量 $-Q$，这样电容 C_2 上面的极板出现电荷量$+Q$，下面的极板带电量$-Q$。因此，每个电容的极板上充有等量异种电荷，且各电容所带的电量相等，并等于串联后等效电容上所带的电量，即

$$Q=Q_1=Q_2 \tag{3-4}$$

2. 电压特点

电容串联电路的总电压等于每个电容两端电压之和，即

$$U=U_1+U_2 \tag{3-5}$$

3. 电容特点

将式（3-5）同除以电量 Q，得

$$\frac{U}{Q}=\frac{U_1}{Q}+\frac{U_2}{Q}$$

因为

$$Q=Q_1=Q_2$$

所以

$$\frac{1}{C}=\frac{1}{C_1}+\frac{1}{C_2}$$ （3-6）

即电容串联电路的等效电容的倒数等于各个分电容的倒数之和。

 提示

电容串联电路的电容特点，与电阻并联电路的电阻特点类似，实际应用中要加以区别。

当有 n 个等值电容 C_0 串联时，其等效电容为 $C=\dfrac{C_0}{n}$ 。

4. 电压分配

因为

$$Q=Q_1=Q_2$$

所以

$$C_1U_1=C_2U_2$$

即电容串联电路中各电容两端的电压与电容量成反比。

同学们可以对照两个电阻并联的分流公式推导出两个电容串联的分压公式。

 应用

电容串联后，耐压增大。因此，当一个电容的额定工作电压值太小而不能满足需要时，除选用额定工作电压值高的电容外，还可以采用电容串联的方式来获得较高的额定工作电压。

【例3.2】有两个电容器，$C_1=200\text{pF}$，$C_2=300\text{pF}$，求串联后的等效电容。

解：串联后的等效电容为

$$C=\frac{C_1C_2}{C_1+C_2}=\frac{200\times300}{200+300}=120\text{（pF）}$$

【例3.3】有两个电容器，其中一个 $C_1=200\mu\text{F}$，耐压是 400V，另一个 $C_2=300\mu\text{F}$，耐压是 500V。（1）求它们串联使用时的等效电容量；（2）两电容器串联后接到电压为 800V 的电源上，电路能否正常工作？

【分析】电路能否正常工作，需求串联电路中每个电容器上所承受的电压是否超过自身的耐压。若在耐压范围之内，工作是安全可靠的，否则会发生危险。

解：（1）串联使用时的总电容

$$C=\frac{C_1C_2}{C_1+C_2}=\frac{200\times300}{200+300}=120\text{（}\mu\text{F）}$$

（2）两个电容器串联后接到电压为 800V 的电源上。

各电容所带电荷量

$$Q=Q_1=Q_2=CU=120 \times 10^{-6} \times 800 = 9.6 \times 10^{-2} \text{（C）}$$

电容器 C_1 承受的电压

$$U_1 = \frac{Q}{C_1} = \frac{9.6 \times 10^{-2}}{200 \times 10^{-6}} = 480 \text{（V）} > 400\text{V}$$

电容器 C_2 承受的电压

$$U_2 = \frac{Q}{C_2} = \frac{9.6 \times 10^{-2}}{300 \times 10^{-6}} = 320 \text{（V）}$$

由于电容器 C_1 所承受的电压是 480V，超过了它的耐压，C_1 会被击穿，导致 800V 电压全部加到 C_2 上，C_2 也会被击穿，因此，电路不能正常工作。

3.2.2 电容并联电路

将两个或两个以上电容接在相同的两点之间的连接方式称为电容并联，如图 3.26 所示。电容并联电路具有以下特点。

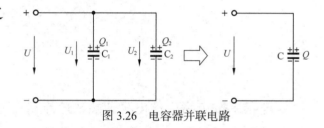

图 3.26 电容器并联电路

1. 电压特点

电容并联电路中每个电容两端的电压相同，并等于外加电源电压，即

$$U=U_1=U_2 \tag{3-7}$$

2. 电量特点

由于并联电容两端的电压相同，每个电容所充有的电荷量为

$$Q_1=C_1U, \quad Q_2=C_2U$$

所以，总电荷量为

$$Q=Q_1+Q_2 \tag{3-8}$$

3. 电容特点

电容并联后的等效电容量等于各个电容的电容量之和。

$$C = \frac{Q}{U} = \frac{Q_1+Q_2}{U} = \frac{C_1U + C_2U}{U} = C_1 + C_2$$

即

$$C=C_1+C_2 \tag{3-9}$$

⌐应用⌐

电容并联后，电容量增大。因此，当一个电容的电容量太小而不能满足需要时，除选用电容量大的电容外，还可以采用电容并联的方式来获得较大的电容量。

> 当 n 个等值电容 C_0 并联时，其等效电容为 $C=nC_0$。
> 电容并联电路中，每个电容均承受外加电压，因此每个电容的耐压均应大于外加电压。如果一个电容被击穿，整个并联电路被短路，会对电路造成危害。因此，等效电容的耐压值为并联电路中耐压最小的电容耐压值。

【例 3.4】有两个电容器并联，已知 $C_1=2\mu F$，耐压是 100V，$C_2=10\mu F$，耐压是 200V，求并联后的等效电容及耐压。

【分析】电路正常工作的关键在于，每个电容器的耐压均大于外加电压，因此等效电容耐压值应保证每个电容器都能承受。

解：并联后的等效电容为

$$C=C_1+C_2=2+10=12（\mu F）$$

并联后的耐压

$$U=100V$$

⌐ 综合案例 ∟

有两个电容器，C_1 的电容是 $2\mu F$，耐压是 60V，C_2 的电容是 $4\mu F$，耐压是 100V。（1）若将它们串联起来，等效电容是多少？电路能承受的最大电压是多少？（2）若将它们并联起来，等效电容是多少？电路能承受的最大电压是多少？

思路分析

根据电容串联和并联电路的特点分析计算。

优化解答

（1）将电容器串联起来，等效电容

$$C=\frac{C_1C_2}{C_1+C_2}=\frac{2\times4}{2+4}=\frac{4}{3}\approx1.33（\mu F）$$

电容 C_1 能储存的最大电量

$$Q_1=C_1U_1=2\times10^{-6}\times60=120\times10^{-6}（C）$$

电容 C_2 能储存的最大电量

$$Q_2=C_2U_2=4\times10^{-6}\times100=400\times10^{-6}（C）$$

因此，电容器串联后能储存的最大电量

$$Q=Q_1=120\times10^{-6}（C）$$

电路能承受的最大电压

$$U=\frac{Q}{C}=\frac{120\times10^{-6}}{1.33\times10^{-6}}\approx90（V）$$

（2）将电容器并联起来，等效电容

$$C=C_1+C_2=2+4=6（\mu F）$$

电路能承受的最大电压

$$U=U_1=60V$$

小结

电容串联电路的耐压增大，等效电容减小；电容并联电路的耐压不变，等效电容增大。

*3.3 电容器的充放电与电场能

学习目标

- 知道电容器的充电和放电过程。
- 知道电容器是储能元件。
- 写出电容器的电场能公式，会计算电容器的电场能。

电流的传导速度相当于光速，但在生活中却能发现这样的现象：当关闭电源后，有些电器的指示灯不是马上熄灭，而是要过一会儿才慢慢熄灭。这是为什么呢？这一切，其实与电容器的电场能有关。电容器是如何充电与放电的？电容器的电场能又与哪些因素有关呢？

3.3.1 电容器的充电与放电

电容器的充电、放电就是指电容器储存电荷和释放电荷的过程。

电容器充电、放电实验电路如图 3.27 所示。C 为大容量电解电容器，R 为电位器，指示灯串联在 RC 电路中，电流表 A 测量 RC 电路的电流，电压表 V 测量电容器两端电压，S 为单刀双掷开关，S 拨在"1"时，电源 E 对电容器充电；充电结束后，再将 S 拨向"2"，电容器放电。电容器的充电、放电电路的实验现象见表 3.5。

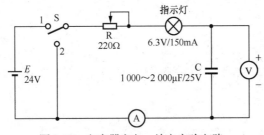

图 3.27 电容器充电、放电实验电路

电容器的充电过程

电容器的放电过程

表 3.5　　　　　　　电容器的充电、放电电路的实验现象记录表

序号	过程	实验现象			结束标志
		指示灯	电流表	电压表	
1	充电	由亮逐渐变暗，最后熄灭	读数由大逐渐变小，最后为 0	读数由 0 逐渐变大，最后为 E	$I_C=0$，$U_C=E$
2	放电	由亮逐渐变暗，最后熄灭	读数由大逐渐变小，最后为 0	读数由 E 逐渐变小，最后为 0	$I_C=0$，$U_C=0$

由电容器的充电、放电过程可知，电容器具有以下特点。

1. 电容器是一种储能元件

电容器的充电过程就是极板上电荷不断积累的过程，电容器充满电荷时，相当于一个等效电源。随着放电的进行，原来储存的电场能量又全部释放出来。即电容器本身只与电源进行能量交换，并不损耗能量，因此电容器是一种储能元件。

2. 电容器能够隔直流、通交流

当电容器接通直流电源时，仅仅在刚接通瞬间发生充电过程，充电结束后，电路处于开路状态，即"隔直流"；当电容器接通交流电源时，由于交流电流的大小和方向不断交替变化，使电容器反复进行充电和放电，电路中就出现连续的交流"电流"，即"通交流"。

⌐ 提示 ∟

　　电容器的充电、放电过程，与水容器（如水桶）的蓄、放水过程非常相似。充电（蓄水）时，充电电流流入电容器（蓄水水流流入水容器），电容器两端电压上升（水容器内水位上升），电荷被储存在电容器中（水被储存在水容器内）；放电（放水）时，过程也类似，同学们可以自己想一想。

⌐ 应用 ∟

　　由于电容器的充电、放电特性，电容器被广泛地应用于电子技术的电源滤波电路中，利用电容器滤波可以让脉动的直流电变换成平滑的直流电。

3.3.2　电容器的储能

电容器两端电压增加时，电容器便从电源吸收能量储存在两极板之间的电场中，即电容器的充电过程；而当电容器两端电压降低时，它便把原来所储存的电场能量释放出来，即电容器的放电过程。电容器本身与电源进行能量的交换，而并不消耗能量，所以说电容器是一种储能元件，充电时把电源的能量储存起来，放电时把储存的电场能释放出去。电阻器则与此不同，它在电路中的作用是把电能转换为热能，然后将热能辐射至空间或传递给别的物体，即在电阻器上所进行的电能与热能之间的能量转换是不可逆的，因此说电阻器是耗能元件。

电容器的工作过程与水容器的工作过程十分类似，见表 3.6。

表 3.6　　　　　　　　　　　　　　电容器与水容器类比

过程	电容器的工作过程	水容器的工作过程
储存	$+Q$ ＋＋＋＋＋ I $-Q$ 电源向电容器充电，Q 增加	水源向水容器注水，水位上升
释放	$+Q$ ＋　＋　＋ I $-Q$ 电容器向电阻放电，Q 减小	水容器向外放水，水位下降

3.3.3　电容器的电场能

电容器在充电过程中，电容器两个极板上有电荷积累。两极板间形成电场，电场具有能量，电容器充电时，电源把自由电子由一个极板上移到另一个极板上，电源克服正极板对电子的吸引力和负极板对电子的斥力而做功，使正、负极板上储存的电荷量不断增加。整个充电过程是电源不断地搬运电荷的过程，所消耗的能量转换为电场能储存在电容器中。

电容器充电时所储存的电场能为

$$W_C = \frac{1}{2}QU = \frac{1}{2}CU^2 \tag{3-10}$$

式中：W_C——电容器中的电场能，单位是焦耳（J）；

    C——电容器的电容，单位是法拉（F）；

    U——电容器两极板间的电压，单位是伏特（V）。

⌐ 注意 ∟

> 在电压一定的条件下，电容 C 越大，储存的能量越多。

【例 3.5】一个电容为 20 000μF 的电容器被充电到 22 000V，求电容器中存储的电场能。

解：电容器中储存的电场能为

$$W_C = \frac{1}{2}CU^2 = \frac{1}{2} \times 20\,000 \times 10^{-6} \times 22\,000^2 = 4.84 \times 10^6 \text{（J）}$$

⌐ 注意 ∟

> 由【例 3.5】计算可知：选用超大电容 20 000μF，在高压 22 000V 充电获得的电场能也只有 4.84×10^6J，相当于 1.34kW·h 电能，这表明电容器只能储存少量电能。

⌐ 应用 ∟

随着社会经济的发展，人们对于绿色能源和生态环境越来越关注，超级电容器作为一种新型的储能器件，越来越受到人们的重视。

超级电容器又称超大容量电容器、金电容、黄金电容、储能电容、法拉电容、电化学电容器或双电层电容器（EDLC），是靠极化电解液来存储电能的新型电化学装置，如图 3.28（a）所示。它是近十几年随着材料科学的突破而出现的新型功率型储能元件，其批量生产不过几年时间。同传统的电容器和二次电池相比，超级电容器储存电荷的能力比普通电容器高，并具有充放电速度快、效率高、对环境无污染、循环寿命长、使用温度范围宽、安全性高等特点。

在小功率应用超级电容器方面，国内不少厂商都开发出了相应的应用或替代方案，使其产品获得了具体应用。部分公司的产品已经应用到太阳能高速公路指示灯、玩具车和计算机后备电源等领域。目前，国内厂商也很注重超级电容器的大功率应用，如环保型交通工具、电站直流控制、车辆应急启动装置、脉冲电能设备等。图 3.28（b）所示为首次在奥运村里使用的利用超级电容器的高科技环保型太阳能路灯。

（a）超级电容器

（b）高科技环保型太阳能路灯

图 3.28　应用

3.4 技能训练：电容的测量

学习目标

● 学会电容的测量方法，会正确使用万用表的电阻挡检测电容器。

 **情景模拟**

星期天，小任家的电视机坏了。小任的爸爸打电话给电视机维修部，电视机维修部立即派人上门维修。小任充满好奇地看着维修师傅打开电视机检修电路。师傅经过检查后告诉小任是电视机里的一个电容器击穿了，更换以后电视机就可以正常工作。师傅怎么知道电容器坏了？电容器里有哪些秘密呢？

基础知识

知识链接1 用万用表判断电解电容器正、负极性的方法

电解电容器的电极有正、负极性之分，一般可以用万用表的电阻挡进行判别。这是根据电解电容器正向漏电电流小、反向漏电电流大的特性进行判别的，其具体测量方法如下。

① 选择量程。根据电容器容量大小选择合适的量程，并进行电阻调零。一般情况下，1～47μF 的电容器可用 R×1k 挡测量，大于 47μF 的电容器可用 R×100 挡测量。

② 将万用表的红、黑表笔任意搭接电容器的两电极，测得其漏电电阻的大小。

③ 将电容器两个电极短接进行放电。

④ 交换万用表的红、黑表笔再次进行测量，测得漏电电阻的大小。

⑤ 比较两次测得的漏电电阻大小，则阻值大的那次，黑表笔所接为电容器的正极，另一端为电容器的负极，如图 3.29 所示。

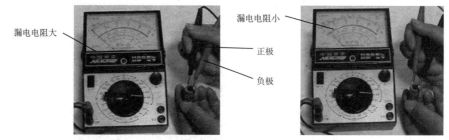

图 3.29　万用表检测电解电容器正、负极性

知识链接2 用万用表检测电容器好坏的方法

电容器常见问题一般有漏电、断路、短路等。通常可以利用万用表的电阻挡测量较大容量电容器两电极之间的漏电阻，并根据万用表指针摆动幅度的情况，对电容器的好坏进行判别。

① 选择量程。根据电容器容量大小选择合适的量程，并进行电阻调零。

② 将万用表红、黑表笔分别接在电容器电极的引脚上。表笔刚接触的瞬间，万用表指针

即向右偏转较大幅度，接着缓慢向左回归至无穷大刻度处，如图3.30所示。然后，将红、黑表笔对调，万用表指针将重复上述摆动现象。电容器容量越大，指针向右摆幅越大，向左回归也越缓慢。

指针向右偏转　　　　　　　　　　　　　　指针向左回归

图3.30　万用表检测电容器

③ 如果万用表指针不动，则说明电容器内部断路，或者电容器容量太小，充放电电流太小，不足以让指针偏转，如图3.31所示。

④ 如果万用表的指针向右偏转到零刻度后，不再向左回归，则说明电容器内部短路，如图3.32所示。

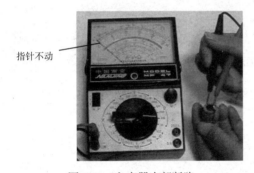
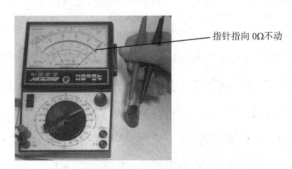

指针不动　　　　　　　　　　　　　　　　　　　　　　　　指针指向0Ω不动

图3.31　电容器内部断路　　　　　　　　　　　图3.32　电容器内部短路

⑤ 如果万用表的指针不能回归到无穷大刻度，而是停在阻值小于500kΩ的刻度处，则说明电容器漏电严重，如图3.33所示。

指针停在阻值500kΩ以下

图3.33　电容器漏电

▶ **实践操作**

✓　**认一认　电容器种类和符号**

仔细观察各种不同类型、规格的电容器的外形，从所给的电容器中任选5个，将电容器的名称、特点等填入表3.7。

表 3.7　　　　　　　　　　　　　　　　　　　　电容器的识别

序号	1	2	3	4	5
名称					
符号					
容量					
耐压					
特点					

✓　判一判　电解电容器极性检测

用万用表检测电解电容器正、反向漏电电阻值，并判断电容器极性，将结果填入表 3.8。

表 3.8　　　　　　　　　　　　　　用万用表判断电容器极性

序号	漏电电阻值/Ω		电解电容器极性
	第 1 次	第 2 次	
1			
2			
3			

✓　测一测　电容器好坏

用万用表检测电容器好坏，并将结果填入表 3.9。

表 3.9　　　　　　　　　　　　　　用万用表检测电容器好坏

序号	检测现象	好坏判别
1		
2		
3		

➤ 训练总结

请把电容测量的收获和体会写在表 3.10 中，并完成评价。

表 3.10　　　　　　　　　　　　　　电容的测量训练总结表

课题	电容的测量						
班级		姓名		学号		日期	
训练收获							
训练体会							
训练评价	评定人	评语				等级	签名
	自己评						
	同学评						
	老师评						
	综合评定等级						

▶ **训练拓展**

◇ **拓展 1　容量较小电容器好坏的检测**

容量较小的电容器，可以用一个耳机、一节 1.5V 电池，按图 3.34 所示电路接法来判别。若耳机一端与被测电容器相碰时，耳机发出"咔咔"声，连续碰几下，声音就小了，说明电容器是好的；若连续碰，一直有"咔咔"声，说明电容器内部短路或严重漏电；若没有声音，说明电容器内部开路。

图 3.34　用耳机判别容量较小电容器的质量

◇ **拓展 2　用万用表检测 CBB 电容器**

用万用表对 CBB 电容器进行测试时，将万用表的量程开关置于 R×10k 挡，万用表的红、黑表笔分别接触电容器的两个电极引脚，如图 3.35 所示。观察指针变化情况，再交换表笔重复测试，观察指针变化情况。

（1）如果两次测量中均有充、放电现象，且指针能回到原位，则说明电容器性能是好的。

（2）如果两次测量中均没有充、放电现象，且指针停在原位不动，则说明电容器内部开路。

图 3.35　万用表检测 CBB 电容器

（3）如果两次测量中，指针均摆至"0Ω"处不动，则说明电容器内部短路。

（4）如果两次测量中，指针不能完全回归原位，而是停在某一阻值处不动，则说明电容器漏电。

---------- **本章小结**

本章学习了电容器的基本知识。电容器是电路中的常见元器件，一定要掌握好电容器的基本知识。

1. 什么是电容器？什么是电容器的电容量？电容量与哪些因素有关？

2. 常见的电容器有哪些？你认识它们吗？会写出它们的符号吗？了解它们的用途吗？完成表 3.11。

第 3 章知识要点解读

表 3.11　　　　　　　　　　　常见电容器比较

序号	种类		名称	符号	主要用途
1	固定电容器	有极性电容器	铝电解电容器		
2			钽电解电容器		
3			铌电解电容器		
4		无极性电容器	纸介电容器		
5			薄膜电容器	聚酯电容器		
				聚苯乙烯电容器		
				聚丙烯电容器		

续表

序号	种类		名称	符号	主要用途
6	固定电容器	无极性电容器	陶瓷电容器		
7			云母电容器		
8			玻璃釉电容器		
9	半可变电容器				
10	可变电容器				

3. 你能说明电容器型号的意义吗？完成表 3.12。

表 3.12　　　　　　　　　　　　电容器型号的意义

组成	第 1 部分	第 2 部分	第 3 部分	第 4 部分
意义				

4. 电容器标称容量和允许误差标注方法有哪些？你能识读电容器标称容量和允许误差吗？完成表 3.13。

表 3.13　　　　　　　　　　电容器标称容量和允许误差识读要点

序号	标注方法	标称容量识读要点	其他参数识读要点
1	直标法		
2	文字符号法		
3	数码法		
4	色标法		

5. 电容串联和并联的连接方式有哪些特点？分别应用在什么场合？完成表 3.14。

表 3.14　　　　　　　　　　　　电容串联和并联电路比较表

连接方式		串联	并联
特点	电量		
	电压		
	电容		
应用			

6. 电容器是储能元件，电容器充电时能把电源的能量储存起来，放电时把储存的电场能释放出去。写出电容器充电时所储存的电场能的计算公式。

思考与练习

一、填空题

1. 1F=_____μF =_____pF。

2. 电容器的基本特性是能够_____，它的主要参数有_____和_____。

3. 电容器的额定工作电压一般称_____，接到交流电路中，其额定工作电压_____交流电压最大值。

4. 电容量的单位是_____，常用单位有_____和_____，三者间的换算关系是_____。

5. 平行板电容器的电容量与_____成正比，与_____成反比，还与电介质的介电常数有关。

6. 电容器 C_1、C_2 两端加的电压相同，若 $C_1 > C_2$，则它们所带电量的大小关系是 Q_1___Q_2。

7. 电容串联电路的总电容比每个电容器的电容_____，每个电容器两端的电压和自身容量成_____。

8. 当两只电容 C_1 与 C_2 串联时，等效电容 C=_____。

9. 电容串联电路的等效电容量总是_____其中任一电容器的电容量。串联电容越多，总的等效电容量_____。

10. 当单独一个电容器的_____不能满足电路要求，而它的_____足够大时，可将电容器串联起来使用。

11. 当两个电容 C_1 与 C_2 并联时，等效电容 C=_____。

12. 电容并联电路的总电容比每个电容器的电容_____，每个电容器两端的电压_____。

13. 当单独一个电容器的_____不能满足电路要求时，而它的_____足够大时，可将电容器并联起来使用。

14. 有两个电容器，$C_1 = 300\mu F$，$C_2 = 600\mu F$，则它们串联后等效电容为_____，并联后等效电容为_____。

15. 在电容器充电电路中，已知 $C=1\mu F$，电容器上的电压从 2V 升高到 12V，电容器储存的电场能从_____增加到_____，增大了_____。

16. 将 $10\mu F$ 的电容器充电到 100V，这时电容器储存的电场能是_____，若将该电容器继续充电到 200V，电容器内又增加了_____电场能。

17. 电容器是一个_____元件，充电时电容器把电源输送的电能以_____的形式储存起来，放电时又将_____释放出来，电容器所储存的能量为_____。

二、选择题

1. 有一电容为 $50\mu F$ 的电容器，接到直流电源上对它充电，这时它的电容为 $50\mu F$；当它不带电时，它的电容是（   ）。

A. 0　　　　　　　　B. $25\mu F$　　　　　　　C. $50\mu F$　　　　　　D. $100\mu F$

2. 一个电容为 C 的电容器和一个电容为 $2\mu F$ 的电容器串联，总电容为 C 的 1/3，那么电容 C 是（   ）。

A. $2\mu F$　　　　　　　B. $4\mu F$　　　　　　　C. $6\mu F$　　　　　　D. $8\mu F$

3. 电路如图 3.36 所示，已知 U=10V，R_1=2Ω，R_2=8Ω，C=100μF，则电容两端的电压 U_C 为（   ）。

A. 10V　　　　　　　　B. 8V

C. 2V　　　　　　　　D. 0V

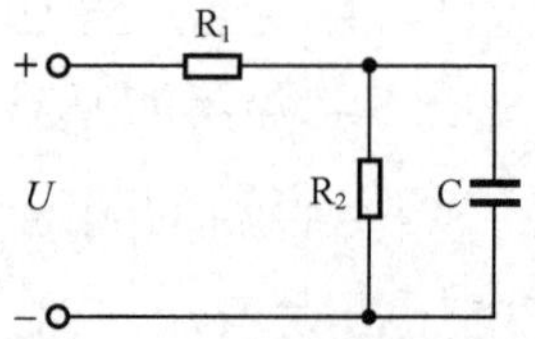

图 3.36　选择题 3 电路图

4. 电容器 C_1 和 C_2 串联后接在直流电路中，若 $C_1=3C_2$，则 C_1 两端的电压是 C_2 两端电压的（   ）。

A. 3 倍　　　　　　B. 9 倍　　　　　　C. 1/3　　　　　　D. 1/9

5. 两个相同的电容器并联之后的等效电容，与它们串联之后的等效电容之比为（   ）。

A. 1：4　　　　　　B. 4：1　　　　　　C. 1：2　　　　　　D. 2：1

6. 一个电容为 C 的电容器和一个电容为 8μF 的电容器并联，总电容为 $2C$，则电容 C 是（   ）

A. 4μF　　　　　　B. 8μF　　　　　　C. 12μF　　　　　　D. 16μF

7. 如图 3.37 所示，当 $C_1>C_2>C_3$ 时，它们两端的电压关系是（   ）。

A. $U_1=U_2=U_3$　　B. $U_1>U_2>U_3$　　C. $U_1<U_2<U_3$　　D. 不能确定

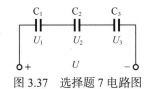

图 3.37　选择题 7 电路图

8. 将电容器 C_1 "200V 20μF" 和电容器 C_2 "160V 20μF" 串联接到 350V 电压上，则（   ）。

A. C_1、C_2 均正常工作　　　　　　B. C_1 击穿，C_2 正常工作

C. C_2 击穿，C_1 正常工作　　　　　　D. C_1、C_2 均被击穿

9. 电容器并联使用时将使总电容量（   ）。

A. 增大　　　　　　B. 减小　　　　　　C. 不变　　　　　　D. 无法判断

三、计算题

1. 现有一个电容器，它的电容为 30μF，加在电容器两端的电压为 500V，求该电容器极板上存储的电荷量。

2. 在某电子电路中需用一个耐压为 1 000V、电容为 4μF 的电容器，但现只有耐压为 500V、电容为 4μF 的电容器若干，用什么连接方法才能满足要求？

3. 现有容量为 200μF、耐压为 500V 和容量为 300μF、耐压为 900V 的两个电容器。（1）将两个电容器串联后的总电容是多少？（2）电容器串联后，如果在它两端加 1 000V 的电压，电容器是否会被击穿？

4. 现有两个电容器，其中一个电容器 C_1 的电容为 20μF，额定工作电压为 16V，另一个电容器 C_2 的电容为 10μF，额定工作电压为 25V。（1）若将这两个电容器串联起来，等效电容是多少？电容能承受的最大电压是多少？（2）若将这两个电容器并联起来，等效电容是多少？电容能承受的最大电压是多少？

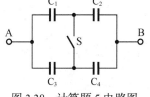

5. 如图 3.38 所示，$C_1 = C_4 = 4μF$，$C_2 = C_3 = 6μF$，求当开关 S 断开和闭合时，A、B 两端的等效电容。

图 3.38　计算题 5 电路图

磁与电

远在 2000 多年前，我国劳动人民最先发现了一种特殊的"石头"，它具有吸引铁制物体的性质。这种石头就是天然磁石矿，也叫天然磁铁。在科技发达的当代，工程师利用磁极之间的相互作用实现了磁悬浮。

发电厂里，发电机在运行，为人类提供了所需要的电能，实现了机械能与电能的相互转换；工厂里，机器轰隆，拖动各种设备运行的电动机实现了电能与机械能的相互转换。这一切，离不开磁与电的相互关系。磁与电密不可分，你想知道磁与电之间的奥秘吗？

知识目标

● 了解磁的基本知识，理解磁场、磁感线、磁感应强度、磁通、磁导率、磁场强度的基本概念。

● 理解电流的磁效应和安培定则，理解电磁力和左手定则。

● 理解电磁感应现象和电磁感应定律，理解右手定则。

● 知道常用电感器的类型，熟悉常用电感器的型号，会识别电感器的主要参数。

技能目标

● 会应用安培定则判断电流产生的磁场方向。

● 会应用左手定则判断磁场对通电导体的作用力方向。

● 会应用右手定则判断感应电动势的方向。

● 会应用电磁理论分析和解决实际问题。

4.1 磁的基本概念

学习目标

● 知道磁体、磁极、磁场及磁极间的相互作用力；认识磁场和磁感线。

● 知道电流的磁效应，会应用安培定则判断直线电流和通电螺线管的磁场方向。

在古代，人们利用天然磁铁制成了司南，它是指南针的始祖。在科技发达的当代，工程师利用磁极之间的相互作用实现了磁悬浮，制造了磁悬浮列车，达到了高速运行的目的。那么，什么是磁体？什么是磁场？什么是磁极？什么是磁感线？什么是电流的磁效应呢？

4.1.1 磁体、磁极与磁场

1. 磁体

物体具有吸引铁、钴、镍等物质的性质称为磁性。具有磁性的物体称为磁体。磁体分为天然磁体和人造磁体。常见的条形磁铁、蹄形磁铁和针形磁铁等都是人造磁体，如图 4.1 所示。

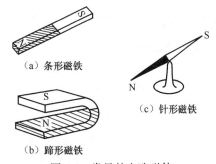

（a）条形磁铁

（c）针形磁铁

（b）蹄形磁铁

图 4.1　常见的人造磁体

应用

　　图 4.2 所示是战国时期出现的指南针始祖——司南。它是利用天然磁铁制成的。在公元 11 世纪，我国劳动人民在实践中发现了用天然磁铁做成的细长的小磁针，它有一头总是指向南方，另一头指向北方。人们利用它制成了可以确定南、北方向的指南针，如图 4.3 所示。指南针是中国古代四大发明之一，它的发明推动了世界航海事业的迅猛发展。

图 4.2　司南

图 4.3　指南针

2.　磁极

　　磁体两端磁性最强的区域称为磁极。实验证明：任何磁体都有两个磁极，磁针经常指向北方的一端称为北极，用字母 N 表示；经常指向南方的一端称为南极，用字母 S 表示，如图 4.4 所示。N 极和 S 极总是成对出现并且强度相等，不存在独立的 N 极和 S 极。

图 4.4　磁针的指向

3.　磁的相互作用

　　当用一个条形磁铁靠近一个悬挂的小磁针（或条形磁铁）时，若条形磁铁的 N 极靠近小磁针的 N 极，则小磁针 N 极一端马上被排斥；若条形磁铁的 N 极靠近小磁针的 S 极，则小磁针 S 极一端立刻被条形磁铁吸引，如图 4.5 所示。这说明磁极之间存在相互作用力，**同名磁极互相排斥，异名磁极互相吸引**。

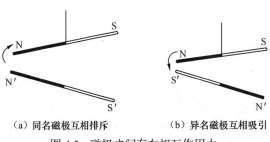

（a）同名磁极互相排斥　　（b）异名磁极互相吸引

图 4.5　磁极之间存在相互作用力

4.　磁场

　　磁极之间存在的相互作用力是通过磁场传递的。磁场是磁体周围存在的特殊物质。磁场与

电场一样是一种特殊物质。磁场也有方向。在磁场中某点放一个能自由转动的小磁针，小磁针静止时 N 极所指的方向，就是该点磁场的方向。

应用

　　磁悬浮的构想是由工程师赫尔曼·肯佩尔于 1922 年提出的。磁悬浮列车，其实就是利用磁极之间存在的相互作用力将列车托起，使列车悬浮在轨道上方，和轨道之间没有直接接触，大大减小了运行阻力，从而达到高速运行的目的。

　　磁悬浮列车因用电磁力将列车浮起而取消了轮轨，并采用长定子同步直流电动机将电供至地面线圈，驱动列车高速行驶。磁悬浮列车主要依靠电磁力来实现传统铁路中的支撑、导向、牵引和制动功能。列车在运行过程中，与轨道保持 1cm 左右距离，处于一种"若即若离"的状态。由于避免了与轨道的直接接触，行驶速度也大大提高，其正常的运行速度可以达到 430km/h。世界上第一列磁悬浮列车小型模型于 1969 年出现，3 年后第一列磁悬浮列车研制成功。仅仅 10 年后的 1979 年，磁悬浮列车技术就创造了 517km/h 的速度纪录。2002 年，我国建成了第一条投入运行的磁悬浮铁路——上海至浦东机场磁悬浮铁路，如图 4.6 所示为正在运行的磁悬浮列车。

图 4.6　磁悬浮列车

4.1.2　磁感线

　　为了形象地看到磁场强弱和方向的分布情况，可以把条形磁铁、U 形磁铁放在一块撒满一层铁屑的玻璃板下，当轻轻敲打玻璃板时，铁屑就会逐渐排列成无数的细条，形成一幅"美妙"的图案，如图 4.7 所示。

　　从图案中可以清楚地看到：在磁体两极处，铁屑聚集最多，说明磁性作用最强；而在磁体中部，铁屑聚集较少，说明磁性作用较弱。将这种形象地描绘磁场的曲线，称为**磁感线**，也称**磁力线**。磁铁两极处铁屑最多，用较密的磁感线来表示；而其他地方铁屑稀少，则用较稀的磁感线来表示。

　　图 4.8 所示为磁铁磁场的磁感线分布，磁感线具有以下几个特征。

　　① 磁感线是互不相交的闭合曲线，在磁铁外部，磁感线从 N 极到 S 极；在磁铁内部，磁感线从 S 极到 N 极。

　　② 磁感线的疏密反映磁场的强弱。磁感线越密表示磁场越强，磁感线越疏表示磁场越弱。

　　③ 磁感线上任意一点的切线方向，就是该点的磁场方向。

   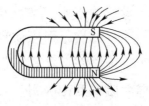

（a）条形磁铁　　　（b）U 形磁铁　　　（a）条形磁铁　　　（b）U 形磁铁

图 4.7　磁铁的磁场　　　　　　图 4.8　磁铁磁场的磁感线分布

4.1.3 电流的磁效应及安培定则

1. 电流的磁效应

电与磁有密切联系。1820 年，奥斯特从实验中发现：放在导线旁边的小磁针，当导线通过电流时，磁针会受到力的作用而偏转，这说明通电导体周围存在磁场，即电流具有磁效应。电流的磁效应说明：磁场是由电荷运动产生的。安培提出了著名的分子电流假说，揭示了磁现象的电本质，即磁铁的磁场和电流的磁场一样，都是由电荷运动产生的。

2. 安培定则

通电导体周围的磁场方向，即磁感线方向与电流的关系可以用安培定则来判断。安培定则也称右手螺旋定则。

（1）直线电流的磁场

直线电流的磁场的磁感线是以导线上各点为圆心的同心圆，这些同心圆都在与导线垂直的平面上，如图 4.9（a）所示。磁感线方向与电流的关系用安培定则判断：用右手握住通电直导体，让伸直的大拇指指向电流方向，那么，弯曲的四指所指的方向就是磁感线的环绕方向，如图 4.9（b）所示。

（2）通电螺线管的磁场

通电螺线管表现出来的磁性类似条形磁铁，一端相当于 N 极，另一端相当于 S 极。通电螺线管的磁场方向判断方法是：用右手握住通电螺线管，让弯曲的四指指向电流方向，那么，大拇指所指的方向就是螺线管内部磁感线的方向，即大拇指指向通电螺线管的 N 极，如图 4.10 所示。

（a）直线电流的磁场　　（b）安培定则

图 4.9　通电直导体的磁场方向

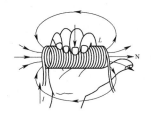

图 4.10　通电螺线管的磁场方向

如果参观大型的铁金属加工厂，还会发现有一种庞大的起重机。大家虽然看不到它的手，但是它却像手一样灵活地搬运各种铁件。这是怎么回事？原来是电磁铁在工作。

在工业生产上广泛应用的电磁铁就是利用电流的磁效应制成的，如电磁起重机和电磁钻床中的电磁铁等。

在一定形状的铁磁物体上用包有绝缘层的导线缠绕几十匝，并把这个绕组的两端接到一个直流电源上，即可得到电磁铁。工人师傅在操作电磁起重机或电磁钻床时，只要按动一下串联在它们上面的按钮，电磁起重机就可以将铁质物件灵活地吊来吊去（见图 4.11），电磁钻床就会紧紧吸住铁质加工件进行安全加工。

图 4.11　电磁起重机

科学家小传

奥斯特（1777—1851 年），物理学家、化学家。

奥斯特的主要成就是在 1820 年发现电流的磁效应，证明了电与磁能相互转换，从而为电磁学的发展打下了基础。

奥斯特还于 1822 年精密地测定了水的压缩系数值，论证了水的可压缩性。他还对库仑扭秤做了一些重要的改进。

4.2　磁场的基本物理量

学习目标

● 说出磁感应强度、磁通、磁导率、磁场强度的概念，知道它们之间的相互关系。

用磁感线描述磁场，虽然形象直观，但只能作定性分析。磁场可以用磁通、磁感应强度等物理量定量地描述。那么，如何定量地描述磁场呢？磁场又有哪些物理量呢？

4.2.1　磁通

磁感线的疏密定性地表示了磁场在空间的分布情况。磁通是定量地描述磁场在一定面积的分布情况的物理量。

通过与磁场方向垂直的某一面积上的磁感线的总数，称作通过该面积的**磁通量**，简称**磁通**，用字母 Φ 表示。磁通的单位是**韦伯**，简称韦，用符号 **Wb** 表示。

当面积一定时，通过该面积的磁通越大，磁场就越强。在工程上，选用电磁铁、变压器等铁心材料时，就要尽可能地让全部磁感线通过铁心截面。

科学家小传

韦伯（1804—1891 年），物理学家。

韦伯的主要贡献是在电学和磁学方面。1832 年，韦伯协助高斯提出磁学量的绝对单位，1833 年又与高斯合作发明了世界上第一台有线电报机。韦伯还发明了许多电磁仪器，如双线电流表、电功率表、地磁感应器等。韦伯在理论上的重要贡献是提出电磁作用的基本定律，将库仑静电定律、安培电动力定律和法拉第电磁感应定律统一在一个公式中。他的名字被命名为磁通量的国际单位。

4.2.2　磁感应强度

磁感应强度是定量地描述磁场中各点的强弱和方向的物理量。

与磁场方向垂直的单位面积上的磁通，称作**磁感应强度**，也称**磁通密度**，用字母 B 表示。

磁感应强度的单位是**特斯拉**，简称**特**，用符号 **T** 表示。

在匀强磁场中，磁感应强度与磁通的关系可以用公式表示为

$$B = \frac{\Phi}{S}$$

(4-1)

式中：B——匀强磁场的磁感应强度，单位是特斯拉（T）；

$\quad\Phi$——与 B 垂直的某一面积上的磁通，单位是韦伯（Wb）；

$\quad S$——与 B 垂直的某一截面面积，单位是平方米（m^2）。

科学家小传

特斯拉（1856—1943 年），**发明家**。

特斯拉在科学技术上的最大贡献是开创了交流电系统，促进了交流电的广泛应用。他还从事高频电热医疗器械、无线电广播、微波传输电能、电视广播等方面的研制。为纪念这位杰出的科学发明家，国际电气技术协会决定用他的名字作为磁感应强度的单位。

4.2.3　磁导率

【实验】用一个插有铁棒的通电线圈去吸引铁屑，然后把通电线圈中的铁棒换成铜棒再去吸引铁屑，发现在两种情况下吸力大小不同，前者比后者大得多。

这个实验说明不同的媒介质对磁场的影响不同，影响的程度与媒介质的导磁性能有关。

磁导率就是一个用来表示媒介质导磁性能的物理量，用字母 μ 表示，单位是**亨利每米**，用符号 **H/m** 表示。不同的媒介质有不同的磁导率。实验测定，真空中的磁导率是一个常数，用 μ_0 表示，即

$$\mu_0 = 4\pi \times 10^{-7} \text{H/m}$$

为了便于比较各种物质的导磁性能，把任一物质的磁导率 μ 与真空磁导率 μ_0 的比值称为相对磁导率，用 μ_r 表示，即

$$\mu_r = \frac{\mu}{\mu_0}$$

(4-2)

$$或 \mu = \mu_0\mu_r$$

相对磁导率只是一个比值，它表明在其他条件相同的情况下，媒介质的磁感应强度是真空中的多少倍。几种常见铁磁物质的相对磁导率见表 4.1。

表 4.1　　常见铁磁物质的相对磁导率

铁磁物质	相对磁导率	铁磁物质	相对磁导率
钴	174	硅钢片	7 000～10 000
未经退火的铸铁	240	镍铁铁氧体	1 000
已经退火的铸铁	620	真空中熔化的电解铁	12 950
镍	1 120	镍铁合金	60 000
软钢	2 180	坡莫合金	115 000

应用

根据磁导率的大小，可将物质分成 3 类：μ_r 略大于 1 的物质称为顺磁物质，如空气、铝、锡等。μ_r 略小于 1 的物质称为反磁物质，如氢、铜、石墨等。顺磁物质和反磁物质统称为非铁磁物质。μ_r 远远大于 1 的物质称为铁磁物质，如铁、钴、镍、硅钢、铁氧体等。

铁磁物质能磁化，即铁磁物质具有使原来没有磁性的物质产生磁性的现象。铁磁物质又分成 3 类：软磁物质，如电机、变压器、继电器等铁心常用的硅钢片等；硬磁物质，如各种永久磁铁、扬声器的磁钢等；矩磁物质，如计算机中存储器的磁心等。

铁磁性材料被磁化的性能，被广泛地应用于电子和电气设备中，如变压器、继电器、电动机等，采用相对磁导率高的铁磁性材料作绕组的铁心，可使同样容量的变压器、继电器、电动机的体积大大缩小，质量大大减轻，如图 4.12（a）所示；半导体收音机的天线线圈绕在铁氧体磁棒上，可以提高收音机的灵敏度，如图 4.12（b）所示。

（a）电动机的铁心　　　　　　（b）天线线圈绕在铁氧体磁棒上

图 4.12　铁磁性材料的应用

*4.2.4　磁场强度

磁场中各点的磁感应强度 B 与磁导率 μ 有关，计算比较复杂。为方便计算，引入**磁场强度**这个新的物理量来表示磁场的性质，用字母 **H** 表示。**磁场中某点的磁场强度等于该点的磁感应强度与媒介质的磁导率的比值，**用公式表示为

$$H=\frac{B}{\mu} \qquad (4-3)$$

$$\text{或 } B=\mu H$$

磁场强度的单位是**安每米**，用符号 **A/m** 表示。

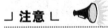**注意**

磁场强度是为方便计算引入的计算辅助量。磁场强度是矢量，均匀媒介质中，它的方向与磁感应强度的方向一致。

小结

描述磁场的基本物理量有磁通、磁感应强度、磁导率和磁场强度。磁通 φ 是描述面的磁场的物理量，磁感应强度 B 是描述点的磁场的物理量。它们之间的关系是 $\varphi = BS$。磁导率 μ 是表示媒介质导磁性能的物理量。磁场强度 H 是为方便计算引入的计算辅助量，$B = \mu H$。

*4.3 磁路

学习目标

◉ 了解磁路、磁动势、主磁通和漏磁通的概念。

◉ 了解磁阻及影响磁阻的因素。

为了使磁通集中在一定的路径上来获得较强的磁场，常常把铁磁性材料制成一定形状的铁心，构成各种电气设备所需的磁路。什么是磁路？与电路相比，磁路有哪些不同呢？

4.3.1 磁路简介

1. 磁路

磁通集中经过的闭合路径称为磁路。磁路和电路一样，分为有分支磁路和无分支磁路两种类型。图 4.13（a）所示为无分支磁路，图 4.13（b）所示为有分支磁路。在无分支磁路中，通过每一个横截面的磁通都相等。

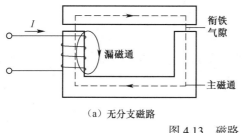
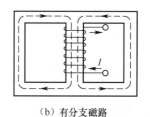

（a）无分支磁路   （b）有分支磁路

图 4.13 磁路

2. 主磁通和漏磁通

如图 4.13（a）所示，当线圈中通以电流后，大部分磁感线沿铁心、衔铁和工作气隙构成回路，这部分磁通称为主磁通；还有一部分磁通，没有经过气隙和衔铁，而是经空气自成回路，这部分磁通称为漏磁通。

⌐ **提示** ∟

利用铁磁材料可以尽可能地将磁通集中在磁路中。但与电路比较，漏磁现象比漏电现象严重得多。为了计算简便，在漏磁不严重的情况下可将它略去，只计算主磁通。

4.3.2 磁路的基本物理量

1. 磁动势

产生磁场的根本原因是电流。通电线圈产生的磁场，电流越大，磁场越强，磁通越多；通电线圈的每一匝都要产生磁通，这些磁通彼此相加，线圈匝数越多，磁通也越多。因此，线圈产生磁通的数量，随着线圈匝数和通过的电流的增大而增大。即通电线圈产生的磁通 Φ 与线圈的匝数 N、线圈中所通过的电流 I 的乘积成正比。

通过线圈的电流 I 与线圈匝数 N 的乘积，称为**磁动势**，也称**磁通势**，用符号 E_m 表示，单

位是**安培**（A），用公式表示为

$$E_{\mathrm{m}} = NI \tag{4-4}$$

2. 磁阻

电路有电阻。与此相类似，磁路也有磁阻。磁阻就是磁通通过磁路时所受到的阻碍作用，用符号 R_{m} 表示。

实验证明：磁路中磁阻的大小与磁路的长度 l 成正比，与磁路的横截面积 S 成反比，并与组成磁路的材料性质有关，用公式表示为

$$R_{\mathrm{m}} = \frac{l}{\mu S} \tag{4-5}$$

式中：R_{m}——磁阻，单位为 1/亨（H^{-1}）；

　　　μ——磁导率，单位是亨利每米（H/m）；

　　　l——磁路的长度，单位是米（m）；

　　　S——磁路的截面积，单位是平方米（m^2）。

由于磁导率 μ 不是常数，所以 R_{m} 也不是常数。

⌐ 提示 ∟

　　　　磁阻与磁路的尺寸及铁磁物质的磁导率有关。如铁心的几何尺寸一定时，磁导率越大，则磁阻越小。

4.3.3 磁路欧姆定律

1. 磁路欧姆定律的内容

与电路的欧姆定律相似，磁路也有欧姆定律。磁路欧姆定律的内容是：通过磁路的磁通与磁动势成正比，与磁阻成反比，即

$$\Phi = \frac{E_{\mathrm{m}}}{R_{\mathrm{m}}} \tag{4-6}$$

式（4-6）与电路的欧姆定律相比，磁通 Φ 对应于电流 I，磁动势 E_{m} 对应于电动势 E，磁阻 R_{m} 对应于电阻 R。

2. 磁路与电路的对应关系

磁路中的某些物理量与电路中的某些物理量有对应关系，同时磁路中某些物理量之间与电路中某些物理量之间也有相似的关系。

图 4.14 所示为相对应的两种电路和磁路。表 4.2 列出了电路与磁路对应的物理量及其关系式。

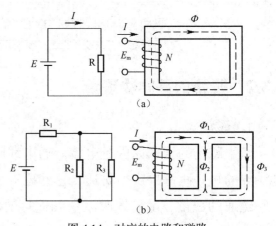

图 4.14　对应的电路和磁路

表 4.2 磁路与电路的比较

序号	磁路	电路
1	磁动势 $E_\mathrm{m} = NI$	电动势 E
2	磁通 Φ	电流 I
3	磁阻 $R_\mathrm{m} = \dfrac{l}{\mu S}$	电阻 $R = \rho\dfrac{L}{S}$
4	磁导率 μ	电阻率 ρ
5	磁路欧姆定律 $\Phi = \dfrac{E_\mathrm{m}}{R_\mathrm{m}}$	电路欧姆定律 $I = \dfrac{E}{R}$

⌐ 提示 ∟

磁路与电路虽然有相似之处，但有本质的不同。电路有开关，电路可以处于开路状态，而磁路是没有开路状态的（磁感线是闭合曲线），磁路也不可能有开关。

4.4 磁场对电流的作用

学习目标

◉ 知道磁场对通电导体和通电矩形线圈的作用。

◉ 会应用左手定则判断磁场对通电导体的作用力方向。

在野外，我们看到高压输电线之间总是保持一定的距离，这是为什么呢？在现代生产车间，电动机是用电系统中的重要动力设备，是实现电气自动化的基础。电动机是如何实现电能与机械能的相互转换的呢？原来，这些都与磁场对电流的作用有关。那么，磁场对电流的作用力大小与哪些因素有关？方向又如何判断呢？

4.4.1 磁场对通电直导体的作用

如图 4.15 所示，把一根直导体 AB 垂直放入蹄形磁铁的磁场中。当导体未通电流时，导体不会运动。如果接通电源，当电流从 B 流向 A 的时候，导体立即向磁铁外侧运动。若改变导体电流方向，则导体会向相反方向运动。通电直导体在磁场中所受的作用力称为电磁力，也称安培力。从本质上讲，电磁力是磁场和通电直导体周围形成的磁场相互作用的结果。

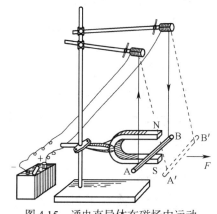

图 4.15 通电直导体在磁场中运动

实验证明：在匀强磁场中，当通电直导体与磁场方向垂直时，电磁力的大小与导体中电流大小成正比，与导体在磁场中的有效长度及载流导体所在的磁感应强度成正比，用公式表示为

$$F = BIL \qquad (4\text{-}7)$$

式中：F——导体受到的电磁力，单位是牛顿（N）；

B——匀强磁场的磁感应强度，单位是特斯拉（T）；

I——导体中的电流，单位是安培（A）；

L——导体在磁场中的有效长度，单位是米（m）。

实验还证明：当导体和磁感线方向成α角时，如图4.16所示，电磁力的大小为

$$F=BIL\sin\alpha \qquad\qquad\qquad (4\text{-}8)$$

」注意 ∟

当导体与磁感线方向平行放置时，导体受到的电磁力为零；当导体与磁感线方向垂直放置时，导体受到的电磁力最大。

通电直导体在磁场中受到的电磁力的方向，可以用左手定则来判断，如图4.17所示。伸出左手，让大拇指与四指在同一平面内，大拇指与四指垂直，让磁感线垂直穿过手心，四指指向电流方向，那么，大拇指所指的方向，就是磁场对通电直导体的作用力方向。

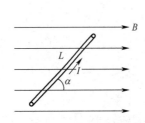

图4.16 导体和磁感线方向成α角

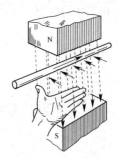

图4.17 左手定则

【例4.1】在一个匀强磁场中，垂直磁场方向放置一根直导线，导线长度为0.4m，通过导线的电流为2A，导线在磁场中受到的电磁力为4N，求匀强磁场的磁感应强度。

【分析】由电磁力计算公式$F=BIL$变形可得磁感应强度$B=\dfrac{F}{IL}$。

解：磁感应强度

$$B=\frac{F}{IL}=\frac{4}{2\times0.4}=5（T）$$

【例4.2】图4.18所示为两根平行直导线，给它们通以同方向的电流，它们将互相吸引还是互相排斥？

【分析】两根通电平行直导线，产生磁场，它们各自在对方磁场的作用下产生电磁力。

解：两根通电平行直导线产生的磁场方向如图4.18所示，导体1在导体2产生的磁场B_2作用下，产生电磁力F_1，根据左手定则，电磁力F_1方向向右，如图4.18所示；同理，导体2在导体1产生的磁场B_1作用下，产生电磁力F_2，根据左手定则，电磁力F_2方向向左，如图4.18所示。两根平行直导线在F_1和F_2作用下将互相吸引。

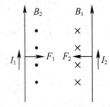

图4.18 通以同方向电流的平行直导线

」应用 ∟

给两根平行直导线通以同方向的电流，导线之间将产生吸引力。高压电采用裸导线输送，导线之间将

产生吸引力，为防止输电线短路，两根输电线之间必须保持一定距离，如图 4.19 所示。

图 4.19　保持一定距离的高压输电线

4.4.2　磁场对通电矩形线圈的作用

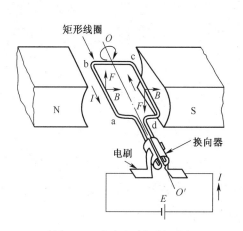

图 4.20　直流电动机原理图

图 4.20 所示为直流电动机原理图。一矩形线圈 abcd 放在磁场中，直流电流通过电刷和换向器通入线圈，线圈的两个有效边 ab、cd 受到的电磁力的方向如图 4.20 所示。它们是一对大小相等、方向相反、作用力不在同一直线上的力偶。线圈在力偶作用下，绕转轴 OO' 转动。理论和实验证明：线圈的力偶矩，即转矩的大小为

$$M=BIS\cos\alpha \qquad (4-9)$$

式中：M——线圈的力偶矩（转矩），单位是牛顿·米（N·m）；

　　　　B——匀强磁场的磁感应强度，单位是特斯拉（T）；

　　　　I——通过线圈的电流，单位是安培（A）；

　　　　S——线圈在磁场中的面积，单位是平方米（m^2）；

　　　　α——线圈平面与磁感线的夹角。

当线圈平面与磁感线平行时，线圈的转矩最大；当线圈平面与磁感线垂直时，线圈的转矩为零。

图 4.21 所示为工程中常用的直流电动机，它是应用磁场对通电线圈的作用原理制成的。常用的直流电流表、直流电压表、万用表等磁电系仪表也都是应用磁场对通电线圈的作用原理制成的。

图 4.21　直流电动机

小结

磁场对通电直导体产生电磁力，电磁力的大小 $F=BIL\sin\alpha$。磁场对通电矩形线圈产生电磁转矩，转矩的大小 $M=BIS\cos\alpha$。电磁力方向用左手定则判断。

4.5 电磁感应

学习目标
- 认识电磁感应现象。
- 写出电磁感应定律的表达式，计算感应电动势。
- 会应用右手定则判断感应电动势的方向。

1820年奥斯特发现电流的磁效应以后，人们很自然地想到：既然电流能产生磁场，磁场能否产生电流呢？许多科学家开始不懈地探索。1831年，法拉第终于发现了由磁场产生电流的条件和规律，即电磁感应现象。那么，电磁感应的大小与哪些因素有关？电磁感应的方向又如何判断呢？

4.5.1 电磁感应现象

【实验1】如图4.22所示，在匀强磁场中放置一根导体AB，导体AB的两端分别与灵敏电流计的接线柱连接形成闭合回路。当导体AB在磁场中做切割磁感线运动时，电流计指针偏转，表明闭合回路有电流流过；当导体AB平行于磁感线方向运动时，电流计指针不偏转，表明闭合回路没有电流流过。

【实验结论】闭合回路中的一部分导体相对于磁场做切割磁感线运动时，回路中有电流流过。

【实验2】如图4.23所示，空心线圈的两端分别与灵敏电流计的接线柱连接形成闭合回路。当用条形磁铁快速插入线圈时，电流计指针偏转，表明闭合回路有电流流过；当条形磁铁静止不动时，电流计指针不偏转，表明闭合回路没有电流流过；当条形磁铁快速拔出线圈时，电流计指针偏转，表明闭合回路有电流流过。

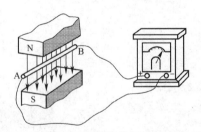

图4.22 导体相对于磁场做切割磁感线运动

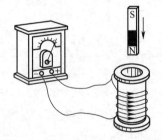

图4.23 条形磁铁在磁场中运动

【实验结论】闭合回路中的磁通发生变化时，回路中有电流流过。

因此，不论是闭合回路的一部分导体做切割磁感线运动，还是闭合回路中的磁场发生变化，穿过线圈的磁通都发生变化。可以得出结论：不论用什么方法，只要穿过闭合回路的磁通发生变化，闭合回路就有电流产生。这种利用磁场产生电流的现象称为电磁感应现象，用电磁感应的方法产生的电流称为感应电流。

4.5.2 法拉第电磁感应定律

要使闭合回路有电流流过，电路中必须有电源，电流是由电源电动势产生的。在电磁感应现象中，既然闭合回路有感应电流，这个回路中就必然有电动势存在。在电磁感应现象中产生的电动势称为**感应电动势**。产生感应电动势的那部分导体就相当于电源，如图 4.22 所示的导体 AB 和图 4.23 所示的线圈就相当于电源。只要知道感应电动势的大小，感应电流就可以根据闭合电路的欧姆定律计算出来。

实验证明：感应电动势的大小与磁通变化的快慢有关。磁通变化的快慢称为磁通的变化率，即单位时间内磁通的变化量。法拉第电磁感应定律的内容是：电路中感应电动势的大小，与穿过这一电路的磁通的变化率成正比，用公式表示为

$$e = \frac{\Delta \Phi}{\Delta t} \tag{4-10}$$

如果线圈的匝数为 N，那么，线圈的感应电动势为

$$e = N \frac{\Delta \Phi}{\Delta t} \tag{4-11}$$

式中：e——线圈在 Δt 时间内产生的感应电动势，单位是伏特（V）；

$\Delta \Phi$——线圈在 Δt 时间内磁通的变化量，单位是韦伯（Wb）；

Δt——磁通变化所需要的时间，单位是秒（s）；

N——线圈的匝数。

【例 4.3】一个 600 匝的线圈，在 0.1s 时间内，线圈的磁通由 0 增加到 5×10^{-4}Wb，求线圈的感应电动势。

解：线圈的感应电动势为

$$e = N \frac{\Delta \Phi}{\Delta t} = 600 \times \frac{5 \times 10^{-4}}{0.1} = 3 \text{（V）}$$

 注意

当闭合回路的一部分导体做切割磁感线运动时，如果导体的运动方向与磁场方向的夹角是 α，如图 4.24 所示，那么，导体产生的感应电动势的一般表达式为

$$e = BLv\sin\alpha$$

式中：e——导体产生的感应电动势，单位是伏特（V）；

B——磁感应强度，单位是特斯拉（T）；

L——导体做切割磁感线运动的有效长度，单位是米（m）；

v——导线的运动速度，单位是米/秒（m/s）；

α——导体的运动方向与磁场方向的夹角。

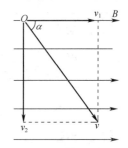

图 4.24 导体运动方向与磁场方向的夹角 α

科学家小传

法拉第（1791—1867 年），19 世纪电磁学领域中最伟大的实验物理学家。

　　法拉第最伟大的贡献是发现电磁感应现象及电解的有关规律，即法拉第电磁感应定律和法拉第电解定律。1831 年，法拉第发明了一种电磁电流发生器，即原始的发电机。这是 19 世纪最伟大的发现之一，在科学技术史上具有划时代的意义。法拉第的另一贡献是提出了电场和磁场的概念。

*4.5.3　右手定则

　　闭合回路的一部分导体做切割磁感线运动时，感应电流（感应电动势）的方向可以用楞次定律判定，但用右手定则判定更为简便。伸出右手，让大拇指与四指在同一平面内，大拇指与四指垂直，让磁感线垂直穿过手心，大拇指指向导体运动方向，那么，四指所指的方向，就是感应电流的方向，如图 4.25 所示。

⌐ 综合案例 ∟

　　如图 4.26 所示，设匀强磁场的磁感应强度 B 为 0.5T，导体在磁场中的有效长度 L 为 40cm，导体向右做切割磁感线运动的速度 v 为 10m/s，导体电阻 R 为 4Ω。求：（1）感应电动势的大小；（2）感应电流的大小和方向；（3）电阻消耗的功率。

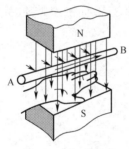
图 4.25　右手定则

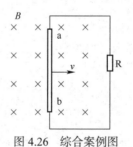
图 4.26　综合案例图

思路分析

　　由图 4.26 可知，导体的运动方向与磁场方向的夹角为 90°。因此，本案例可直接应用导体切割磁感线产生的感应电动势公式 $e=BLv$ 求出感应电动势的大小，再根据欧姆定律求出感应电流的大小，用右手定则判断感应电流方向，应用电功率公式求出电阻消耗的功率。

优化解答

（1）导体的感应电动势为

$$e=BLv=0.5×0.4×10=2（V）$$

（2）导体的感应电流为

$$I=\frac{e}{R}=\frac{2}{4}=0.5（A）$$

应用右手定则，确定感应电流的方向为沿着导体从 b 到 a。

（3）电阻消耗的功率

$$P=I^2R=0.5^2\times4=1（\text{W}）$$

小结

产生电磁感应现象的条件是穿过闭合回路的磁通发生变化。感应电动势的大小用法拉第电磁感应定律计算，$e=N\dfrac{\Delta\Phi}{\Delta t}$。

*4.6 电感器

学习目标

◎ 认识自感现象，说出电感的意义，写出磁场能的表达式。

◎ 知道常用电感器的类型，熟悉常用电感器的符号、功能和典型应用。

◎ 熟悉常用电感器的型号，会识别电感器的主要参数。

电感器是电路的三种基本元件之一。用导线绕制而成的线圈就是一个电感器。电感器也是一个储能元件。与电容器相比，电感器有哪些特点？电感器的主要参数有哪些？如何判断电感器的好坏呢？

4.6.1 自感

1. 自感现象

【实验1】如图 4.27 所示，HL_1、HL_2 是两个完全相同的灯泡，L 是一个电感较大的线圈，调节可变电阻 R 使灯泡 HL_1、HL_2 亮度相同。当开关 S 闭合瞬间，与可变电阻 R 串联的灯泡 HL_2 立刻正常发光，与电感线圈 L 串联的灯泡 HL_1 逐渐变亮。

【实验现象分析】当开关 S 闭合瞬间，通过线圈的电流由零增大，穿过线圈的磁通也随之增大。根据电磁感应定律，线圈中必然产生感应电动势，这个感应电动势要阻碍线圈中电流的增大。因此，通过 HL_1 的电流要逐渐增大，HL_1 逐渐变亮。

【实验2】如图 4.28 所示，灯泡 HL 与铁心线圈 L 并联在直流电源上。当开关 S 闭合后，灯泡正常发光，接着马上将开关 S 断开。在开关 S 断开的瞬间，灯泡不是立即熄灭，而是发出更强的光，然后再慢慢熄灭。

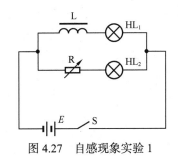

图 4.27　自感现象实验 1

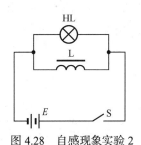

图 4.28　自感现象实验 2

【**实验现象分析**】开关 S 断开瞬间，通过线圈的电流突然减小，穿过线圈的磁通也随之减小，线圈产生很大的感应电动势，与 HL 组成闭合电路，产生很强的感应电流，使灯泡发出短暂的强光。

从上面的实验可以发现，当线圈中的电流变化时，线圈本身就产生了感应电动势，这个电动势总是阻碍线圈中电流的变化。这种**由于线圈本身电流发生变化而产生电磁感应的现象称为自感现象，简称自感**。在自感现象中产生的感应电动势，称为**自感电动势**。

⌐ 应用 ⌐

自感现象在各种电气设备和电子技术中有着广泛的应用。如日光灯电路中利用镇流器的自感现象，获得点燃灯管所需要的高压；无线电技术中常用电感线圈和电容器组成滤波电路和谐振电路。

自感现象也有不利的一面。在自感系数很大而电流又很强的电路中，在切断电源瞬间，由于电流在很短的时间内发生了很大变化，因此会产生很高的自感电动势，在断开处形成电弧，这不仅会烧坏开关，甚至会危及工作人员的安全。因此，切断这类电源必须采用特制的安全开关。图4.29所示为带有完善灭弧装置的高压断路器。

图 4.29　高压断路器

2. 自感系数

自感电动势的大小除了与流过线圈的电流变化快慢有关以外，还与线圈本身的特性有关。对于同样的电流，若线圈的尺寸、匝数等发生变化，则产生的自感电动势也随之发生变化。线圈的这种特性用**自感系数**来表示。自感系数，简称**电感**，用字母 L 表示。电感的单位是亨利，用符号 H 表示。其常用单位有毫亨（mH）、微亨（μH）。

$$1H=10^3mH=10^6\mu H$$

线圈的电感是由线圈本身的特性所决定的，它与线圈的尺寸、匝数和媒介质的磁导率有关，而与线圈中有无电流及电流的大小无关。线圈的横截面积越大，线圈越长，匝数越多，它的电感就越大。有铁心的线圈的电感比空心线圈要大得多，工程上常在线圈中放置铁心或磁心来获得较大的电感。

3. 磁场能

电感线圈也是一个储能元件。当线圈中通有电流时，线圈中就要储存磁场能量，通过线圈的电流越大，储存的能量就越多。在通有相同电流的线圈中，电感越大的线圈，储存的能量越多，因此线圈的电感也反映了它储存磁场能量的能力。

理论和实验证明：线圈中储存的磁场能量与通过线圈的电流的平方成正比，与线圈的电感成正比，用公式表示为

$$W_L=\frac{1}{2}LI^2 \tag{4-12}$$

⌐ 注意 ⌐

与电场能量相比，磁场能和电场能有许多相同的特点。

（1）磁场能量和电场能量在电路中的转换是可逆的。如随着电流的增大，线圈的磁场增强，储存的磁场能量增多；随着电流的减小，磁场减弱，磁场能通过电磁感应的作用，又转换为电能。因此，线圈和电容器一样是储能元件，而不是电阻类的耗能元件。

（2）磁场能量的计算公式，在形式上与电场能量的计算公式相似。

4.6.2 常用电感器

电感器是用绝缘导线绕成一匝或多匝以产生一定自感量的电子元件，常称电感线圈，简称线圈。电感器是电磁感应元件，也是电子电路中常用的元器件之一。它在电路中用字母"L"表示。电感器在电子线路中应用广泛，主要作用是对交流信号进行隔离、滤波或与电容器、电阻器等组成谐振电路，实现振荡、调谐、耦合、滤波、延迟、偏转等。

最原始的电感器是 1831 年物理学家法拉第用以发现电磁感应现象的铁心线圈。1832 年，物理学家亨利发表了关于自感应现象的论文。人们把电感量的单位称为亨利，简称亨。19 世纪中期，电感器在电报、电话等装置中得到实际应用。1887 年物理学家赫兹、1890 年物理学家特斯拉在实验中所用的电感器都是非常著名的，分别称为赫兹线圈和特斯拉线圈。

1. 电感器的分类

电感器的种类较多，分类如下。

① 按结构形式分，有固定电感器、可调电感器。

② 按导磁体性质分，有空心电感器、铁心电感器、磁心电感器、铜心电感器。

③ 按绕线结构分，有单层线圈、多层线圈、蜂房式线圈。

④ 按用途分，有天线线圈、振荡线圈、扼流线圈、陷波线圈、偏转线圈。

常用的电感器有空心电感器、铁心电感器、磁心电感器和可调电感器等。

（1）空心电感器

空心电感器，又称空心电感线圈，由导线一圈靠一圈地绕在绝缘管上，导线彼此互相绝缘，绝缘管是空心的。其实物如图 4.30 所示，图形符号如图 4.31 所示。实际应用中，根据需要可随时用漆包线绕制空心电感器，其电感量的大小由绕制匝数的多少来调整。空心电感器电感量较小，无记忆，但很难达到磁饱和，常用于高频电路。

图 4.30 空心电感器　图 4.31 空心电感器图形符号

（2）磁心电感器

磁心电感器，又称磁心电感线圈，由漆包线环绕在磁心或磁棒上制成。其实物如图 4.32 所示，图形符号如图 4.33 所示。磁心电感器电感量大，常用在滤波电路中，广泛应用于电视机、摄像机、录像机、通信设备、办公自动化设备等电子电路中。

（3）铁心电感器

铁心电感器，又称铁心电感线圈。铁心电感器由漆包线环绕在铁心上制成。其实物如图 4.34

所示，图形符号与磁心电感器相同，如图 4.33 所示。这类电感器有时又称为扼流圈，主要用于电源供电电路中，用于隔离或滤波。

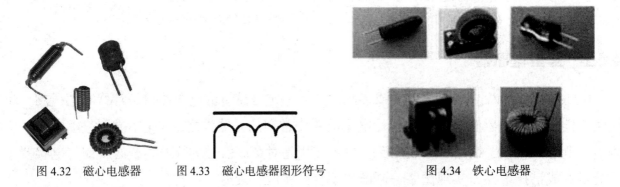

图 4.32　磁心电感器　　　图 4.33　磁心电感器图形符号　　　　　　图 4.34　铁心电感器

（4）可调电感器

可调电感器，又称可调电感线圈，是在线圈中加装磁心，并通过调节其在线圈中的位置来改变电感量的。其实物如图 4.35 所示，图形符号如图 4.36 所示。它体积小，损耗小，分布电容小，电感量可在所需范围内调节，常用于半导体收音机用振荡线圈、电视机用行振荡线圈、行线性线圈、中频陷波线圈、音响用频率补偿线圈、阻波线圈等。

图 4.35　可调电感器　　　图 4.36　可调电感器图形符号

可调电感器又分为磁心可调电感器、铜心可调电感器、滑动接点可调电感器、串联互感可调电感器和多抽头可调电感器。

⌐ 提示 ∟ 🌿

改变电感大小的方法通常有两种：

（1）采用带螺纹的软磁铁氧体，改变铁心在线圈中的位置；

（2）采用滑动开关，改变线圈匝数，从而改变电感器的电感量。

2. 电感器的型号及主要参数

（1）电感器的型号

电感器的型号一般由 4 部分组成，各部分的含义如图 4.37 所示。

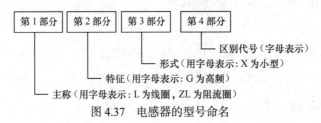

图 4.37　电感器的型号命名

如 LGX1 型电感器，"L"表示电感器，"G"表示高频，"X"表示小型，"1"表示其序号为 1，故 LGX1 型电感器为小型高频电感器。

（2）电感器的主要参数

电感器的主要参数有标称电感量、允许误差和额定电流。

① 标称电感量。标称电感量是指电感器表面所标的电感量。与电阻器、电容器一样，电感器的标称电感量国家也规定了一系列数值作为产品的标准，如 E2 系列的标称电感量 1、1.2、1.5、1.8、2.2、2.7、3.3、3.9、4.7、5.6、6.8、8.2。

② 允许误差。标称电感量与实际电感量的差值与标称电感量之比的百分数称为允许误差，它表示电感器的精度。电感器的误差等级有 Ⅰ（±5%）、Ⅱ（±10%）、Ⅲ（±20%）。

③ 额定电流。额定电流是指电感器正常工作时，允许通过的最大电流。若工作电流大于额定电流，电感器会因发热而改变参数，严重时会烧毁。

（3）电感器主要参数的标注方法

电感器主要参数的标注方法有直标法、数码法和色标法。通常体积较大的电感器用直标法和数码法标注，体积较小的电感器用色标法标注。

① 直标法。直标法是指在电感器的外壳上直接用文字标注出电感器的主要参数，如电感量、误差值、最大工作电流等。电感器直标法的识读如图 4.38 所示。其中，最大工作电流常用字母 A、B、C、D、E 等标注，电流与字母的对应关系见表 4.3。

表 4.3	电感器的工作电流与字母的对应关系				
字　母	A	B	C	D	E
最大工作电流/mA	50	150	300	700	1 600

图 4.38（a）所示的电感器，外壳上标有"12μH、Ⅰ、A"等字样，则表示其电感量为 12μH，误差为 Ⅰ 级（±5%），最大工作电流为 A 挡（50mA）。图 4.38（b）所示的电感器，外壳上标有"9μH、6A"等字样，则表示其电感量为 9μH，最大工作电流为 6A。图 4.38（c）所示的电感器，只标注了电感量，其值为 68mH。

 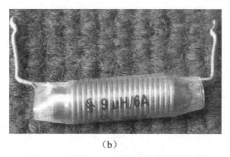 

|（a）|（b）|（c）|

图 4.38　电感器直标法

② 数码法。数码法是在电感器上采用 3 位数码表示标称电感值的方法。数码从左到右，第 1 位、第 2 位表示电阻的有效值，第 3 位表示指数，即零的个数，小数点用 R 表示，单位为微亨（μH）。一般贴片电感器的标称电感值，用数码法表示。如图 4.39 所示，电感器外壳上标有"223、D"等字样，则表示其电感量为 22 000μH（22mH），最大工作电流为 D 挡（700mA）。

图 4.39　电感器数码法

③ 色标法。色标法是指在电感器的外壳涂上各种不同颜色的环，用来标注其主要参数。电感器色标法的数字与颜色的对应关系和色环电阻器色标法相同，可参见表 1.9。如图 4.40 所示，第 1 条色环表示电感量的第 1 位有效数字，第 2 条色环表示第 2 位有效数字，第 3 条色环表示倍率（即 10^n），第 4 条色环表示误差，其单位为微亨（μH）。图 4.41 所示的电感器，色环按顺序排列依次为黄、紫、黑、银，则表示其电感量为 47×10^0 μH，允许误差为 ±10%。

图 4.40　电感器色标法　　　　图 4.41　色码电感器

⌋ 提示 ⌊

电阻器、电容器、电感器使用的色环颜色代表的数字都是相同的，只是电感器代表的单位是"微亨"。
在工程上，凡是用色标法标注的电感器称为色码电感器。由于色码电感器均为小型固定电感器，所以色码电感器也泛指小型固定电感器。

科学家小传

亨利（1797—1878 年），物理学家。

　　亨利在物理学方面的主要成就是对电磁学的独创性研究。亨利制成了强电磁铁，为改进发电机打下了基础；比法拉第早一年发现电磁感应现象；发现了自感现象；亨利的电磁铁为电报机的发明做出了贡献，实用电报的发明者莫尔斯和惠斯通都采用了亨利发明的继电器。为纪念亨利，电感的单位用亨利命名。

*4.7　互感

学习目标
◉ 认识互感现象。
◉ 理解同名端，会判定同名端。
◉ 认识涡流。

　　互感现象是一种特殊的电磁感应现象。自感是线圈自身变化发生的电磁感应现象。与自感现象相比，互感现象反映的是两个或多个线圈发生的电磁感应，两者的本质是一样的。什么是互感现象？什么是同名端？什么是涡流？

4.7.1　互感现象

　　【实验】如图 4.42 所示，A、B 是两个互相独立的线圈，线圈 B 套在线圈 A 的外面，线圈 A 与

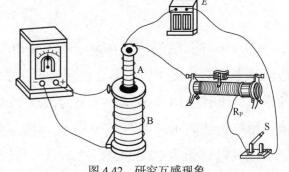

图 4.42　研究互感现象

开关 S、滑动变阻器 R_P 及直流电源 E 串联组成闭合电路，线圈 B 与灵敏电流计串联组成闭合回路。在开关 S 闭合的瞬间，灵敏电流计指针偏转。当线圈 A 电路中电流稳定时，灵敏电流计指针不偏转。当改变滑动变阻器 R_P 的阻值时，灵敏电流计指针偏转。在开关 S 断开瞬间，灵敏电流计指针偏转。

【实验现象分析】 在开关 S 闭合或断开瞬间，线圈 A 中的电流发生了变化，线圈 A 中的磁通随之发生变化，穿过线圈 B 的磁通也随之发生变化，线圈 B 就产生了感应电动势。当改变滑动变阻器 R_P 的阻值时，线圈 A 中的电流也发生变化，线圈 B 也就产生了感应电动势。

从上面的实验可以发现，当线圈 A 中的电流发生变化时，线圈 B 产生了感应电动势。由于一个线圈的电流变化，导致另一个线圈产生感应电动势的现象，称为互感现象。在互感现象中产生的感应电动势，称为互感电动势。

应用

互感现象在电力工程和电子技术中有着广泛的应用。常用的电源变压器、电流互感器、电压互感器、中周变压器、钳形电流表等都是根据互感原理工作的。图 4.43 所示为用于测量高电压的电压互感器。

互感现象也有不利的一面。在电子技术中，若线圈位置安放不当，各个线圈会因互感而相互干扰，影响设备的正常工作。为此，需要进行磁屏蔽。

图 4.43　电压互感器

4.7.2　同名端

1. 互感线圈的同名端

在工程上，对两个或两个以上的有电磁耦合的线圈，常常需要知道互感电动势的极性。**互感线圈由于电流变化所产生的自感电动势极性与互感电动势的极性始终保持一致的端点称为同名端，反之称为异名端。**

在电路中，一般用"•"表示同名端，如图 4.44 所示。在标出同名端后，每个线圈的具体绕法和它们之间的相对位置就不需要再在图上表示出来了。

图 4.44　同名端的表示法

2. 同名端的判定方法

同名端可根据线圈绕向判定。 如图 4.45 所示，线圈 L_1 通有电流 i，并且电流随时间增加时，电流 i 所产生的自感磁通和互感磁通也随时间增加。由于磁通的变化，线圈 L_1 中要产生自感电动势，线圈 L_2 中要产生互感电动势。以磁通 Φ 作为参考方向，应用右手螺旋定则，则线圈 L_1 上的自感电动势 A 点为正极性点，B 点为负极性点；线圈 L_2 上的自感电动势 C 点为正极性点，D 点为负极性点。由此可见，A 与 C 的极性相同，B 与 D 的极性相同。当电流 i 减小时，L_1、L_2 中的感应电动势方向都反了过来，但端点 A 与 C 的极性仍然相同，B 与 D 的极性仍然相同。因此，无论电流从哪一端流入线圈，大小变化如何，A 与 C 的极性及 B 与 D 的极性都保持一致，即线圈绕向一致的 A 与 C 为同名端、B 与 D 为同名端。

同名端也可以用实验法判定。若不知道线圈的具体绕法，可以用实验法来判定。图 4.46 所示为判定同名端的实验电路。当开关 S 闭合时，电流从线圈的端点 1 流入，且电流随时间增大。若此时电流表的指针向正方向偏转，说明 1 与 3 是同名端，否则 1 与 3 是异名端。

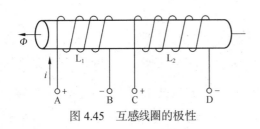

图 4.45　互感线圈的极性

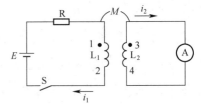

图 4.46　判定同名端的实验电路

4.7.3　涡流

把块状金属放在交变磁场中，金属块内将产生感应电流。这种电流在金属块内自成回路，像水的旋涡，因此称为涡电流，简称涡流。

由于整块金属电阻很小，所以涡流很大，不可避免地使铁心发热，温度升高，引起材料绝缘性能下降，甚至破坏绝缘造成事故。铁心发热，还会使一部分电能转换为热能白白浪费，这种电能损失称为涡流损失。

在电动机、电器的铁心中，完全消除涡流是不可能的，但可以采取有效措施尽可能地减小涡流。为减小涡流损失，电动机和变压器的铁心通常不用整块金属，而用涂有绝缘漆的薄硅钢片叠压制成。这样涡流被限制在狭窄的薄片内，回路电阻很大，涡流大为减小，从而使涡流损失大大降低。

铁心采用硅钢片，是因为这种钢比普通钢电阻率大，可以进一步减少涡流损失。硅钢片的涡流损失只有普通钢片的 1/5～1/4。

应用

　　　　在一些特殊场合，涡流也可以被利用，如可用于有色金属和特种合金的冶炼。利用涡流加热的电炉叫高频感应炉，如图 4.47 所示。它的主要结构是一个与大功率高频交流电源相接的线圈，被加热的金属就放在线圈中间的坩埚内。当线圈中通以强大的高频电流时，它的交变磁场在坩埚内的金属中产生强大的涡流，发出大量的热，使金属熔化。

图 4.47　高频感应炉

*4.8　技能训练：电感的测量

学习目标

● 学会电感的测量方法，会正确使用万用表的电阻挡检测电感器。

情景模拟

小尤的表哥今年从中职学校电工专业毕业了。暑假里，表哥来到小尤家，两人一起想打开计算机查找资料。插上电源后，计算机怎么也无法开启。于是，两人一起找来工具，拆开了计算机主机箱。表哥经过观察和测量，发现是计算机主机电源电路中的电感器出问题了。表哥是怎么知道电感器坏了？电感器里有哪些秘密呢？

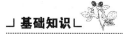 **基础知识**

知识链接 1 用万用表检测电感器直流电阻的方法

用万用表的适当欧姆挡来检测线圈的直流电阻，如图 4.48 所示。一般电感器的直流电阻值应较小，低频扼流圈的直流电阻值相对较大。若测量阻值为无穷大，则表明电感器断路；若测量阻值为零，则表明电感器线圈完全短路。

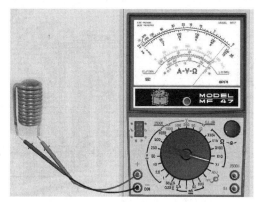

图 4.48　用万用表测量电感器直流电阻

知识链接 2 检查电感器绝缘的方法

对于低频扼流圈，应检查线圈和铁心之间的绝缘电阻，即测量线圈引线与铁心或金属屏蔽罩之间的电阻，阻值应为无穷大，否则说明该电感器绝缘不良。

➤ 实践操作

✓ **认一认　认识电感器的种类和符号**

仔细观察各种不同类型、规格的电感器的外形，从所给的电感器中任选 5 个，并将电感器的名称、特点填入表 4.4。

表 4.4　　　　　　　　　　　　　　　　电感器的识别

序号	1	2	3	4	5
名称					
符号					
电感量					
额定电流					
特点					

✓ **判一判　判断电感器好坏**

检测电感器好坏，并将结果填入表 4.5。

表 4.5	检测电感器好坏	
序号	检测现象	好坏判别
1		
2		
3		

> 训练总结

请把电感测量的收获及体会写在表 4.6 中，并完成评价。

表 4.6	电感的测量训练总结表				
课题	电感的测量				
班级		姓名		学号	日期
训练收获					
训练体会					
训练评价	评定人	评语		等级	签名
	自己评				
	同学评				
	老师评				
	综合评定等级				

> 训练拓展

✧ **拓展 1　电感器外观的检查**

检测电感器之前，可先对电感器的外观、结构进行仔细的检查，查看电感器外形是否完好无损；磁性材料有无缺损、裂缝；金属屏蔽罩是否有腐蚀氧化现象；线圈绕组是否清洁干燥；导线绝缘漆有无刻痕划伤；接线有无断裂；铁心有无氧化等。对于可调节磁心的电感器，可用螺柱轻轻转动磁帽，旋转应既轻松又不打滑。但应注意转动后要将磁帽调回原处，以免电感量发生变化。

✧ **拓展 2　用万用表检测电感器电感量**

有些万用表的刻度盘上不仅有电容量刻度线，而且还有如图 4.49 所示的电感量刻度线。测量时，将万用表的量程选择开关旋至说明书所规定的某个交流电压挡（交流 5V），将 10V 交流辅助电源和被测电感器串联后，接入万用表"交流 5V"挡上，如图 4.50 所示，在表的刻度盘上便可直接读出电感量的数值，并将此值与电感器的标称值做比较，判断电感器是否正常。

图 4.49　交流 5V 挡电感量刻度线

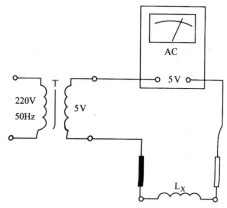

图 4.50 电感器电感量的测量方法

 本章小结

本章学习了磁场和磁路的基本知识,学习了磁场对电流的作用以及电磁感应现象产生的条件和基本定律,还学习了自感与互感现象。电磁理论是机电能量转换的基础,在生产和生活中有广泛的应用,要很好地理解和掌握。

第 4 章知识要点解读

1. 什么是磁体和磁极?磁极之间的相互作用力怎样?磁感线如何形象地描述磁场?

2. 什么是电流的磁效应?电流产生的磁场方向如何判断?

3. 定性描述磁场的物理量有哪些?匀强磁场中,磁通与磁感应强度关系如何?写出它们的关系式。什么是磁导率?什么是磁场强度?

4. 磁场对通电直导线的作用力方向如何判断?写出作用力大小的表达式。

5. 什么是电磁感应现象?什么是感应电动势?什么是感应电流?产生电磁感应现象的条件是什么?

6. 感应电动势的大小可用法拉第电磁感应定律来计算。法拉第电磁感应定律的内容是什么?写出它的表达式。

7. 什么是自感现象?什么是互感现象?

8. 常见的电感器有哪些?你认识它们吗?会写出它们的符号吗?知道它们的用途吗?完成表 4.7。

表 4.7 常见电感器比较表

序号	名称	符号	主要用途
1	空心电感器		
2	磁心电感器		
3	铁心电感器		
4	可调电感器		
5	高频扼流线圈	—	
6	低频扼流线圈	—	
7	色码电感器	—	

9. 电感器的电感量标注方法有哪些？你能识读电感器的电感量吗？完成表4.8。

表4.8   电感器的电感量的标注方法比较表

序号	标注方法	电感量识读要点
1	直标法	
2	数码法	
3	色标法	

思考与练习

一、填空题

1. 物体具有吸引铁、钴、镍等物质的性质称为_____，具有磁性的物体称为_____。

2. 磁体两端磁性最强的区域称为_____，任何磁体都有两个磁极，即_____。

3. 磁极之间存在相互作用力，同名磁极_____，异名磁极_____。

4. 磁极之间存在的相互作用力是通过_____传递的，_____是磁体周围存在的特殊物质。

5. 电荷之间的相互作用力是通过_____发生的，电流与电流之间的相互作用力是通过_____发生的。

6. 定量地描述磁场在一定面积的分布情况的物理量是_____，定量地描述磁场中各点的强弱和方向的物理量是_____。在匀强磁场中，它们之间的关系是_____。

7. 磁导率就是一个用来表示_____导磁性能的物理量，单位是_____。真空中的磁导率为_____。

8. 铁磁物质可分为_____材料、_____材料和_____材料3类。

9. 通电导体在磁场中所受的作用力称为_____，也称_____。

10. 从本质上讲，电磁力是_____和通电导线周围形成的磁场相互作用的结果。

11. 长度为 L 的直导线，通过的电流为 I，放在磁感应强度为 B 的匀强磁场中，使其受到的磁场力为 IBL 的条件是_____。

12. 磁场对通电直导体产生电磁力，电磁力的大小 $F =$ _____，磁场对通电矩形线圈产生电磁转矩，转矩的大小 $M =$ _____，电磁力方向用_____判断。

13. 利用磁场产生电流的现象称为_____，用电磁感应的方法产生的电流称为_____。

14. 感应电动势的大小与穿过闭合回路的_____成正比，这就是_____定律。

15. 闭合回路中的一部分导体相对于磁场做_____运动时，回路中有电流流过。

16. 由电磁感应产生的电动势称为_____，由感应电动势在闭合回路中的导体中引起的电流称为_____。

17. 由于线圈本身电流发生_____而产生电磁感应的现象称为自感现象，在自感现象中产生的感应电动势，称为_____。

18. 电感器的文字符号用_____表示。

19. 常用的电感器有_____、_____、磁心电感器和_____等。

20. 图 4.51 所示的图形符号是＿＿＿＿＿＿。

图 4.51　填空题 20 图

21. 电感器型号命名中，第 1 部分表示＿＿＿＿＿＿，字母 L 代表的是＿＿＿＿＿＿；第 2 部分表示＿＿＿＿＿，字母 G 代表的是＿＿＿＿＿＿；第 3 部分表示＿＿＿＿＿，字母 X 代表的是＿＿＿＿＿＿。

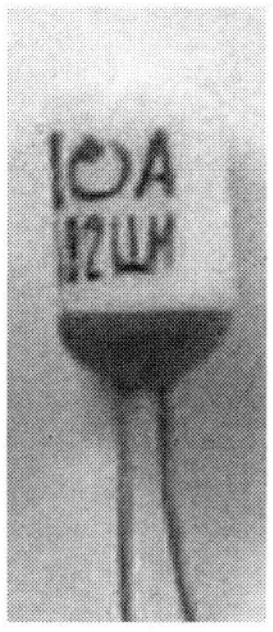

22. 电感器的主要参数有＿＿＿＿＿＿、允许误差和＿＿＿＿＿＿。

23. 图 4.52 所示的电感器，外壳上标有"$12\mu H$、Ⅰ、A"等字样，则该电感器的标称电感量为＿＿＿＿＿＿＿＿，电感器的允许误差为＿＿＿＿＿＿＿，最大工作电流为＿＿＿＿＿＿＿。

图 4.52　填空题 23 图

24. 用色标法标注体积较小的电感器时，电感量的单位为＿＿＿＿＿＿。

二、选择题

1. 条形磁铁磁感应强度最强的位置是（　　　　）。

A. 磁铁两极　　　　　　　　　　　B. 磁铁中心点

C. 闭合磁力线中间位置　　　　　　D. 磁力线交汇处

2. 下列装置工作时，利用电流磁效应工作的是（　　　　）。

A. 电镀　　　　　B. 白炽灯　　　　　C. 电磁铁　　　　　D. 干电池

3. 判断电流的磁场方向时，用（　　　　）。

A. 安培定则　　　　B. 左手定则　　　　C. 右手定则　　　　D. 上述 3 个定则均可以

4. 电机、变压器、继电器等铁心常用的硅钢片是（　　　　）。

A. 软磁材料　　　　B. 硬磁材料　　　　C. 矩磁材料　　　　D. 导电材料

5. 判断磁场对通电导体的作用力方向是用（　　　　）。

A. 右手定则　　　　B. 右手螺旋定则　　　　C. 左手定则　　　　D. 楞次定律

6. 产生感应电流的条件是（　　　　）。

A. 导体做切割磁感线运动

B. 闭合电路的一部分导体在磁场中做切割磁感线运动

C. 闭合电路的全部导体在磁场中做切割磁感线运动

D. 闭合电路的一部分导体在磁场中沿磁感线运动

7. 在电磁感应现象中，能量的转换关系是（　　　　）。

A. 电能转换成机械能　　　　　　　B. 机械能转换成电能

C. 化学能转换成电能　　　　　　　D. 电能转换成化学能

8. 如图 4.53 所示，闭合回路中的一部分导体在磁场中运动，感应电流方向的标注正确的是（　　　　）。

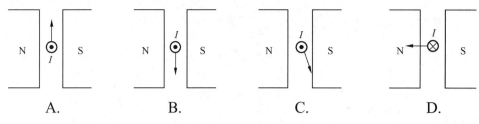

图 4.53 选择题 8 图

9. 关于自感电动势的方向，正确的说法是（　　）。

A. 它总是与原电流方向相同　　　　　　　B. 当原电流增大时，它与原电流方向相同

C. 它总是与原电流方向相反　　　　　　　D. 当原电流减小时，它与原电流方向相同

10. 互感系数与下列（　　）无关。

A. 两个线圈的匝数　　　　　　　　　　　B. 两个线圈的相对位置

C. 两线圈的绕向　　　　　　　　　　　　D. 两线圈周围的介质

11. 电感量的单位为（　　）。

A. 亨利　　　　　　B. 法拉　　　　　　C. 赫兹　　　　　　D. 特斯拉

12. 如图 4.54 所示电感器的图形符号中，铁心电感器的图形符号是（　　）。

图 4.54 选择题 12 图

13. 型号为 LGX1 型的电感器为（　　）。

A. 大型低频电感器　　B. 大型高频电感器　　C. 小型低频电感器　　D. 小型高频电感器

14. 电感器的误差等级为 Ⅱ，其允许误差为（　　）。

A. ±2%　　　　　　B. ±5%　　　　　　C. ±10%　　　　　　D. ±20%

三、综合题

1. 判断图 4.55 所示线圈通电后的磁场方向。

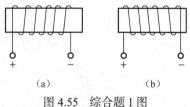

图 4.55 综合题 1 图

2. 判断图 4.56 所示线圈通电后电源的极性。

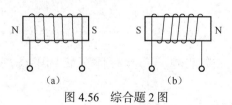

图 4.56 综合题 2 图

3. 为保证图 4.57 所示磁铁的极性，请正确连接铁心上两个线圈与导线。

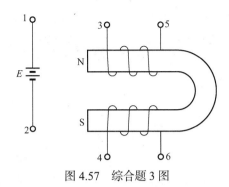

图 4.57 综合题 3 图

4. 画出图 4.58 所示各通电导体在磁场中受力 F 的方向。

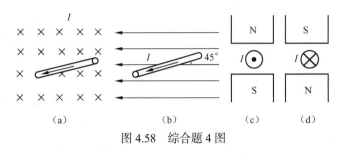

图 4.58 综合题 4 图

5. 如图 4.59 所示，导体以速度 v 在磁场中运动，请判断产生感应电动势的方向。

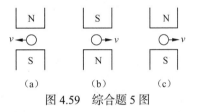

图 4.59 综合题 5 图

第 5 章

单相正弦交流电路

在日常生活和工农业生产中，用得最多的是交流电。因为与直流电相比，交流电有许多优点：发电机产生的是交流电；在电能的输送、分配和使用中起重要作用的变压器只能依靠交流电工作；作为动力的电动机，交流电动机比同样功率的直流电动机结构简单，维护使用方便……正是因为交流电的方便、经济，在工程上，即使是使用直流电的场合，大多数也是应用整流装置将交流电变换成直流电。

那么，交流电与直流电相比有哪些特点？它的分析方法有什么不同？一起来认识和探究交流电吧。

知识目标

- 了解正弦交流电的概念，理解正弦交流电的三要素。
- 掌握正弦交流电的表达方法，会比较同频率正弦交流电的相位。
- 掌握纯电阻、纯电感、纯电容电路的特点。
- 掌握 RLC 串、并联电路的特点，了解提高功率因数的意义和方法。
- 理解电路谐振的概念和特点。

技能目标

- 会应用纯电阻、纯电感、纯电容交流电路的特点分析单一元件交流电路。
- 会应用 RLC 串、并联交流电路的特点分析实际交流电路。
- 会应用电路谐振的特点分析谐振电路。
- 会安装双联开关控制一盏灯电路和单相电源配电板。

5.1 正弦交流电的基本物理量

学习目标

- 知道最大值和有效值及它们之间的相互关系。
- 知道频率、周期和角频率及它们之间的相互关系。
- 知道初相位，会比较同频率正弦交流电的相位关系。

在电路中，大小和方向随时间做周期性变化的电流和电压，分别称为交变电流和交变电压，统称交流电。交流电分为正弦交流电和非正弦交流电。大小和方向随时间按正弦规律变化的电压与电流，称为正弦交流电，如图 5.1（a）所示，即平时所说的单相交流电，其文字符号用字母"AC"表示，图形符号用"～"表示。大小和方向随时间不按正弦规律变化的电压与电流，称为非正弦交流电。常见的非正弦交流电有矩形波、三角波等，如图 5.1（b）和图 5.1（c）所示。交流电流与电压在变化过程中的任一瞬间，都有确定的大小和方向，称为交流电的瞬时值，分别用小写字母 i、u、e 表示交流电流、交流电压和交流电动势。

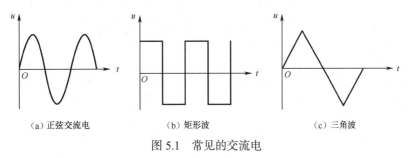

(a) 正弦交流电　　　　(b) 矩形波　　　　(c) 三角波

图 5.1　常见的交流电

正弦交流电的大小和方向随时间按正弦规律变化。比直流电要复杂。那么，如何完整地描述正弦交流电呢？

5.1.1　交流电变化的范围

1. 最大值

正弦交流电的大小和方向随时间按正弦规律变化。**正弦交流电在一个周期内所能达到的最大数值**，可以用来表示正弦交流电变化的范围，称为**交流电的最大值**，又称**振幅**、**幅值**或**峰值**，用带下标 m 的大写字母 I_m、U_m、E_m 分别表示电流、电压、电动势的最大值。

最大值在工程上具有实际意义。例如，电容器的额定工作电压（耐压）是指它能够承受的最大电压，把它接在交流电路中，其额定工作电压就要不小于交流电压的最大值；否则，就有可能被击穿。但在研究交流电的功率时，用最大值表示不够方便，它不适于表示交流电产生的效果。因此，在工程上通常用有效值来表示。

2. 有效值

交流电的有效值是根据电流的热效应来规定的。让直流电和交流电分别通过阻值相等的电阻，如果在相同的时间内产生的热量相等，如图 5.2 所示，则这一直流电的数值称为交流电的有效值，分别用大写字母 I、U、E 来表示电流、电压、电动势的有效值。例如，在

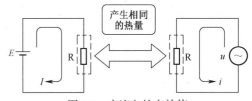

图 5.2　交流电的有效值

相同的时间内，某一交流电通过一个电阻产生的热量，与 5A 的直流电通过阻值相等的另一电阻产生的热量相等，那么，就认为这一交流电的有效值是 5A。

理论和实验证明，正弦交流电最大值与有效值的关系为

$$\boxed{最大值} = \sqrt{2}\,\boxed{有效值} \tag{5-1}$$

即　　　　$\begin{cases} I_m = \sqrt{2}I \\ U_m = \sqrt{2}U \\ E_m = \sqrt{2}E \end{cases}$ 或 $\begin{cases} I = \dfrac{1}{\sqrt{2}}I_m = 0.707I_m \\ U = \dfrac{1}{\sqrt{2}}U_m = 0.707U_m \\ E = \dfrac{1}{\sqrt{2}}E_m = 0.707E_m \end{cases}$

⌐ 提示 ⌐

最大值和有效值从不同角度反映交流电的强弱。通常所说的交流电流、电压、电动势的值，如果没有特殊说明都是指有效值。交流电气设备铭牌上所标的额定电压和额定电流都是指有效值。交流电流表、交流电压表上的指示值也是指有效值。

【例 5.1】我国动力用电和照明用电的电压分别为 380 V、220 V，它们的最大值分别是多少？

解： 动力用电的最大值

$$U_{m1} = \sqrt{2}\ U_1 = \sqrt{2} \times 380 \approx 537\ (\text{V})$$

照明用电的最大值

$$U_{m2} = \sqrt{2}\ U_2 = \sqrt{2} \times 220 \approx 311\ (\text{V})$$

⌐ 提示 ⌐

目前，我国供电系统中的照明电压为 220 V，是指电压的有效值为 220 V，其最大值为 311 V。因此，家用电动电器如洗衣机、电风扇中的启动电容器的额定工作电压要不小于 311 V，一般选 400 V 或 500 V。

5.1.2 交流电变化的快慢

1. 周期

正弦交流电完成一次周期性变化所需要的时间，称为正弦交流电的周期，通常用字母 T 表示，国际单位是秒，符号为 s。

2. 频率

正弦交流电在 1s 内完成周期性变化的次数，称为正弦交流电的频率，通常用 f 表示，国际单位是赫兹，符号为 Hz。频率的常用单位还有千赫（kHz）和兆赫（MHz）。

$$1\text{kHz} = 10^3\text{Hz}$$
$$1\text{MHz} = 10^6\text{Hz}$$

3. 角频率

正弦交流电每循环变化一次，交流电的电角度变化了 2π 弧度或 360°。正弦交流电在 1s 内变化的电角度，称为正弦交流电的角频率，用字母 ω 表示，单位是弧度/秒，符号为 rad/s。

角频率与周期、频率之间的关系为

$$\omega = 2\pi f = \frac{2\pi}{T} \tag{5-2}$$

$$f = \frac{1}{T} \tag{5-3}$$

我国供电系统中，交流电的频率为 50Hz，习惯上称为"工频"，其周期是 0.02s，角频率是 100π rad/s 或 314 rad/s。

交流电的频率，世界各国多采用 50Hz 和 60Hz。其中，欧洲为 50Hz；美国为 60Hz；日本为 50Hz 和 60Hz 两种都有。

【例 5.2】 某正弦交流电在 $\frac{1}{20}$ s 内循环变化了 3 次，它的周期、频率和角频率分别为多少？

【分析】 根据正弦交流电周期的定义先求出周期，再根据频率、角频率与周期的关系求出频率、角频率。

解：$T = \dfrac{\frac{1}{20}}{3} = \dfrac{1}{60}$（s）

$f = \dfrac{1}{T} = 60$（Hz）

$\omega = 2\pi f \approx 2 \times 3.14 \times 60 = 376.8$（rad/s）

│应用│

　　频率从几十赫（甚至更低）到 300GHz（吉赫）左右整个频谱范围内的电磁波，称为无线电波。无线电波按频率分为：极低频无线电波（30～300Hz）、音频无线电波（300～3 000Hz）、甚低频无线电波（超长波，3～30kHz）、低频无线电波（长波，30～300kHz）、中频无线电波（中波，300kHz～3MHz）、高频无线电波（短波，3～30MHz）、甚高频无线电波（超短波，30～300MHz）和微波（300MHz～300GHz）。随着科技的发展，各种频率的无线电波已被广泛应用于电报、电话、广播、通信、计算机、电视等领域。

　　微波是指频率为 300MHz～300GHz 的电磁辐射。微波是无线电波中的最高频率，因而又把微波称作超高频无线电波。第二次世界大战后，微波应用从军事方面扩展到工农业、医疗、科研领域并进入家庭。图 5.3 所示为日常生活使用的微波炉。微波炉是通过磁控管把低频率的高压直流电转变为 2 450MHz 高频率的微波，然后通过波导管将微波能输送到炉体。当用微波炉加热食品时，微波炉中的微波电场变化速度达每秒 24.5 亿次，食品中的水分子随其旋转、摆动次数也达每秒 24.5 亿次。分子的高速旋转摆动和互相摩擦产生的热量是非常高的，这就是微波的热力效应，也是微波炉使食品由生变熟、由凉变热的原理。

图 5.3　微波炉

科学家小传

赫兹（1857—1894 年），物理学家。

　　赫兹对人类最伟大的贡献是用实验证实了电磁波的存在。1888 年 1 月，赫兹发表了《论动电效应的传播速度》，轰动了全世界的科学界，成为近代科学史上的一座里程碑。赫兹的发现具有划时代的意义。它不仅证实了麦克斯韦发现的真理，更重要的是开创了无线电电子技术的新纪元。为了纪念他的卓越贡献，频率的单位命名为赫兹。

5.1.3　交流电变化的起点

1. 相位与初相位

　　正弦交流电每时每刻都在变化，其瞬时值的大小不仅仅是由时间 t 确定的，而是由 $\omega t + \varphi_0$ 确定的。这个相当于角度的量 $\omega t + \varphi_0$ 决定了正弦交流电的变化趋势，是正弦交流电随时间变化的核心部分，称为正弦交流电的相位，也称相角。

正弦交流电的
相位差

$t = 0$ 时的相位，称为初相位，简称初相，用字母φ_0表示。初相位反映的是正弦交流电的计时起点。所取计时起点不同，正弦交流电的初相位也不同。初相位φ_0的单位应与ωt的单位一样为弧度，但工程习惯上以度为单位，在计算时需将ωt与φ_0换成相同的单位。初相位φ_0的变化范围一般为$-\pi \leqslant \varphi_0 \leqslant \pi$。

2. 相位差与相位关系

两个交流电的相位之差称为正弦交流电的相位差，用 $\Delta\varphi$ 表示。 如果正弦交流电的频率相同，则相位差等于初相位之差，即

$$\Delta\varphi = (\omega t + \varphi_{01}) - (\omega t + \varphi_{02}) = \varphi_{01} - \varphi_{02} \qquad (5\text{-}4)$$

可见，相位差与时间无关，在正弦量变化过程中的任一时刻都是常数，表明了两个交流电在时间上超前或滞后的关系，即相位关系。在实际应用中，规定相位差的范围一般为

$$-\pi \leqslant \Delta\varphi \leqslant \pi$$

如图 5.4（a）所示，当$\Delta\varphi > 0$时，称为u_1超前u_2，或者说u_2滞后u_1；如图 5.4（b）所示，当$\Delta\varphi < 0$时，称为u_1滞后u_2，或者说u_2超前u_1。

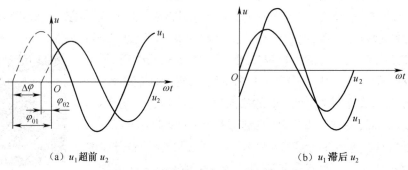

（a）u_1超前u_2 （b）u_1滞后u_2

图 5.4　两个同频率交流电的相位关系

当$\Delta\varphi = 0$时，称为两个交流电同相，即两个同频率交流电的相位相同，如图 5.5（a）所示；当$\Delta\varphi = \pi$时，称为两个交流电反相，即两个同频率交流电的相位相反，如图 5.5（b）所示；当$\Delta\varphi = \dfrac{\pi}{2}$时，称为两个交流电正交，如图 5.5（c）所示。

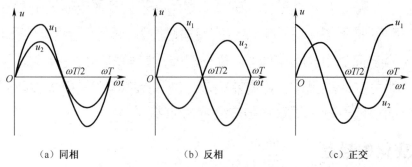

（a）同相　　　　　　　　（b）反相　　　　　　　　（c）正交

图 5.5　两个同频率交流电的同相、反相和正交

【**例 5.3**】加在某元件两端的正弦交流电压的初相位为 45°，通过这个元件的正弦交流电流的初相位为-30°，比较正弦交流电压、电流的相位差。

【**分析**】加在同一元件的正弦交流电压、电流一定是同频率的正弦交流电。因此，它们的

相位差就是它们的初相位之差。

解： $\Delta \varphi = (\omega t + \varphi_u) - (\omega t + \varphi_i) = \varphi_u - \varphi_i = 45° - (-30°) = 75°$

因此，交流电压超前电流 $75°$。

 小结

正弦交流电的电流、电压和电动势的最大值（或有效值）、频率（或周期、角频率）、初相位称为正弦交流电的三要素。它们是表征正弦交流电的三个重要物理量，能完整地描述正弦交流电。

正弦交流电的
三要素

5.2 正弦交流电的表示法

 学习目标

● 根据正弦交流电的三要素写出正弦交流电的解析式，根据正弦交流电的解析式写出三要素。

● 根据波形图写出正弦交流电的三要素。

● 根据矢量图写出正弦交流电的解析式，根据解析式画出矢量图。

正弦交流电的最大值、频率、初相位能完整地描述正弦交流电。那么，正弦交流电的表示方法有哪些？它们是如何来表示正弦交流电的变化规律的呢？

5.2.1 解析式表示法

用正弦函数式表示正弦交流电随时间变化的关系的方法称为解析式表示法，简称解析法。其表达方法为

$$\boxed{瞬时值} = \boxed{最大值}\sin(\boxed{角频率}t + \boxed{初相位}) \tag{5-5}$$

即正弦交流电的电流、电压和电动势解析式分别为

$$i = I_m\sin(\omega t + \varphi_{i0})$$

$$u = U_m\sin(\omega t + \varphi_{u0})$$

$$e = E_m\sin(\omega t + \varphi_{e0})$$

【例 5.4】 已知某正弦交流电动势 $e = 311\sin(100\pi t - 60°)\text{V}$，求这个正弦交流电动势的最大值、有效值、频率、周期、角频率和初相位。

【分析】 已知某正弦交流电的解析式，只需对号入座，就能求出正弦交流电的三要素。

解： 最大值

$$E_m = 311\text{V}$$

有效值

$$E = \frac{E_m}{\sqrt{2}} = \frac{311}{\sqrt{2}} \approx 220\ (\text{V})$$

角频率

$$\omega = 100\pi \text{ rad/s}$$

频率

$$f = \frac{\omega}{2\pi} = \frac{100\pi}{2\pi} = 50 \text{（Hz）}$$

周期

$$T = \frac{1}{f} = \frac{1}{50} = 0.02 \text{（s）}$$

初相位

$$\varphi_0 = -60°$$

【例 5.5】已知某正弦交流电流的有效值为 10A，频率为 50Hz，初相位为 $\frac{\pi}{6}$，写出这个正弦交流电流的解析式。

【分析】已知某正弦交流电的三要素，也只需对号入座，就能写出正弦交流电的解析式。

解：最大值

$$I_m = \sqrt{2}\,I = 10\sqrt{2} \text{（A）}$$

角频率

$$\omega = 2\pi f = 2\pi \times 50 \approx 314 \text{（rad/s）}$$

因此，正弦交流电流的解析式为

$$i = 10\sqrt{2}\sin\left(314t + \frac{\pi}{6}\right)\text{A}$$

5.2.2　波形图表示法

用正弦曲线表示正弦交流电随时间变化的关系的方法称为波形图表示法，简称波形图，也称图像法，如图 5.6 所示。图中的横坐标表示时间 t 或电角度 ωt，纵坐标表示随时间变化的电流、电压和电动势的瞬时值，波形图可以完整地反映正弦交流电的三要素。

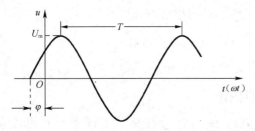

图 5.6　正弦交流电的波形图表示法

几种常见正弦交流电的波形图如图 5.7 所示。

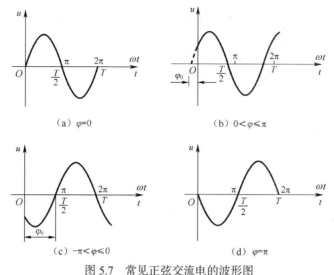

图 5.7 常见正弦交流电的波形图

【例 5.6】 写出图 5.8 所示的正弦交流电的解析式。

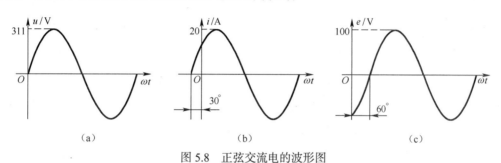

图 5.8 正弦交流电的波形图

【分析】 先根据波形图读出正弦交流电的三要素，再根据三要素写出正弦交流电的解析式。

解： 图 5.8（a）的正弦交流电压的三要素分别为 311V、ω、0°，其正弦交流电压的解析式为

$$u = 311\sin\omega t \text{ V}$$

图 5.8（b）的正弦交流电流的三要素分别为 20A、ω、30°，其正弦交流电流的解析式为

$$i = 20\sin(\omega t + 30°)\text{A}$$

图 5.8（c）的正弦交流电动势的三要素分别为 100V、ω、−60°，其正弦交流电动势的解析式为

$$e = 100\sin(\omega t - 60°)\text{V}$$

5.2.3 矢量图表示法

正弦交流电的解析法和波形图虽然能完整地反映正弦交流电的三要素，但在分析正弦交流电路，对同频率正弦量进行加、减运算时，采用这两种方法都比较麻烦。为此，引入正弦交流电的矢量图表示法。

正弦交流电的
旋转矢量

矢量图表示法是在一个直角坐标系中用绕原点旋转的矢量来表示正弦交流电的方法。如图 5.9 所示，以坐标原点 O 为端点作一条有向线段，线段的长度为正弦量的最大值 E_m，旋转矢量的起始位置与 x 轴正方向的夹角为正弦量的初相位 φ_0，它以正弦量的角频率

ω为角速度，绕原点 O 逆时针匀速旋转。这样，在任一瞬间，旋转矢量在纵轴上的投影就是该时刻正弦量的瞬时值。旋转矢量既可以反映正弦交流电的三要素，又可以通过它在纵轴上的投影求出正弦量的瞬时值。因此，旋转矢量能完整地表示正弦量。

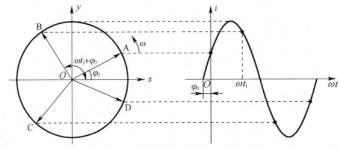

图 5.9　正弦交流电的旋转矢量

用旋转矢量表示正弦量时，不可能把每一时刻的位置都画出来。由于分析的都是同频率的正弦量，矢量的旋转速度相同，它们的相对位置不变。因此，只需画出旋转矢量的起始位置，即旋转矢量的长度为正弦量的最大值，旋转矢量的起始位置与 x 轴正方向的夹角为正弦量的初相位 φ_0，而角速度就不必标明，如图 5.10（a）所示。这种仅反映正弦量的最大值和初相位的矢量，与一般的空间矢量（如力、速度）是不同的，它只是正弦量的一种表示方法。为了与一般的空间矢量相区别，表示正弦交流电的这一矢量也称为相量，用大写字母上加点"·"表示，如用 $\dot{I}_m$、$\dot{U}_m$、$\dot{E}_m$ 表示正弦交流电流、电压和电动势的最大值。

在实际应用中常采用有效值矢量图。这样，矢量图中的长度就变为正弦量的有效值。有效值矢量用 $\dot{I}$、$\dot{U}$、$\dot{E}$ 表示，如图 5.10（b）所示。

【例 5.7】某正弦交流电压与电流的矢量图如图 5.11 所示，求该正弦交流电压与电流的相位关系。

【分析】由矢量图读出正弦交流电压与电流的初相位，即可求出它们的相位差。

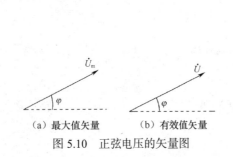

（a）最大值矢量　　（b）有效值矢量

图 5.10　正弦电压的矢量图

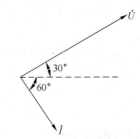

图 5.11　正弦交流电压与电流的矢量图

解： 由矢量图可知：正弦交流电压的初相位 $\varphi_u = 30°$，正弦交流电流的初相位 $\varphi_i = -60°$。

$$\Delta\varphi = (\omega t + \varphi_u) - (\omega t + \varphi_i) = \varphi_u - \varphi_i = 30° - (-60°) = 90°$$

正弦交流电压超前电流 90°，电压与电流正交。

【例 5.8】已知正弦交流电压 $u = 220\sqrt{2}\sin(\omega t + 30°)$V，交流电流 $i = 20\sin(\omega t + 120°)$A，画出它们的矢量图。

【分析】在同一坐标上画不同物理量的矢量图，关键是要准确画出矢量与水平方向的夹角，矢量的长度因表示不同物理量只要示意即可。

解：画矢量图的步骤如下所述。

（1）画出水平方向的参考矢量。

（2）画出与水平方向成 30° 的有向线段，标上 $\dot{U}$，标注角度 30°。

（3）画出与水平方向成 120° 的有向线段，标上 $\dot{I}$，标注角度 120°。

所作矢量图如图 5.12 所示。

图 5.12 例 5.8 矢量图

」注意 L

同频率正弦量加、减运算，可先作出与正弦量对应的矢量图，再按平行四边形法则求和。和的长度表示正弦量的最大值（有效值矢量表示有效值），和与 x 轴正方向的夹角为正弦量和的初相位，角频率不变。

小结

正弦交流电可以用解析式、波形图和矢量图表示。解析式是正弦交流电常见的表示方法，波形图形象直观，它们都能完整地表示正弦交流量，但进行正弦量加、减运算时比较麻烦。矢量图是分析同频率正弦交流电路的常用工具。

5.3 单一元件交流电路

学习目标

- 写出感抗、容抗的公式，知道感抗、容抗与频率的关系。
- 说出纯电阻、纯电感、纯电容电路的电压与电流关系及有功功率、无功功率。
- 会分析和计算单一元件交流电路。

直流电路的负载可以等效为电阻元件。而在交流电路中，负载可以等效为电阻元件、电感元件和电容元件。因此，单一元件的交流电路包括纯电阻电路、纯电感电路和纯电容电路。那么，如何分析单一元件的交流电路呢？

5.3.1 纯电阻交流电路

纯电阻交流电路是只有电阻负载的交流电路，如图 5.13 所示。常见的白炽灯、电炉、电烙铁等交流电路都是纯电阻负载与交流电源组成纯电阻交流电路。

1. 电流与电压的关系

如图 5.13 所示的纯电阻交流电路中，设加在电阻 R 两端的交流电压为

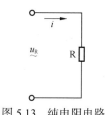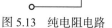

图 5.13 纯电阻电路

$$u_R = U_{Rm}\sin\omega t$$

实验证明，纯电阻交流电路的电流与电压的数量关系为

$$I_{\mathrm{m}} = \frac{U_{\mathrm{Rm}}}{R} \text{ 或 } I = \frac{U_{\mathrm{R}}}{R} \qquad (5\text{-}6)$$

即纯电阻交流电路的电流与电压最大值（或有效值）符合欧姆定律。

纯电阻交流电路的电流与电压的相位关系是**同相**。

因此，纯电阻交流电路的电流瞬时值表达式为

$$i = I_{\mathrm{m}}\sin\omega t$$

纯电阻交流电路的电流与电压的矢量图如图 5.14（a）所示，波形图如图 5.14（b）所示。

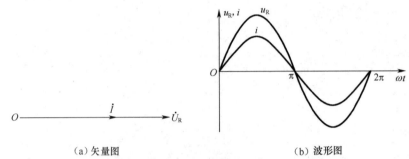

（a）矢量图 　　　（b）波形图

图 5.14　纯电阻交流电路的矢量图和波形图

因此，纯电阻交流电路的电流与电压的瞬时值关系为

$$i = \frac{u_{\mathrm{R}}}{R}$$

即纯电阻交流电路的电流与电压的瞬时值也符合欧姆定律。

┘注意└

只有纯电阻交流电路的电流与电压的瞬时值符合欧姆定律，即在纯电阻交流电路中，任一时刻的电流与电压都符合欧姆定律。

2. 电路的功率

在纯电阻交流电路中，电流、电压都是随时间变化的。电压瞬时值 u 和电流瞬时值 i 的乘积称为瞬时功率，用小写字母 p 表示，即

$$p = ui$$

因此，纯电阻交流电路的瞬时功率为

$$p = u_{\mathrm{R}}i = U_{\mathrm{m}}\sin\omega t I_{\mathrm{m}}\sin\omega t = U_{\mathrm{m}}I_{\mathrm{m}}\sin^{2}\omega t = \frac{1}{2}U_{\mathrm{Rm}}I_{\mathrm{m}}(1 - \cos2\omega t) = U_{\mathrm{R}}I(1 - \cos2\omega t)$$

因此，纯电阻交流电路的瞬时功率的大小随时间做周期性变化，变化的频率是电流、电压频率的 2 倍，如图 5.15 所示。它表示任一时刻电路中能量转换的快慢程度。瞬时功率总是正值，表示电阻总是消耗功率，把电能转换成热能。

由于瞬时功率是随时间变化的，测量和计算都不方便，所以在工程中常用有功功率表示。有功功率，也称

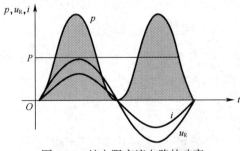

图 5.15　纯电阻交流电路的功率

平均功率，是瞬时功率在一个周期内的平均值，用大写字母 P 表示，单位是瓦特（W）。

理论和实验证明，纯电阻交流电路的有功功率为

$$P = U_R I \qquad\qquad\qquad (5\text{-}7)$$

式中：P——纯电阻交流电路的有功功率，单位是瓦特（W）；

　　U_R——电阻 R 两端交流电压的有效值，单位是伏特（V）；

　　I——流过电阻 R 的交流电流的有效值，单位是安培（A）。

根据欧姆定律

$$U_R = RI, \quad I = \frac{U_R}{R}$$

因此，纯电阻交流电路的有功功率还可以表示为

$$P = U_R I = I^2 R = \frac{U_R^2}{R}$$

【例 5.9】将一个阻值为 1 210Ω 的白炽灯接到电压 $u = 220\sqrt{2}\sin\left(\omega t + \dfrac{\pi}{6}\right)$ V 的电源上。（1）通过白炽灯的电流为多少？写出电流的解析式；（2）白炽灯消耗的功率是多少？

【分析】从电压表达式中先读出电压的有效值和初相位，再根据欧姆定律和有功功率的计算公式求出电流和有功功率。

解：由 $u = 220\sqrt{2}\sin\left(\omega t + \dfrac{\pi}{6}\right)$ V 可知：电源电压有效值 $U = 220$V，初相位 $\varphi_u = \dfrac{\pi}{6}$。

（1）通过白炽灯的电流

$$I = \frac{U}{R} = \frac{220}{1\ 210} \approx 0.182 \ （\text{A}）$$

初相位

$$\varphi_i = \varphi_u = \frac{\pi}{6}$$

电流的解析式为

$$i = 0.182\sqrt{2}\sin\left(\omega t + \frac{\pi}{6}\right) \ （\text{A}）$$

（2）白炽灯消耗的功率

$$P = UI = 220 \times 0.182 \approx 40 \ （\text{W}）$$

5.3.2　纯电感交流电路

纯电感交流电路是只有空心线圈的负载，而且线圈的电阻和分布电容均忽略不计的交流电路，如图 5.16 所示。纯电感交流电路是理想电路，实际的电感线圈都有一定的电阻，当电阻很小可以忽略不计时，电感线圈可看作纯

图 5.16　纯电感交流电路

电感交流电路。

1. 感抗

交流电通过电感线圈时，电流时刻在变。变化的电流产生变化的磁场，电感线圈中必然产生自感电动势阻碍电流的变化，就形成了电感线圈对电流的阻碍作用。线圈对交流电的阻碍作用称为**电感电抗**，简称**感抗**，用符号 X_L 表示，单位是**欧姆**。

理论和实验证明，感抗的大小与电源频率成正比，与线圈的电感成正比，用公式表示为

$$X_L = \omega L = 2\pi f L \tag{5-8}$$

式中：X_L——线圈的感抗，单位是欧姆（Ω）；

f——交流电源的频率（角频率），单位是赫兹（Hz）；

L——线圈的电感，单位是亨利（H）。

 注意

感抗和电阻的阻碍作用虽然相似，但是它与电阻对电流的阻碍作用有本质的区别。线圈的感抗表示线圈所产生的自感电动势对通过线圈的交流电流的反抗作用，只有在正弦交流电路中才有意义。

应用

公式 $X_L = 2\pi f L$ 表明感抗 X_L 与通过线圈的交流电流的频率 f 成正比。对于直流电，$f = 0$，$X_L = 0$，电感元件相当于短路；对于 50Hz 的低频交流电，如 $L = 0.1$H，$X_L = 31.4\Omega$；对于 50kHz 的高频交流电，如 $L = 0.1$H，$X_L = 31.4$kΩ。因此，电感线圈在交流电路中有"通直流阻交流，通低频阻高频"的特性。

在工程上，用来"通直流阻交流"的电感线圈称为低频扼流圈，线圈绕在闭合铁心上，匝数为几千甚至超过一万，电感为几十亨，这种线圈对低频交流电有很大的阻碍作用。用来"通低频阻高频"的电感线圈称为高频扼流圈，线圈有的绕在圆柱形的铁氧体铁心上，有的是空心的，匝数为几百，电感为几毫亨，这种线圈对低频交流电的阻碍作用较小，对高频交流电的阻碍作用较大。图 5.17 所示为计算机主机电源中的扼流线圈。

图 5.17 扼流线圈

2. 电流与电压的关系

如图 5.16 所示纯电感交流电路中，设加在电感 L 两端的交流电压为

$$u_L = U_{Lm}\sin\omega t$$

实验证明，纯电感交流电路的电流与电压的数量关系为

$$I_m = I_m = \frac{U_{Lm}}{X_L} \text{ 或 } I = \frac{U_L}{X_L} \tag{5-9}$$

即纯电感交流电路的电流与电压的最大值（或有效值）符合欧姆定律。

纯电感交流电路的电流与电压的相位关系为纯电感交流电路两端的电压超前电流 $\frac{\pi}{2}$，或者说电流滞后电压 $\frac{\pi}{2}$。

因此，纯电感交流电路的电流瞬时值表达式为

$$i = I_\text{m} \sin\left(\omega t - \frac{\pi}{2}\right)$$

纯电感交流电路的电流与电压的矢量图如图 5.18（a）所示，波形图如图 5.18（b）所示。

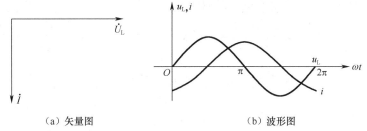

（a）矢量图　　　　　　　　　　　（b）波形图

图 5.18　纯电感交流电路的矢量图和波形图

3. 电路的功率

纯电感交流电路的瞬时功率为

$$p = u_\text{L}\, i = U_\text{Lm}\sin\omega t\, I_\text{m}\sin\left(\omega t - \frac{\pi}{2}\right) = U_\text{Lm} I_\text{m}\sin\omega t \cos\omega t = \frac{1}{2} U_\text{Lm} I_\text{m}\sin 2\omega t = U_\text{L} I\sin 2\omega t$$

因此，纯电感交流电路的瞬时功率的大小随时间做周期性变化，如图 5.19 所示。瞬时功率曲线一半为正，一半为负。因此，瞬时功率的平均值为零，即纯电感交流电路的有功功率为零，表示电感元件不消耗功率。

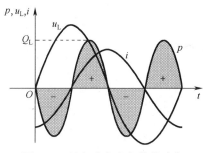

图 5.19　纯电感交流电路的功率

电感元件虽然不消耗功率，但与电源之间不断进行能量转换：瞬时功率为正时，电感线圈从电源吸收能量，并储存在电感线圈内部；瞬时功率为负时，电感线圈把储存能量向电源释放，即电感线圈与电源之间进行着可逆的能量转换。为反映纯电感交流电路中能量转换的多少，单位时间内能量转换的最大值（即瞬时功率的最大值），称为**无功功率**，用符号 $\boldsymbol{Q_\text{L}}$ 表示，单位是乏，符号为 **var**，即

$$Q_\text{L} = U_\text{L} I \qquad\qquad (5\text{-}10)$$

式中：Q_L——纯电感交流电路的无功功率，单位是乏（var）；

$\quad\;\; U_\text{L}$——电感 L 两端交流电压的有效值，单位是伏特（V）；

$\quad\;\; I$——流过电感 L 电流的有效值，单位是安培（A）。

根据欧姆定律

$$U_\text{L} = X_\text{L} I,\quad I = \frac{U_\text{L}}{X_\text{L}}$$

因此，无功功率还可以表示为

$$Q_\text{L} = U_\text{L} I = I^2 X_\text{L} = \frac{U_\text{L}^{\,2}}{X_\text{L}}$$

┘**注意**└

无功功率不是无用功率。"无功"的含义是"交换"而不是"消耗"，是相对于"有功"而言的。无功

功率表示交流电路中能量转换的最大速率。在工程上，具有电感性质的电动机、变压器等设备都是依据电磁能量转换工作的。如果没有无功功率，就没有电源和磁场间的能量转换，这些设备就无法工作。

【例 5.10】 一个电感为 318mH 的纯电感线圈，接在电压 $u = 311\sin(314t + 135°)$V 的电源上。（1）通过线圈的电流为多少？写出电流的解析式；（2）电路的无功功率为多少？

【分析】 从电压表达式中先读出电压的有效值、角频率和初相位，再根据欧姆定律和无功功率的计算公式求出电流和无功功率。

解： 由 $u = 311\sin(\omega t + 135°)$V 可知：电源电压有效值 $U = 220$V，角频率 $\omega = 314$rad/s，初相位 $\varphi_u = 135°$。

（1）线圈的感抗

$$X_L = \omega L = 314 \times 318 \times 10^{-3} \approx 100 \ （\Omega）$$

通过线圈的电流

$$I = \frac{U_L}{X_L} = \frac{220}{100} = 2.2 \ （A）$$

初相位

$$\varphi_i = \varphi_u - 90° = 135° - 90° = 45°$$

电流的解析式为

$$i = 2.2\sqrt{2} \sin(\omega t + 45°)A$$

（2）电路的无功功率

$$Q_L = U_L I = 220 \times 2.2 = 484 \ （var）$$

5.3.3　纯电容交流电路

纯电容交流电路是只有电容器的负载，而且电容器的漏电电阻和分布电感均忽略不计的交流电路，如图 5.20 所示。

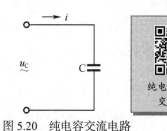

1. 容抗

图 5.20　纯电容交流电路

交流电通过电容器时，电源和电容器之间不断地充电和放电，电容器对交流电也会有阻碍作用。把电容器对交流电的阻碍作用称为**电容电抗**，简称**容抗**，用符号 X_C 表示，单位是**欧姆**。

理论和实验证明，容抗的大小与电源频率成反比，与电容器的电容量成反比，其表达式为

$$X_C = \frac{1}{\omega C} = \frac{1}{2\pi f C} \tag{5-11}$$

式中：X_C——电容的容抗，单位是欧姆（Ω）；

　　　f——交流电源的频率（角频率），单位是赫兹（Hz）；

　　　C——电容器的电容量，单位是法拉（F）。

应用

公式 $X_C = \dfrac{1}{\omega C} = \dfrac{1}{2\pi f C}$ 表明容抗 X_C 与通过电容的电流的频率成反比。对于直流电，$f = 0$，$X_C = \infty$，电容

元件相当于开路；对于 50Hz 的低频交流电，如 $C = 100\mu F$，$X_C = 31.8\Omega$；对于 50kHz 的高频交流电，如

$C = 100\mu F$，$X_C = 0.031\,8\Omega$。因此，电容器在交流电路中有"隔直流通交流，阻低频通高频"的特性。在

工程上，常用作隔直电容（一般容量较大）和旁路电容（一般容量较小）。图 5.21 所示为常见的隔直电容。

图 5.21　隔直电容

2. 电流与电压的关系

如图 5.20 所示纯电容交流电路中，设加在电容 C 两端的交流电压为

$$u_C = U_{Cm}\sin\omega t$$

实验证明，纯电容交流电路的电流与电压的数量关系为

$$I_m = \frac{U_{Cm}}{X_C} \text{ 或 } I = \frac{U_C}{X_C} \tag{5-12}$$

即纯电容交流电路的电流与电压最大值（或有效值）符合欧姆定律。

纯电容交流电路的电流与电压的相位关系为纯电容交流电路两端的电压滞后电流 $\dfrac{\pi}{2}$，或者

说电流超前电压 $\dfrac{\pi}{2}$。

因此，纯电容交流电路的电流瞬时值表达式为

$$i = I_m\sin\left(\omega t + \frac{\pi}{2}\right)$$

纯电容交流电路的电流与电压的矢量图如图 5.22（a）所示，波形图如图 5.22（b）所示。

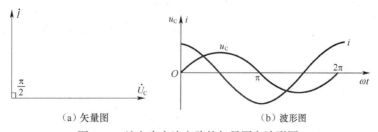

（a）矢量图　　　　　　　　　　（b）波形图

图 5.22　纯电容交流电路的矢量图和波形图

3. 电路的功率

纯电容交流电路的瞬时功率为

$$p = u_{\mathrm{C}}\,i = U_{\mathrm{Cm}}\sin\omega\,t\,I_{\mathrm{m}}\sin\left(\omega t + \frac{\pi}{2}\right) = U_{\mathrm{Cm}}I_{\mathrm{m}}\sin\omega\,t\cos\omega\,t = \frac{1}{2}U_{\mathrm{Cm}}I_{\mathrm{m}}\sin2\omega\,t = U_{\mathrm{C}}I\sin2\omega\,t$$

因此，纯电容交流电路的瞬时功率的大小随时间做周期性变化，如图 5.23 所示。瞬时功率曲线一半为正，一半为负。因此，瞬时功率的平均值为零，即纯电容交流电路的有功功率为零，表示电容元件不消耗功率。

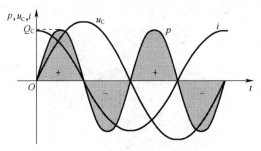

图 5.23　纯电容交流电路的功率

电容元件虽然不消耗功率，但与电源之间在不断地进行能量交换，即电容器的充电和放电。纯电容交流电路的无功功率为

$$Q_{\mathrm{C}} = U_{\mathrm{C}}I \qquad\qquad (5\text{-}13)$$

式中：Q_{C}——纯电容交流电路的无功功率，单位是乏（var）；

　　U_{C}——电容 C 两端交流电压的有效值，单位是伏特（V）；

　　I——流过电容 C 电流的有效值，单位是安培（A）。

根据欧姆定律

$$U_{\mathrm{C}} = X_{\mathrm{C}}I, \quad I = \frac{U_{\mathrm{C}}}{X_{\mathrm{C}}}$$

因此，无功功率还可以表示为

$$Q_{\mathrm{C}} = U_{\mathrm{C}}I = I^2X_{\mathrm{C}} = \frac{U_{\mathrm{C}}^2}{X_{\mathrm{C}}}$$

【例 5.11】一个容量为 31.8μF 的电容器，接在电压 $u = 220\sqrt{2}\sin(314t-60°)$V 的电源上。（1）通过电容器的电流为多少？写出电流的解析式；（2）电路的无功功率为多少？

【分析】本题的求解方法与例 5.9、例 5.10 相似。

解：由 $u = 220\sqrt{2}\sin(314t-60°)$V 可知：电源电压有效值 $U = 220$V，角频率 $\omega = 314$rad/s，初相位 $\varphi_u = -60°$。

（1）电容器的容抗

$$X_{\mathrm{C}} = \frac{1}{\omega C} = \frac{1}{314 \times 31.8 \times 10^{-6}} \approx 100\ (\Omega)$$

通过线圈的电流

$$I = \frac{U_{\mathrm{C}}}{X_{\mathrm{C}}} = \frac{220}{100} = 2.2\ (\mathrm{A})$$

初相位

$$\varphi_i = \varphi_u + 90^\circ = -60^\circ + 90^\circ = 30^\circ$$

电流的解析式为

$$i = 2.2\sqrt{2}\sin(\omega t + 30^\circ)A$$

（2）电路的无功功率

$$Q_C = U_C I = 220 \times 2.2 = 484 \ (var)$$

⌐ 提示 ∟

电阻器、电感器和电容器是组成电路的三大基本元件。电阻器是一种耗能元件，当交流电通过电阻时，电阻对交流电的阻碍作用表现为电能转换成热能消耗。

电感器和电容器是储能元件。当交流电通过电感器时，电感线圈能够将电能转换为磁场能储存起来，也能够将磁场能释放出来转换成电能。电感器对交流电的阻碍作用表现为：电感器与电源之间不断进行着磁场能与电能之间的能量转换。当交流电通过电容器时，电容器能够将电能转换为电场能储存起来，也能够将电场能释放出来转换成电能。电容器对交流电的阻碍作用表现为：电容器与电源之间不断进行着电场能与电能之间的转换，它们并没有真正消耗电能。

⌐ 综合案例 ∟

分别将 $R = 10\Omega$、$X_L = 10\Omega$、$X_C = 10\Omega$ 的纯电阻、纯电感和纯电容元件接入电源电压 $u = 220\sqrt{2}\sin 314t$ V 的电路中。（1）通过元件的电流分别为多少？写出电流的解析式；（2）电路的有功功率、无功功率分别为多少？

思路分析

本案例的解答关键是要分清纯电阻、纯电感和纯电容交流电路的电压与电流的相位关系。

优化解答

由 $u = 220\sqrt{2}\sin 314t$ V 可知：电源电压有效值 $U = 220$V，初相位 $\varphi_u = 0^\circ$。

（1）通过电阻元件的电流

$$I_R = \frac{U}{R} = \frac{220}{10} = 22 \ (A)$$

通过电感元件的电流

$$I_L = \frac{U}{X_L} = \frac{220}{10} = 22 \ (A)$$

通过电容元件的电流

$$I_C = \frac{U}{X_C} = \frac{220}{10} = 22 \ (A)$$

电流的解析式分别为

$$i_R = 22\sqrt{2}\sin 314t \ A$$

$$i_L = 22\sqrt{2}\sin\left(314t - \frac{\pi}{2}\right)\text{A}$$

$$i_C = 22\sqrt{2}\sin\left(314t + \frac{\pi}{2}\right)\text{A}$$

（2）纯电阻交流电路的有功功率 $P = UI_R = 220 \times 22 = 4\,840$（W）；无功功率 $Q = 0$。

纯电感交流电路的有功功率 $P = 0$；无功功率 $Q = UI_L = 220 \times 22 = 4\,840$（var）。

纯电容交流电路的有功功率 $P = 0$；无功功率 $Q = UI_C = 220 \times 22 = 4\,840$（var）。

小结

纯电阻交流电路、纯电感交流电路和纯电容交流电路的电压与电流的最大值、有效值都符合欧姆定律。

纯电阻交流电路的电压与电流同相位，纯电感交流电路的电压超前电流 $\frac{\pi}{2}$，纯电容交流电路的电压滞后电流 $\frac{\pi}{2}$。

电阻元件是耗能元件，纯电阻电路的有功功率 $P=UI$；电感元件、电容元件是储能元件，纯电感交流电路和纯电容交流电路的有功功率 $P=0$，无功功率 $Q=UI$。

5.4 RLC 串联交流电路

 学习目标

◉ 说出 RLC、RL、RC 串联交流电路阻抗、功率因数的概念。

◉ 认识电压三角形、阻抗三角形和功率三角形。

◉ 会分析和计算常用 RLC 串联交流电路。

在工程上，如单相电动机的启动电路、供电系统的补偿电路和电子技术中常用的串联谐振电路等，都是电阻、电感和电容串联组成的电路，称为 RLC 串联电路。RLC 串联电路是工程实际中常用的典型电路，它包含了电阻、电感和电容 3 个不同的电路参数。那么，如何分析 RLC 串联电路呢？

5.4.1 RLC 串联交流电路电流与电压的关系

电阻、电感和电容组成的 RLC 串联交流电路如图 5.24 所示。

交流电路的分析方法是以矢量图为工具，画矢量图时要先确定参考正弦量。因为串联电路的电流处处相等，所以分析 RLC 串联交流电路是以电流作为参考正弦量的。

设通过 RLC 串联交流电路的电流为

$$i = I_m\sin\omega t$$

则电阻两端的电压为

$$u_R = RI_m\sin\omega t$$

电感两端的电压为

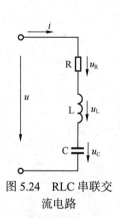

图 5.24 RLC 串联交流电路

$$u_L = X_L I_m \sin\left(\omega t + \frac{\pi}{2}\right)$$

电容两端的电压为

$$u_C = X_C I_m \sin\left(\omega t - \frac{\pi}{2}\right)$$

电路总电压的瞬时值等于各个元件电压瞬时值之和，即

$$u = u_R + u_L + u_C$$

由此作出 RLC 串联交流电路的矢量图，如图 5.25 所示。

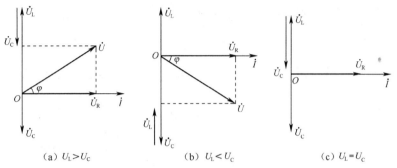

(a) $U_L > U_C$ (b) $U_L < U_C$ (c) $U_L = U_C$

图 5.25　RLC 串联交流电路的矢量图

由图 5.25 可以看出，电路的总电压与各分电压构成直角三角形，这个直角三角形称为电压三角形。由电压三角形可得总电压有效值和分电压有效值之间的关系为

$$U = \sqrt{U_R^2 + (U_L - U_C)^2} \tag{5-14}$$

总电压与电流间的相位差为

$$\varphi = \arctan \frac{U_L - U_C}{U_R} \tag{5-15}$$

当 $U_L > U_C$ 时，$\varphi > 0$，电压超前电流；当 $U_L < U_C$ 时，$\varphi < 0$，电压滞后电流；当 $U_L = U_C$ 时，$\varphi = 0$，电压与电流同相。

5.4.2　RLC 串联交流电路的阻抗

因为串联电路的电流处处相等，所以将式（5-14）两边同除以电流 I 得

$$\frac{U}{I} = \sqrt{\left(\frac{U_R}{I}\right)^2 + \left(\frac{U_L}{I} - \frac{U_C}{I}\right)^2}$$

设

$$\frac{U}{I} = z$$

则

$$z = \sqrt{R^2 + (X_L - X_C)^2} = \sqrt{R^2 + X^2} \tag{5-16}$$

$X = X_L - X_C$ 称为电抗，它是电感与电容共同作用的结果；把 z 称为**交流电路的阻抗**，是电阻、

电抗共同作用的结果。电抗和阻抗的单位均为欧姆（Ω）。

将电压三角形三边同时除以电流 I，可以得到由阻抗 z、电阻 R 和电抗 X 组成的直角三角形，称为**阻抗三角形**，如图 5.26 所示。阻抗三角形和电压三角形是相似三角形。

由图 5.26 可得

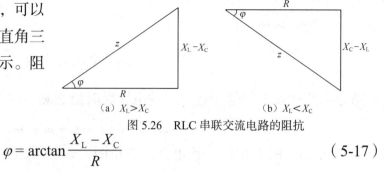

图 5.26　RLC 串联交流电路的阻抗

$$\varphi = \arctan \frac{X_L - X_C}{R} \qquad (5\text{-}17)$$

阻抗三角形中的 φ，称为**阻抗角**。阻抗角的大小决定于**电路参数 R、L、C 及电源频率 f**，电抗 X 的值决定电路的性质。

（1）当 $U_L > U_C$ 时，即 $X_L > X_C$，$X > 0$，$\varphi = \arctan \dfrac{X}{R} > 0$，总电压超前总电流，电路呈电感性。

（2）当 $U_L < U_C$ 时，即 $X_L < X_C$，$X < 0$，$\varphi = \arctan \dfrac{X}{R} < 0$，总电压滞后总电流，电路呈电容性。

（3）当 $U_L = U_C$ 时，即 $X_L = X_C$，$X = 0$，$\varphi = \arctan \dfrac{X}{R} = 0$，总电压与总电流同相，电路呈电阻性，此时的电路状态称为谐振。

⌐ **注意** ∟ 📢

公式 $I = \dfrac{U}{z}$ 是交流电路电流与电压关系的表达式，其中 I 是交流电路总电流的有效值，U 是交流电路总电压的有效值，z 是交流电路的总阻抗。不同的交流电路，具有不同的总阻抗。

5.4.3　RLC 串联交流电路的功率

1. 有功功率、无功功率和视在功率

将式（5-14）两边同乘以电流 I 得

$$UI = \sqrt{(U_R I)^2 + (U_L I - U_C I)^2}$$

设　　　　　　　　　　　　　$S = UI$

则　　　　　　$S = \sqrt{P^2 + (Q_L - Q_C)^2} = \sqrt{P^2 + Q^2} \qquad (5\text{-}18)$

S 称为交流电路的视在功率。视在功率表示电源提供的总功率（包括有功功率和无功功率），即交流电源的容量。视在功率等于总电压有效值与总电流有效值的乘积，单位为伏安（V·A），常用单位还有 kV·A 和 mV·A。

将电压三角形三边同时乘以电流 I，可以得到由视在功率 S、有功功率 P 和无功功率 Q 组成的直角三角形，称为功率三角形，如图 5.27 所示。功率三角形和电压三角形是相似三角形。

由图 5.27 可得交流电路的有功功率为

$$P = UI\cos\varphi \qquad (5\text{-}19)$$

交流电路的无功功率为

$$Q = Q_L - Q_C = UI\sin\varphi \tag{5-20}$$

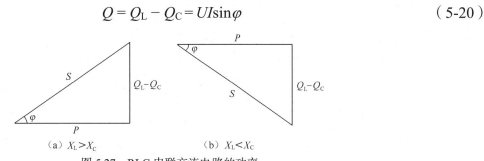

（a）$X_L > X_C$ （b）$X_L < X_C$

图 5.27   RLC 串联交流电路的功率

2. 功率因数

在 RLC 串联交流电路中，既有耗能元件电阻，又有储能元件电感和电容。因此，电源提供的总功率一部分被电阻消耗（有功功率），一部分被电感、电容与电源交换（无功功率）。有功功率与视在功率的比值，反映了功率的利用率，称为功率因数，用 λ 表示。

$$\lambda = \cos\varphi = \frac{P}{S} \tag{5-21}$$

式（5-21）表明，当视在功率一定时，功率因数越大，用电设备的有功功率也越大，电源的利用率就越高。

因电压三角形、阻抗三角形和功率三角形都是相似三角形，它们的 φ 角是相等的。所以，功率因数的计算公式也可表达为 $\cos\varphi = \dfrac{R}{z} = \dfrac{U_R}{U}$。RLC 串联交流电路的功率因数由电路参数 R、L、C 和电源频率 f 决定。

【例 5.12】在 RLC 串联交流电路中，已知 $R = 30\Omega$，$L = 127\text{mH}$，$C = 40\mu\text{F}$，电路两端交流电压 $u = 311\sin314t$ V。求：（1）电路的阻抗；（2）电流有效值；（3）各元件两端电压有效值；（4）电路的有功功率、无功功率、视在功率和功率因数。

【分析】从电压表达式中先读出电压的有效值、角频率，求出阻抗，再根据欧姆定律和功率的计算公式求出有关量。

解： 由 $u = 311\sin314t$ V 可知：电源电压有效值 $U = 220\text{V}$，角频率 $\omega = 314\text{rad/s}$。

（1）线圈的感抗

$$X_L = \omega L = 314 \times 127 \times 10^{-3} \approx 40 \text{（}\Omega\text{）}$$

电容的容抗

$$X_C = \frac{1}{\omega C} = \frac{1}{314 \times 40 \times 10^{-6}} \approx 80 \text{（}\Omega\text{）}$$

电路的阻抗

$$z = \sqrt{R^2 + (X_L - X_C)^2} = \sqrt{30^2 + (40-80)^2} = 50 \text{（}\Omega\text{）}$$

（2）电流有效值

$$I = \frac{U}{z} = \frac{220}{50} = 4.4 \,(\text{A})$$

（3）各元件两端电压有效值

$$U_R = RI = 30 \times 4.4 = 132 \,(\text{V})$$

$$U_L = X_L I = 40 \times 4.4 = 176 \,(\text{V})$$

$$U_C = X_C I = 80 \times 4.4 = 352 \,(\text{V})$$

（4）电路的有功功率、无功功率、视在功率和功率因数

$$P = I^2 R = 4.4^2 \times 30 = 580.8 \,(\text{W})$$

$$Q = I^2 (X_C - X_L) = 4.4^2 \times (80 - 40) = 774.4 \,(\text{var})$$

$$S = UI = 220 \times 4.4 = 968 \,(\text{V} \cdot \text{A})$$

$$\cos\varphi = \frac{R}{z} = \frac{30}{50} = 0.6$$

5.4.4 RLC 串联交流电路的特例

1. RL 串联交流电路

当 RLC 串联交流电路中的 $X_C = 0$ 时，此时的电路就是 RL 串联交流电路，如图 5.28（a）所示，矢量图如图 5.28（b）所示。其电压三角形、阻抗三角形和功率三角形如图 5.29 所示。

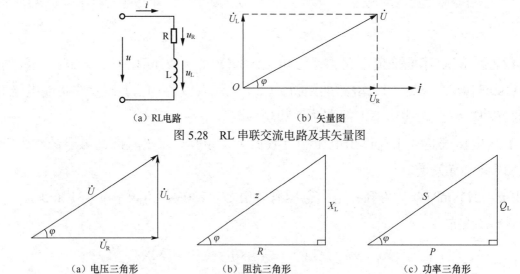

（a）RL电路   （b）矢量图

图 5.28　RL 串联交流电路及其矢量图

（a）电压三角形   （b）阻抗三角形   （c）功率三角形

图 5.29　RL 串联交流电路的电压三角形、阻抗三角形和功率三角形

由图 5.29 可知总电压有效值和分电压有效值之间的关系为

$$U = \sqrt{U_R^2 + U_L^2} \tag{5-22}$$

总电压与电流间的相位差为

$$\varphi = \arctan\frac{U_L}{U_R} = \arctan\frac{X_L}{R} \tag{5-23}$$

总电压超前电流 φ。

电路的阻抗为

$$z = \sqrt{R + X_L^2} \tag{5-24}$$

电路的视在功率为

$$S = \sqrt{P^2 + Q_L^2} \tag{5-25}$$

应用

图 5.30 所示为教室里常用的日光灯。日光灯电路是常见的 RL 串联电路。日光灯的灯管可以看作一个电阻，日光灯的镇流器的电阻很小，可以看作一个纯电感，它们是串联连接的。常见的线圈如电动机、变压器的线圈也是 RL 串联电路。

图 5.30　教室里常用的日光灯

【例 5.13】图 5.31 所示为日光灯电路原理图。若现测得流过灯管的电流是 0.366A，灯管两端电压为 110V，镇流器两端电压为 190V（内阻忽略不计）。求：（1）电源电压 U；（2）灯管电阻 R；（3）镇流器感抗 X_L；（4）日光灯消耗功率 P；（5）电路的功率因数 $\cos\varphi$。

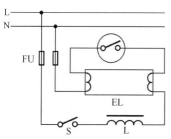

图 5.31　日光灯电路原理图

【分析】日光灯电路是常见的 RL 串联电路，根据 RL 串联电路的特点和欧姆定律即可求出有关量。

解：（1）电源电压

$$U = \sqrt{U_R^2 + U_L^2} = \sqrt{110^2 + 190^2} \approx 220 \text{（V）}$$

（2）灯管电阻

$$R = \frac{U_R}{I} = \frac{110}{0.366} \approx 300 \text{（Ω）}$$

（3）镇流器感抗

$$X_L = \frac{U_L}{I} = \frac{190}{0.366} \approx 519 \text{（Ω）}$$

（4）日光灯消耗功率

$$P = U_R I = 110 \times 0.366 \approx 40 \text{（W）}$$

（5）电路的功率因数

$$\cos\varphi = \frac{U_R}{U} = \frac{110}{220} = 0.5$$

2. RC 串联交流电路

当 RLC 串联交流电路中的 $X_L = 0$ 时，此时的电路就是 RC 串联交流电路，如图 5.32（a）所示，矢量图如图 5.32（b）所示。其电压三角形、阻抗三角形和功率三角形如图 5.33 所示。

由图 5.33 可知总电压有效值和分电压有效值之间的关系为

$$U = \sqrt{U_R^2 + U_C^2} \tag{5-26}$$

总电压与电流间的相位差为

$$\varphi = \arctan\frac{U_C}{U_R} = \arctan\frac{X_C}{R} \tag{5-27}$$

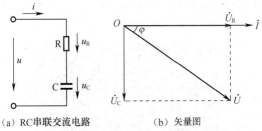

（a）RC串联交流电路　　　　（b）矢量图

图 5.32　RC 串联交流电路及其矢量图

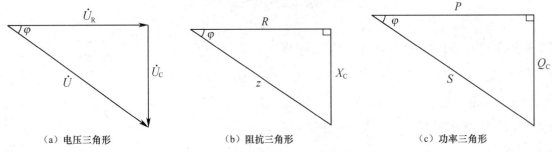

（a）电压三角形　　　　（b）阻抗三角形　　　　（c）功率三角形

图 5.33　RC 串联交流电路的电压三角形、阻抗三角形和功率三角形

总电压滞后电流 φ。

电路的阻抗为

$$z = \sqrt{R^2 + X_C^2} \tag{5-28}$$

电路的视在功率为

$$S = \sqrt{P^2 + Q_C^2} \tag{5-29}$$

 应用

电子技术中常见的 RC 移相电路、RC 振荡电路和阻容耦合电路等都是 RC 串联交流电路。

【例 5.14】如图 5.34（a）所示的电路中，已知电阻 $R = 100\Omega$，输入电压 u_i 的频率为 500Hz，如果要求输出电压 u_o 的相位比输入电压 u_i 的相位超前 30°，则电容器的电容量应为多少？

【分析】根据题意画出矢量图如图 5.34（b）所示，再根据电压三角形即可求出未知量。

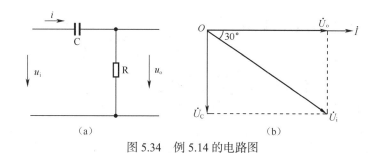

图 5.34 例 5.14 的电路图

解：根据矢量图可知

$$\tan 30° = \frac{U_C}{U_o} = \frac{IX_C}{IR} = \frac{X_C}{R}$$

所以

$$X_C = R \tan 30° = 100 \times 0.577 = 57.7 \ (\Omega)$$

电容器的电容量

$$C = \frac{1}{2\pi f X_C} = \frac{1}{2 \times 3.14 \times 500 \times 57.7} \approx 5.52 \times 10^{-6} \ (\text{F}) = 5.52 \ (\mu F)$$

图 5.34（a）所示的电路因为能够产生相位偏移，所以也称为 RC 移相电路。

 **注意**

纯电阻（$z=R$）、纯电感（$z=X_L$）、纯电容（$z=X_C$）交流电路均可视作 RLC 串联交流电路的特例。同学们也可以想一想 RLC 串联电路的特例还有哪些。

综合案例

一个线圈和一个电容器串联，电容器两端并联一个短路开关 S，将它们接在电压为 220V、频率为 50Hz 的交流电源上，如图 5.35 所示。已知线圈电阻 $R=6\Omega$，电感 $L=25.5\text{mH}$，电容器电容量 $C=200\mu F$。求：（1）S 断开时电路的电流、各元件两端电压、有功功率及电路的性质；（2）S 闭合时电路的电流、各元件两端电压、有功功率及电路的性质。

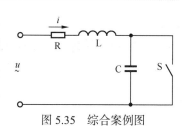

图 5.35 综合案例图

思路分析

本案例的解答关键是要分清 S 断开时，电路为 RLC 串联电路；S 闭合时，电路为 RL 串联电路。

优化解答

线圈的感抗

$$X_L = 2\pi f L = 2 \times 3.14 \times 50 \times 25.5 \times 10^{-3} \approx 8 \ (\Omega)$$

电容的容抗

$$X_C = \frac{1}{2\pi f} = \frac{1}{2 \times 3.14 \times 50 \times 200 \times 10^{-6}} \approx 16 \ (\Omega)$$

（1）S 断开时，电路为 RLC 串联电路。

电路的阻抗

$$z = \sqrt{R^2 + (X_L - X_C)^2} = \sqrt{6^2 + (8-16)^2} = 10 \text{（}\Omega\text{）}$$

电流有效值

$$I = \frac{U}{z} = \frac{220}{10} = 22 \text{（A）}$$

各元件两端电压有效值

$$U_R = RI = 6 \times 22 = 132 \text{（V）}$$

$$U_L = X_L I = 8 \times 22 = 176 \text{（V）}$$

$$U_C = X_C I = 16 \times 22 = 352 \text{（V）}$$

电路的有功功率

$$P = I^2 R = 22^2 \times 6 = 2\,904 \text{（W）}$$

因为 $X_L < X_C$，电路呈电容性。

（2）S 闭合时，电路为 RL 串联电路。

电路的阻抗

$$z = \sqrt{R^2 + X_L^2} = \sqrt{6^2 + 8^2} = 10 \text{（}\Omega\text{）}$$

电流有效值

$$I = \frac{U}{z} = \frac{220}{10} = 22 \text{（A）}$$

各元件两端电压的有效值

$$U_R = RI = 6 \times 22 = 132 \text{（V）}$$

$$U_L = X_L I = 8 \times 22 = 176 \text{（V）}$$

$$U_C = 0$$

电路的有功功率

$$P = I^2 R = 22^2 \times 6 = 2\,904 \text{（W）}$$

因为是 RL 串联电路，电路呈电感性。

小结

RLC 串联交流电路的分析以矢量图为工具，由矢量图得出电压三角形、阻抗三角形和功率三角形，分别反映了交流电路电压、阻抗和功率的总量与分量的关系；这 3 个三角形是相似三角形，其阻抗角反映了总电压与电流的相位关系。

*5.5 感性负载与电容并联交流电路

学习目标

- 知道感性负载与电容并联交流电路的分析方法。
- 说出提高功率因数的意义和方法。

工程实际中，常见的并联交流电路是感性负载与电容并联的交流电路，如实际线圈与电容器的并联电路，如图 5.36 所示。那么，如何分析感性负载与电容并联交流电路呢？

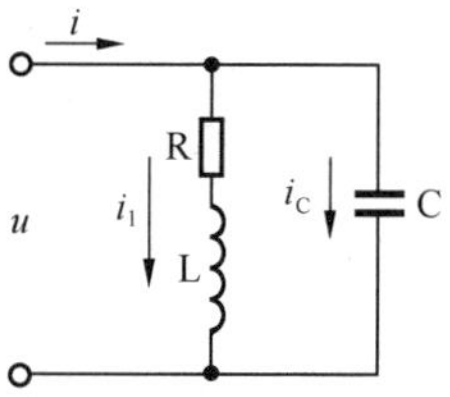

图 5.36 实际线圈与电容器的并联电路

5.5.1 感性负载与电容并联交流电路分析

因为并联电路两端的电压相等，所以分析感性负载与电容并联交流电路是以电压为参考正弦量。

设感性负载与电容并联交流电路的电压为

$$u = U_m \sin \omega t$$

线圈支路电流的有效值为

$$I_1 = \frac{U}{\sqrt{R^2 + X_L^2}}$$

线圈支路电流比电压滞后 φ_1

$$\varphi_1 = \arctan \frac{X_L}{R}$$

线圈支路电流的瞬时值为

$$i_1 = \frac{U_m}{\sqrt{R^2 + X_L^2}} \sin\left(\omega t - \arctan \frac{X_L}{R}\right)$$

电容支路的电流为

$$i_C = \frac{U_m}{X_C} \sin\left(\omega t + \frac{\pi}{2}\right)$$

电路总电流的瞬时值等于各支路电流瞬时值之和，即

$$i = i_1 + i_C$$

由此作出感性负载与电容并联交流电路的矢量图，如图 5.37 所示。

由图 5.37 可以看出，电路的总电流为

$$I = \sqrt{(I_1 \cos \varphi_1)^2 + (I_1 \sin \varphi_1 - I_C)^2} \tag{5-30}$$

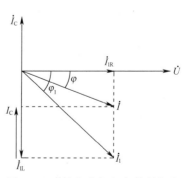

图 5.37 感性负载与电容并联交流电路的矢量图

总电流与电压的相位差为

$$\varphi = \arctan \frac{I_1 \sin \varphi_1 - I_C}{I_1 \cos \varphi_1} \tag{5-31}$$

⌐ 提示 ⌐

由图 5.37 还可以看出：感性负载与电容并联后，总电流 I 减小，功率因数 $\cos\varphi$ 增大，但有功功率 P 是不变的（因为电阻消耗的功率不变），电压 U 也是不变的（因为并联电路电压处处相等）。

5.5.2 提高功率因数的意义和方法

1. 提高功率因数的意义

在工程上，提高功率因数的意义主要有以下两点。

（1）提高供电设备的能量利用率。由公式

$$\lambda = \cos\varphi = \frac{P}{S}$$

可知：当视在功率（即供电设备的容量）一定时，功率因数越大，用电设备的有功功率也越大，电源的利用率就越大。

（2）减少输电线路的能量损失。输电线路的能量损失主要是由输电线路电流的热效应引起的，其损失的能量为

$$\Delta Q = I^2 Rt$$

当功率因数 $\cos\varphi$ 提高后，因其有功功率 P 和电压 U 是不变的，由公式

$$P = UI\cos\varphi$$

可知：电流 I 将减小。因此，输电线路电流的热效应引起的能量损失 ΔQ 也减小了。

2. 提高功率因数的方法

功率因数是用电设备的一个重要技术指标。在工程上，提高功率因数的方法很多，在工矿企业等用电单位中，普遍采用在感性负载两端并联电容器的方法来提高电路的功率因数。

⌐ 应用 ⌐

我国电力工业部颁布的《供电营业规则》中，对用户功率因数的规定是：100kV·A 及以上高压供电的用户功率因数为 0.90 以上；其他电力用户和大、中型排灌站、趸购转售电企业，功率因数为 0.85 以上；农业用电，功率因数为 0.80。供电企业对实行考核的用户装设无功电能计量装置，按用户每月实用有功电量和无功电量，计算月平均功率因数，并根据国家规定的功率因数调整电费的办法予以考核，增减当月电费。

提高功率因数，主要通过提高自然功率因数和人工进行无功补偿来实现。提高自然功率因数即提高用电设备本身的功率因数，如合理选择配电变压器容量，避免容量过大；合理选择电动机容量，避免"大马拉小车"；等等。人工进行无功补偿的方法，可以采用电力电容器和同步调相机等进行补偿。电力电容器补偿是当前广泛采用的补偿方式，有串联补偿和并联补偿两种方法。串联补偿主要适用于远距离输电线路，并联补偿主要适用于用电单位。

*5.6 谐振电路

学习目标

● 说出串、并联谐振电路的概念和特点。

● 会分析和计算串联谐振电路。

谐振是正弦交流电路中的一种特殊现象。工作在谐振状态下的电路称为谐振电路。谐振电路在电子技术与工程技术中有着广泛的应用。那么，如何分析谐振电路呢？

5.6.1 串联谐振电路

在 **RLC** 串联电路中，当电源电压和电流同相时，电路呈电阻性，电路的这种状态称为串联谐振。

1. 串联谐振条件与谐振频率

（1）谐振条件。在 RLC 串联电路中，当电路端电压和电流同相时，电路呈电阻性，此时

$$X_L = X_C$$

因此串联谐振条件是电路的感抗等于容抗。

（2）谐振频率。串联谐振时

$$X_L = X_C \text{ 即 } 2\pi f L = \frac{1}{2\pi f C}$$

因此，谐振频率

$$f_0 = f = \frac{1}{2\pi\sqrt{LC}} \tag{5-32}$$

式中：f_0——谐振频率，单位是赫兹（Hz）；

L——线圈的电感，单位是亨利（H）；

C——电容器的电容，单位是法拉（F）。

谐振频率 f_0 仅由电路参数 L 和 C 决定，与电阻 R 的大小无关，它反映电路本身的固有性质。因此，f_0 也称为电路的固有频率。电路发生谐振时，外加电源的频率必须等于电路的固有频率。在实际应用中，常利用改变电路参数 L 或 C 的办法来使电路在某一频率下发生谐振。

2. 串联谐振的特点

（1）总阻抗最小。串联谐振时，$X_L = X_C$，电路总阻抗 $z = R$ 为最小，且为电阻性。

（2）总电流最大。串联谐振时，因总阻抗最小，在电压 U 一定时，谐振电流最大，谐振电流为

$$I_0 = \frac{U}{z} = \frac{U}{R} \tag{5-33}$$

且电流与电源电压同相位，$\varphi = 0$。

（3）电阻两端的电压等于电源电压，电感与电容两端的电压等于电源电压的 **Q** 倍。即

$$U_R = RI_0 = R\frac{U}{R} = U$$

$$U_L = X_L I_0 = \frac{\omega_0 L}{R} U = QU$$

$$U_C = X_C I_0 = \frac{1}{\omega_0 CR} U = QU$$

Q 称为串联谐振电路的**品质因数**，即

$$Q = \frac{\omega_0 L}{R} = \frac{1}{\omega_0 CR}$$

式中：Q——品质因数，没有单位；

　　ω_0——谐振时的角频率，单位是弧度/秒（rad/s）；

　　R——电阻，单位是欧姆（Ω）；

　　L——线圈电感，单位是亨利（H）；

　　C——电容器电容，单位是法拉（F）。

　　设

$$\rho = \omega_0 L = \frac{1}{\omega_0 C} = \sqrt{\frac{L}{C}}$$

ρ称为特性阻抗。特性阻抗其实就是电路谐振时的感抗或容抗，单位是欧姆（Ω）。

因此，品质因数也可以表示为

$$Q = \frac{\rho}{R} = \frac{1}{R}\sqrt{\frac{L}{C}} \tag{5-34}$$

品质因数是谐振电路的特性阻抗与电路中电阻的比值，反映电路的性能。其大小由电路参数 **R**、**L** 和 **C** 决定，与电源频率 **f** 无关。

」应用「

一般串联谐振电路的 R 值很小，因此 Q 值总大于1，其值一般为几十至几百。串联谐振时，电感和电容元件两端的电压达到电源电压的 Q 倍，因而串联谐振又称为电压谐振。在电子技术中，由于外来信号微弱，常常利用串联谐振来获得一个与信号电压频率相同，但数值大很多倍的电压。

【例5.15】在电阻、电感、电容串联谐振电路中，电阻 $R = 1\Omega$，电感 $L = 1\text{mH}$，电容 $C = 0.1\mu\text{F}$，外加电压有效值 $U = 1\text{mV}$。求：（1）电路的谐振频率；（2）谐振时的电流；（3）电路的品质因数；（4）电容器两端的电压。

【分析】根据谐振时的相关公式代入数据即可。

解：（1）电路的谐振频率

$$f_0 = \frac{1}{2\pi\sqrt{LC}} = \frac{1}{2\times\pi\times\sqrt{1\times10^{-3}\times0.1\times10^{-6}}} \approx 15\,924\,(\text{Hz}) = 15.924\text{kHz}$$

（2）谐振时的电流

$$I_0 = \frac{U}{R} = \frac{1}{1} = 1\,(\text{mA})$$

（3）电路的品质因数

$$Q = \frac{1}{R}\sqrt{\frac{L}{C}} = \frac{1}{1}\sqrt{\frac{1 \times 10^{-3}}{0.1 \times 10^{-6}}} = 100$$

（4）电容器两端的电压

$$U_C = QU = 100 \times 1 = 100\,(\text{mV})$$

5.6.2 并联谐振电路

常见的并联谐振电路是电感线圈和电容器并联组成的电路，即感性负载与电容器并联谐振电路。谐振时，电源电压和电流同相，电路呈电阻性。

1. 并联谐振频率

理论和实验证明，在一般情况下线圈的电阻 R 很小，谐振频率近似为

$$f_0 \approx \frac{1}{2\pi\sqrt{LC}} \tag{5-35}$$

2. 并联谐振的特点

（1）总阻抗最大。并联谐振时，在 R 很小时，电路总阻抗近似为

$$z = R_0 \approx \frac{L}{CR}$$

由上式可知：线圈的电阻 R 越小，并联谐振时的阻抗 $z = R_0$ 就越大。当 R 趋于 0 时，谐振阻抗趋于无穷大，即理想电感与电容发生并联谐振时，其阻抗为无穷大，总电流为零。但在 LC 回路中却存在 I_L 与 I_C，它们大小相等、相位相反，使总电流为零。

（2）总电流最小。并联谐振时，因总阻抗最大，在电压 U 一定时，谐振电流最小。并联谐振电流为

$$I_0 = \frac{U}{R_0}$$

且电流与电源电压同相位，$\varphi = 0$。

（3）支路电流等于总电流的 Q 倍，即

$$I_L = I_C = QI \tag{5-36}$$

其中

$$Q = \frac{\rho}{R} = \frac{1}{R}\sqrt{\frac{L}{C}} \tag{5-37}$$

因此，并联谐振也称为电流谐振。

并联谐振电路主要用作选频器或振荡器，如电视机、收音机中的中频选频电路就是并联谐振电路。

5.6.3 谐振电路的选择性和通频带

1. 选择性

电路的品质因数 Q 的大小是标志谐振电路质量优劣的重要指标，它对谐振曲线（即电流随频率变化的曲线）有很大的影响。Q 值不同，谐振曲线的形状不同，谐振电路的质量也不同。

图 5.38 所示为一组谐振曲线。由图 5.38 可知，Q 值越高，曲线就越尖锐；Q 值越低，曲线就越趋于平坦。当 Q 值较高时，频率偏离谐振频率，电流从谐振时的极大值急剧下降，电路对非谐振频率下的电流有较强的抑制能力。因此，Q 值越高，电路的选择性就越好；反之，Q 值越低，电路的选择性就越差。在无线通信技术中，常常应用谐振电路从许多不同频率的信号中选出所需要的信号。

2. 通频带

一首美妙动听的乐曲，既有高音，又有中音和低音，说明一首乐曲有一个宽广的频率范围。无线电信号在传输中也需要占用一定的频率范围。如果谐振电路的 Q 值过高，曲线过于尖锐，就会过多削弱所要接收信号的频率。因此，谐振电路的 Q 值不能太高。为更好地传输信号，既要考虑电路的选择性，又要考虑一定频率范围内允许信号通过的能力，规定在谐振曲线上，$I=\dfrac{I_0}{\sqrt{2}}$ 所包含的频率范围称为电路的通频带，用字母 BW 表示，如图 5.39 所示。

$$BW = f_2 - f_1 = 2\Delta f \tag{5-38}$$

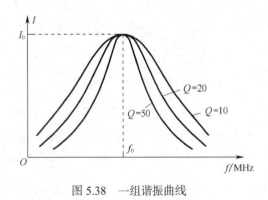

图 5.38 一组谐振曲线

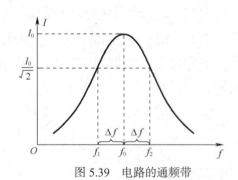

图 5.39 电路的通频带

理论和实验证明，通频带与 f_0、Q 的关系为

$$BW = \frac{f_0}{Q} \tag{5-39}$$

式中：BW——电路的通频带，单位是赫兹（Hz）；

f_0——电路的谐振频率，单位是赫兹（Hz）；

Q——电路的品质因数。

注意

在实际应用中，既要考虑电路的选择性，又要考虑电路的通频带。因此，要恰当合理地选择电路的品质因数。

5.7 技能训练

5.7.1 交流电流、电压的测量

学习目标

- 学会交流电流、交流电压的测量方法，会正确使用交流电流表和交流电压表。
- 学会用电笔测量交流电。

情景模拟

小明的爸爸是一位电工技师。在爸爸的熏陶下，小明从小就喜欢摆弄电器，像爸爸一样做个电工技师一直是小明的心愿。初中毕业后，小明如愿以偿地考上了职校的电工班。为了让小明了解更多的电工知识，暑假的一天，爸爸带小明到厂里去参观。在车间里，小明看到一台机器上有一些仪表，便好奇地问爸爸："爸爸，这些是什么仪表？"爸爸指着这些仪表，笑眯眯地告诉小明："这是测量电流的电流表，这是测量电压的电压表，有了它们就可以知道机器的用电情况了。"那么，交流电流表、交流电压表是怎样测量交流电流、交流电压的呢？

基础知识

知识链接 1 交流电流表与交流电压表

（1）交流电流表

交流电流表是用来测量交流电流的仪表，如图 5.40（a）所示。其使用方法与直流电流表的使用方法基本相同。不同之处：一是不必考虑串联接入电路的电流表极性；二是在交流高压电路或大电流的电路中，不能直接将电流表串入电路中测量电流，必须应用具有一定工作电压的电流互感器将高压分隔开来或将电流变小，然后接入电流表进行测量。

（2）交流电压表

交流电压表是用来测量交流电压的仪表，如图 5.40（b）所示。其使用方法与直流电压表的使用方法基本相同。不同之处：一是不必考虑并联接入电路的电压表极性；二是在交流高压电路中，不能直接将电压表并联接入电路中测量电压，必须应用具有一定工作电压的电压互感器将高电压降为低电压，然后接入电压表进行测量。

用交流电流表、交流电压表测量交流电流、交流电压的接线图如图 5.40（c）所示。

  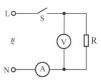

（a）交流电流表　　（b）交流电压表　　（c）接线图

图 5.40　交流电流表与交流电压表

知识链接 2　电笔的使用

电笔，也称验电笔，是用来测试导线、开关、插座等电器及电气设备是否带电的工具。常用的电笔有钢笔式和螺丝刀式两种，如图 5.41（a）所示。它主要由氖管、电阻、弹簧和笔身等组成。

电笔使用时注意握持方法要正确，即右手握住电笔身，食指触及笔身金属体（尾部），电笔的小窗口朝向自己眼睛，如图 5.41（b）所示。

 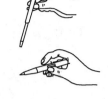

（a）电笔实物　　　（b）电笔的使用方法

图 5.41　电笔实物及其使用方法

▶ 实践操作

✓　列一列　元器件清单

请根据学校实际，将所需的元器件及导线的型号、规格和数量填入表 5.1。

表 5.1　交流电流、交流电压的测量元器件清单

序号	名称	符号	规格	数量	备注
1	交流电流表	Ⓐ			可以用万用表的交流电流挡代替
2	交流电压表	Ⓥ			可以用万用表的交流电压挡代替
3	电笔				
4	交流电源	~			
5	调压变压器				
6	开关	S			
7	用电器	R			可以用电阻、白炽灯泡等
8	连接导线			若干	

✓　做一做　测量交流电流和交流电压

（1）交流电流表测交流电流。测量简单交流电路的电流，并将测量结果填入表 5.2。

（2）交流电压表测交流电压。测量单相交流电源、调压变压器的输出电压，并将测量结果填入表 5.2。

（3）用电笔测量交流电。单相交流电的两根电源线有火线（L）和零线（N）之分，用电笔可以区分单相交流电路中的火线和零线。测量时，用电笔的金属笔尖与电路中的一根线接触，手握笔尾的金属体部分。若这时电笔中的氖管发光了，金属笔尖所接触的那根线就是火线，另一根则为零线。

✓　记一记　将测量结果记入表 5.2

表 5.2　交流电流、交流电压测量结果表

测量项目	测量仪表量程	测量对象	测量数据			测量结果（平均值）
			第1次	第2次	第3次	
交流电流						
交流电压						

▶ 训练总结

请把交流电流、交流电压测量的收获和体会写在表5.3中，并完成评价。

表5.3　　交流电流、交流电压的测量训练总结表

课题	交流电流、交流电压的测量				
班级		姓名		学号	日期
训练收获					
训练体会					
训练评价	评定人	评语		等级	签名
	自己评				
	同学评				
	老师评				
	综合评定等级				

▶ 训练拓展

◇ 拓展1　示波器

示波器是一种观察电信号波形的电子仪器，如图5.42所示。利用示波器可进行交直流电压、周期性信号的周期或频率、脉冲波的脉冲宽度、上升和下降时间、同一信号中任意两点的时间间隔、同频率两信号间的相位差、调幅波的调幅系数和调频指数与频偏等各种电参数的测量。正弦交流电的波形可以用示波器观察。

◇ 拓展2　新型电笔

现在，还有一种集安全及检修等数种功能于一体的感应式电笔，即电子测电笔，如图5.43所示。感应式电笔无须物理接触，即可检查控制线路、导体和插座上的电压或沿导线检测断路位置。它的使用操作很简单，只要按下按钮即能开机（指示灯亮），松开按钮自动关机。它能在接近有电的设备时发出红光，警告有电。感应式电笔适合电工、厂矿、电信、家庭等一切有电的场所使用，是一种使用范围极广的电器现代化配套工具。

图5.42　示波器

图5.43　感应式电笔

5.7.2 双联开关控制一盏灯电路的安装

学习目标

● 学会安装双联开关控制一盏灯电路。

小明家楼梯上要安装照明灯，要求楼上楼下都能控制。爸爸请来了电工师傅，小明自告奋勇地要做小助手。师傅用怀疑的眼光看着他，问道："你会吗？"小明说："当然会，我在学校里已经学过了。"于是，小明和师傅一起开始设计和安装电路。安装完工，师傅检查了小明做的电路，竖起大拇指夸奖他："你做得真不错！"你知道小明是如何安装双联开关控制一盏灯电路的吗？

基础知识

知识链接 1 常用电光源

利用电能做功，产生可见光的光源称为电光源。电光源的转换效率高，电能供给稳定，控制和使用方便，安全可靠，并可方便地用仪表计数耗能。它不仅成为人类日常生活的必需品，而且在工业、农业、交通运输以及国防和科学研究中，都发挥着重要作用。

常用电光源有白炽灯、日光灯、节能灯、LED 灯等。

（1）白炽灯

白炽灯是一种常见的热发射电光源，广泛应用于住宅、办公室等场合照明。其基本结构如图 5.44 所示。按白炽灯用途可分为普通白炽灯泡、低压白灯泡、经济灯泡等；灯泡外形也有大小、形状之分；发光颜色有透明色、红色、白色、蓝色等之分；额定功率也不相同。

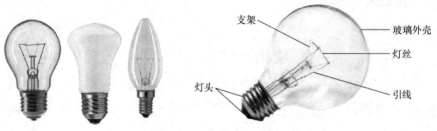

图 5.44 白炽灯

（2）日光灯

日光灯是一种发光效率较高的气体放电光源。常见的日光灯管除长形灯管外，还有环形灯管、U 形灯管、H 形灯管、D 形灯管等，如图 5.45 所示；发光颜色有日光色、冷白色、暖白色。其广泛应用于住宅、办公室等场合照明。

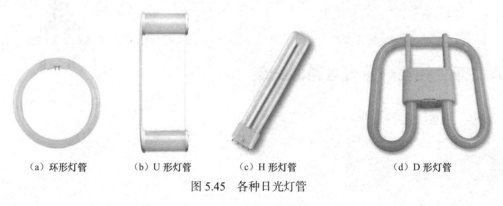

(a)环形灯管 　　(b) U 形灯管 　　(c) H 形灯管 　　(d) D 形灯管

图 5.45 各种日光灯管

（3）节能灯

节能灯指的是采用稀土三基色荧光粉为原料研制而成的节能灯具，如图 5.46 所示。它一般采用电子整流器来驱动。目前，灯用稀土三基色荧光粉的应用已进入一个新的发展阶段，节能光源的发展趋势是光源几何尺寸越做越小，光效越做越高，以较少的电能，得到最高的光通量。一只 7W 的三基色节能灯亮度相当于一只 45W 的白炽灯，而寿命是普通白炽灯泡的 8 倍。

（4）LED 灯

与传统光源的发光效果相比，LED 光源是低压微电子产品，成功地融合了计算机技术、网络通信技术、图像处理技术和嵌入式控制技术等。LED 运用冷光源，眩光小，无辐射，使用中不产生有害物质。LED 的工作电压低，采用直流驱动方式，超低功耗（单管 0.03～0.06W），电光功率转换接近 100%，在相同照明效果下比传统光源节能 80% 以上。LED 的环保效益更佳，光谱中没有紫外线和红外线，而且废弃物可回收，没有污染，不含汞元素，可以安全触摸，属于典型的绿色照明光源。LED 为固体冷光源，环氧树脂封装，抗振动，灯体内也没有松动的部分，不存在灯丝发光易烧、热沉积、光衰等缺点，使用寿命可达 6 万～10 万小时，是传统光源使用寿命的 10 倍以上。常见的 LED 灯如图 5.47 所示。

图 5.46 节能灯　　图 5.47 LED 灯

提示

　　如今，节能减排已成为人们的共识。节能减排就是节约能源、降低能源消耗、减少污染物排放。使用节能灯、LED 灯等绿色照明光源，是实现节能减排的重要措施。

知识链接 2 **常用灯开关**

开关是用来控制灯具等电器电源通断的器件。根据它的使用和安装，其大致可分明装式、暗装式和组合式几大类。明装式开关有倒板式、翘板式、揿钮式和双联或多联式；暗装式（即嵌入式）开关有揿钮式和翘板式；组合式，即根据不同要求组装而成的多功能开关，有节能钥匙开关、请勿打扰的门铃按钮、调光开关、带指示灯的开关和集控开关（板）等。图 5.48 所示为一些常用的灯开关。

图 5.48 常用灯开关

▶ **实践操作**

✓ **读一读　双联开关控制一盏灯电路图**

双联开关控制一盏灯接线原理图如图 5.49 所示，L 为灯，S_1、S_2 为两只双联开关。

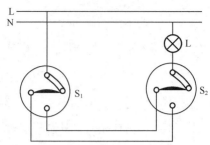

图 5.49　双联开关控制一盏灯接线原理图

✓　列一列　列出元器件清单

请根据学校实际，将所需的元器件及导线的型号、规格和数量填入表 5.4。

表 5.4　　　　　　　　　　双联开关控制一盏灯电路的安装元器件清单

序号	名称	代号	规格	数量	备注
1	灯	L			
2	灯座				与灯配套
3	开关	S			
4	低压断路器				

✓　做一做　双联开关控制一盏灯电路安装

双联开关控制一盏灯电路安装的操作要点见表 5.5。

表 5.5　　　　　　　　　　双联开关控制一盏灯电路安装的操作要点

序号	示意图	操作要点
1		将电源 N 线的出线端与灯座的一接线柱连接
2		将灯座的另一接线柱与一只开关的一端连接
3		将两只开关的接线端正确连接
4		将另一只开关的一端与电源 L 线的出线端连接

✓ **试一试　通电试灯**

将电源引线接到低压断路器的进线端，将电源插头插入单相电源插座。合上低压断路器，用电笔检测电源进线的相线和低压断路器的相线，氖管都发亮说明电源正常。

按下开关 S_1，灯亮；按下开关 S_2，灯灭；再按下开关 S_2，灯亮；再按下开关 S_1，灯灭；再按下开关 S_2，灯亮。

▶ 训练总结

请把双联开关控制一盏灯电路安装的收获和体会写在表 5.6 中，并完成评价。

表 5.6　　　　　　　　　　双联开关控制一盏灯电路的安装训练总结表

课题	双联开关控制一盏灯电路的安装						
班级		姓名		学号		日期	
训练收获							
训练体会							
训练评价	评定人	评语				等级	签名
	自己评						
	同学评						
	老师评						
	综合评定等级						

⌐ 提示 ⌐

　　双联开关控制一盏灯电路安装需要按照工艺要求接线。电路接线的过程，是一个精益求精的过程，需要操作者发扬"求精"的工匠精神。

　　从本质上讲，"工匠精神"是一种职业精神。它是职业道德、职业能力、职业品质的体现，是从业者的一种职业价值取向和行为表现。"求精"是工匠精神的核心之一。

　　求精，就是要精益求精，一丝不苟，追求完美和极致。在电路接线时，不仅要求接线正确，还要求布线规范、工艺美观。在接线过程中，不仅要按图接线，还要精益求精，注重细节，做到"没有最好，只有更好"。在电工技能训练过程中，也要将"求精"的工匠精神落实到实训的每一个细节中，力求完美，即使拧一颗螺钉也要做到最好。

▶ 训练拓展

◇ **拓展 1　一个开关同时控制两盏灯电路的接线方法**

一个开关同时控制两盏灯电路原理图如图 5.50 所示，其接线方法见表 5.7。

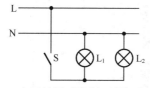

图 5.50　一个开关同时控制两盏灯电路原理图

表 5.7   一个开关同时控制两盏灯电路接线方法

序号	示意图	操作要点
1		将电源 N 线的出线端分别与两个灯座的接线柱连接
2		将两个灯座的另一接线柱连接后，接到开关的一端
3		将开关的另一端与电源 L 线的出线端连接

◇ **拓展 2   两个开关分别控制两盏灯电路的接线方法**

两个开关分别控制两盏灯电路原理图如图 5.51 所示，其接线方法见表 5.8。

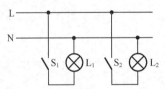

图 5.51   两个开关分别控制两盏灯电路原理图

表 5.8   两个开关分别控制两盏灯电路接线方法

序号	示意图	操作要点
1		将电源 N 线的出线端分别与两个灯座的接线柱连接
2		将两个灯座的另一接线柱分别与开关的一端连接
3		将开关的另一端分别与电源 L 线的出线端连接

5.7.3 单相电源配电板的安装

学习目标

◉ 熟悉单相电能表、低压断路器的功能和典型应用。

◉ 会安装单相电源配电板。

小田家要造新房子了，小田非常兴奋。造新房子要通电通水。自来水已经接好了，小田爸爸又请来了电工师傅。电工师傅说要先安装配电板，将电能表、低压断路器等电气设备安装在配电板上，小田自告奋勇要做帮手，师傅用怀疑的眼光看着他，问"你会吗？"小田说："当然会，我在学校里学过了。"于是，小田开始安装单相电源配电板。很快，小田安装完毕，师傅检查后，竖起大拇指夸奖他："真不错！"你知道小田是如何安装单相电源配电板的吗？

 基础知识

知识链接 1 单相电能表

电能表又称电度表或千瓦小时表，俗称火表，是计量电能的仪表。常见的电能表有单相电能表，常见型号有 DD862、DD28 等。

（1）单相电能表的铭牌

图 5.52 所示为最常用的一种交流感应式单相电能表。电能表的型号和铭牌数据的意义如下。

图 5.52 交流感应式单相电能表

① 型号。电能表的型号由 5 部分组成，其意义如图 5.53 所示。

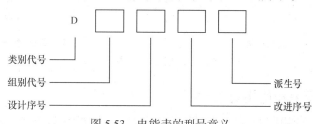

图 5.53 电能表的型号意义

第一部分：类别代号。D——电能表。

第二部分：组别代号。按相线，D——单相，S——三相三线，T——三相四线；按用途：B——标准，X——无功，Z——最大需量，F——复费率，S——全电子式，Y——预付费。

第三部分：设计序号。用阿拉伯数字表示，如862、864等。

第四部分：改进序号。用小写的汉语拼音字母表示。

第五部分：派生号。T——湿热和干热两用，TH——湿热带用，G——高原用，H——船用，F——化工防腐用，K——开关板式，J——带接收器的脉冲电能表。

如图5.52所示电能表的型号DD862，"DD"表示单相电能表，数字"862"为设计序号。一般家庭使用就需选用DD系列的电能表，设计序号可以不同。

② 准确度等级。准确度等级用置于圆圈内的数字表示。如图5.52所示电能表的准确度等级为2，表示电能表允许误差不大于±2%。

③ 主要技术参数。单相电能表的主要技术参数有电能表的额定电压、标定电流和额定最大电流、额定频率、额定转速。

电能表的额定电压是指电能表能长期承受的电压额定值。如图5.52所示单相电能表的额定电压为220V。

电能表的标定电流是指作为计算负荷基数的电流。

额定最大电流是指电能表能长期工作且满足误差要求的最大电流。如图5.52所示单相电能表的标定电流为10A，额定最大电流为40A。

电能表的额定频率为工频50Hz。

电能表的额定转速是指电能表记录的电能与转盘转数或脉冲数之间关系的比例数。如图5.52所示单相电能表的360r/kW·h表示电能表的额定转速是每千瓦时360转。

（2）单相电能表的接线方式

家庭用电量一般较少，因此单相电能表可采用直接接入方式，即电能表直接接入线路上，接线方式如图5.54所示。

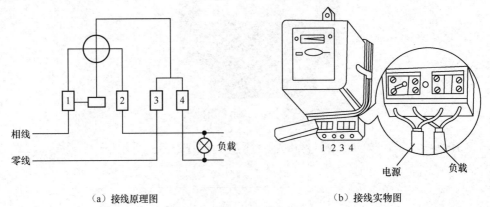

（a）接线原理图   （b）接线实物图

图5.54 单相电能表的接线方式

（3）单相电能表的安装和使用要求

① 电能表应按设计装配图规定的位置进行安装，不能安装在高温、潮湿、多尘及有腐蚀

气体的地方。

② 电能表应安装在不易受振动的墙上或开关板上，离墙面以不低于 1.8m 为宜。这样不仅安全，而且便于检查和读数。

③ 为了保证电能表工作的准确性，电能表必须严格垂直装设。如有倾斜，会发生计数不准或停走等故障。

④ 接入电能表的导线中间不应有接头。接线时接线盒内螺钉应拧紧，不能松动，以免接触不良，引起桩头发热而烧坏。配线应整齐美观，尽量避免交叉。

⑤ 电能表在额定电压下，当电流线圈无电流通过时，铝盘的转动不超过一转，功率消耗不超过 1.5W。根据实践经验，一般 5A 的单相电能表无电流通过时每月耗电不到一度。

⑥ 电能表装好后，开亮电灯，电能表的铝盘应从左向右转动。若铝盘从右向左转动，说明接线错误，应把相线（火线）的进出线调接一下。

⑦ 单相电能表的选用必须与用电器总功率相适应。

⑧ 电能表在使用时，电路不允许短路及过载（不超过额定电流的 125%）。

知识链接 2   低压断路器

低压断路器又名自动空气开关或自动空气断路器，简称断路器。它是低压配电网络和电力拖动系统中一种重要的控制和保护电器，既可手动又可电动分合电路，主要用于低压配电电网和电力拖动系统。它集控制和多种保护功能于一体，对电路或用电设备实现过载、短路和欠电压等保护，也可用于不频繁地转换电路及启动电动机。低压断路器具有操作安全、使用方便、工作可靠、安装简单、动作后（如短路故障排除后）不需要更换元件（如熔体）等优点，在低压配电网络和电力拖动系统得到广泛应用。

常用的小型断路器为 DZ47 系列。DZ47 系列小型断路器主要适用于交流 50Hz/60Hz、额定工作电压为 240V/415V 及以下、额定电流 63A 及以下的电路中。该断路器主要用于现代建筑物的电气线路及设备的过载、短路保护，亦适用于线路的不频繁操作及隔离。DZ47 系列小型断路器由塑料外壳、操作机构、触头灭弧系统、脱扣机构等组成。外壳采用了高阻燃、高强度的特种塑料，抗冲击能力强、重量轻。

（1）低压断路器型号和主要技术参数

① 型号。低压断路器的型号及意义如图 5.55 所示。

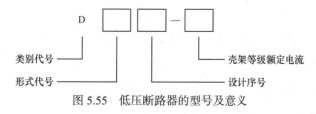

图 5.55　低压断路器的型号及意义

第一部分：类别代号。D——低压断路器。

第二部分：形式代号。Z——装置式，W——万能式。

第三部分：设计序号。用阿拉伯数字表示，如 47 等。

第四部分：壳架等级额定电流，单位为 A。

如图 5.56 所示为常见的 DZ47 系列低压断路器。如图 5.57 所示为常见的 DZ47LE 系列漏电断路器，"LE"表示电子式漏电断路器。该系列低压断路器除具有过载、短路保护功能外，还具有漏电（触电）保护功能。

型号 DZ47-63C20

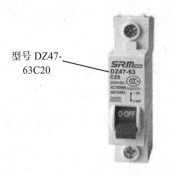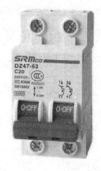 

图 5.56　DZ47 系列低压断路器　　　　图 5.57　DZ47LE 系列漏电断路器

② 主要技术参数。低压断路器的主要技术参数有额定电压、壳架等级额定电流和额定电流等。

低压断路器的额定电压是低压断路器长期工作正常所能承受的最大电压，一般单极为 220V，二极为 220V/380V。

低压断路器的壳架等级额定电流是每一塑壳或框架中所装脱扣器的最大额定电流。如图 5.56 所示低压断路器的型号为 DZ47-63，"63"就表示低压断路器壳架等级额定电流为 63A。

低压断路器的额定电流是脱扣器允许长期通过的最大电流，脱扣电流形式用"B、C、D"表示，B、C 型广泛用于家庭照明，D 型用于对电动机的动力保护。如图 5.56 所示低压断路器中的"C20"，其中"C"表示用于家庭照明；"20"表示低压断路器的额定电流为 20A。

（2）低压断路器的接线

低压断路器的接线可以看低压断路器的标注，电源引线接在上接线柱，负载引线接在下接线柱。其接线方法如图 5.58 所示。

（3）低压断路器的安装与维护

① 低压断路器应垂直于配电板安装，电源引线应接到上端，负载引线接到下端，使手柄在下方，手柄向上的位置是动触头闭合位置，即接通电源位置。

② 低压断路器用作电源总开关或电动机的控制开关时，在电源进线侧必须加装刀开关或组合开关等，以形成明显的断开点。

③ 板前接线的低压断路器允许安装在金属支架上或金属底板上，但板后接线的低压断路器必须安装在绝缘底板上。

电源　电源
引线L　引线N

负载　负载
引线L　引线N

图 5.58　低压断路器的
接线方法

④ 要闭合断路器，须将手柄朝着 ON 箭头方向往上推；要分断，则将手柄朝 OFF 箭头方向往下拉。

⑤ 当断路器因被控制电路发生的故障而分断时，需查明原因，排除故障后方能合闸。

▶ **实践操作**

✓ **读一读　单相电源配电板电路图**

常用照明配电板电路图如图 5.59 所示。

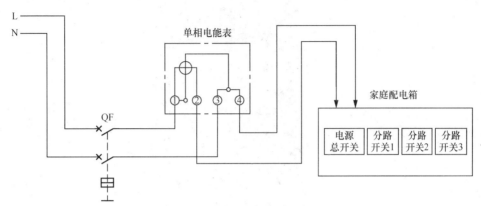

图 5.59　单相电源配电板电路图

✓ **列一列　列出元器件清单**

请根据学校实际，将所需的元器件及导线的型号、规格和数量填入表 5.9。

表 5.9　　　　　　　　　　　　单相电源配电板安装元器件清单

序号	名称	规格	数量	备注
1	低压断路器		1	
2	单相电能表		1	
3	电源总开关		1	
4	分路开关		3	
5	电工板		1	
6	导线		若干	两种颜色
7	导轨		2	

✓ **做一做　单相电源配电板安装**

安装照明配电板的操作要点见表 5.10。

表 5.10　　　　　　　　　　　　安装照明配电板的操作要点

序号	步骤	示　意　图	操作要点
1	固定元器件		将安装照明配电板所需的元器件固定在电工板上

续表

序号	步骤	示意图	操作要点
2	连接低压断路器与单相电能表进线端		将低压断路器的两个出线端分别与单相电能表的①、③两端连接
3	连接单相电能表出线端与家庭配电箱的电源总开关		将单相电能表的②、④端分别与家庭配电箱电源总开关的进线端连接
4	连接家庭配电箱		将家庭配电箱电源总开关的出线端与 3 个分路开关连接

✓ **测一测　测量单相电源配电板**

（1）照明电路配电安装好后，按电路图从电源端开始，逐段核对接线有无漏接、错接、冗接之处，检查导线接点是否符合要求，压接是否牢固，以免带负载运行时产生闪弧现象。

（2）用万用表电阻挡检查电路接线情况

检查时，断开总开关，选用倍率适当的电阻挡，并电阻调零。

① 导线连接检查：将表笔分别搭在同一根导线两端上，万用表读数应为"零"。

② 电源电路检查：将表笔分别搭在两线端上，读数应为"∞"。接通低压断路器时，万用表读数应为"零"；断开低压断路器时，万用表读数应为"∞"。

（3）用兆欧表检查绝缘电阻

断开低压断路器，用兆欧表检查两导线间的绝缘电阻及导线对地间的绝缘电阻。

（4）用电笔检查相线

接通电源，合上低压断路器和电源总开关，用电笔检查分路开关的相线（火线），正常时，电笔氖管应点亮。

（5）用交流电压表检测分路开关两端电压

用万用表交流电压挡检测分路开关两端电压。接通电源，合上低压断路器和电源总开关，将表笔分别搭在分路开关出线端，万用表读数应为"220V"。

➤ **训练总结**

请把单相电源配电板安装的收获和体会写在表 5.11 中，并完成评价。

表 5.11　　　　　　　　　　　　　　　　单相电源配电板安装训练总结表

课题	单相电源配电板安装					
班级		姓名		学号	日期	
训练收获						
训练体会						
训练评价	评定人	评语			等级	签名
	自己评					
	同学评					
	老师评					
	综合评定等级					

> **训练拓展**

◇　**拓展 1　新型电能表**

（1）长寿式机械电能表

长寿式机械电能表是在充分吸收国内外先进电能表设计、选材和制作经验的基础上开发的新型电能表，具有宽负载、长寿命、低功耗、高精度等优点，如图 5.60（a）所示。

（2）静止式电能表

静止式电能表，也称电子式电能表，是借助于电子电能计量先进的机理，继承传统感应式电能表的优点，采用全屏蔽、全密封的结构，具有良好的抗电磁干扰性能，集节电、可靠、轻巧、高精度、高过载、防窃电等为一体的新型电能表，如图 5.60（b）所示。

（3）电卡预付费电能表

电卡预付费电能表即机电一体化预付费电能表，又称 IC 卡表或磁卡表。它不仅具有电子式电能表的各种优点，而且电能计量采用先进的微电子技术进行数据采集、处理和保存，实现先付费后用电的管理功能，如图 5.60（c）所示。

（a）长寿式电能表　　　（b）静止式电能表　　　（c）电卡预付费电能表　　　（d）多费率电能表

图 5.60　新型电能表

（4）多费率电能表

多费率电能表或称分时电能表、复费率表，俗称峰谷表，属电子式或机械式电能表，是近年来为适应峰谷分时电价的需要而提供的一种计量装置。它可按预定的峰、谷、平时段的划分，分别计量高峰、低谷、平段的用电量，从而对不同时段的用电量采用不同的电价，发挥电价的调节作用，鼓励用电客户调整用电负荷，移峰填谷，合理使用电力资源，充分挖掘发电、供电、用电设备的潜力，如图 5.60（d）所示。

◇　拓展 2　家庭配电箱安装

常用的家庭配电箱如图 5.61 所示。家庭配电箱分金属外壳和塑料外壳两种，有明装式和暗装式两类，其箱体必须完好无损。箱体内接线汇流排应分别设立零线、保护接地线、相线，且要完好无损，具有良好绝缘。空气开关的安装座架应光洁无阻并有足够的空间。配电箱门板应有透明检查窗。

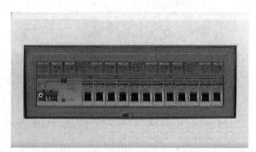

图 5.61　照明电路配电箱

家庭配电箱的安装要点如下。

（1）应安装在干燥、通风部位，且无妨碍物，方便使用。绝不能将配电箱安装在箱体内，以防火灾。

（2）配电箱不宜安装过高，一般安装标高为 1.8m，以便操作。

（3）进配电箱的电管必须用锁紧螺母固定。

（4）若配电箱需开孔，孔的边缘须平滑、光洁。

（5）配电箱埋入墙体时应垂直、水平，边缘留 5～6mm 的缝隙。

（6）配电箱内的接线应规则、整齐，端子螺栓必须紧固。

（7）各回路进线必须长度足够，不得有接头。

（8）安装后应表明各回路使用名称。

（9）安装完成后须清理配电箱内的残留物。

◇　拓展 3　插座安装

插座是供移动电器如台灯、电风扇、电视机、洗衣机及电动机等连接电源用的。插座分固定式和移动式。常用固定式插座如图 5.62 所示，移动式插座如图 5.63 所示。

固定式插座安装的技术要点如下。

（1）凡携带式或移动式电器用插座，单相应用三孔插座，三相用四孔插座，其接地孔应与接地线或零件接牢。

（2）明装插座离地面的高度应不低于 1.3m，一般为 1.5～1.8m；暗装插座允许低装，但距地面高度的插座高度不低于 0.3m。

图 5.62　常见的固定式插座　　　　　图 5.63　移动式插座

（3）儿童活动场所的插座应用安全插座，采用普通插座时，安全高度不应低于 1.8m。

（4）在特别潮湿的场所，不应安装插座。

 本章小结

本章学习了正弦交流电路。正弦交流电是日常生活中最常用的电源，正弦交流电路的基本知识和基本分析方法是学习电子技术、交流电动机、变压器等的基础，一定要很好地掌握。

第 5 章知识要点解读

1. 什么是正弦交流电？表征正弦交流电的物理量有哪些？交流电最大值与有效值各是什么？写出它们的关系式。频率、周期、角频率各是什么？写出它们的关系式。初相位是什么？如何比较同频率正弦交流电的相位？什么是正弦交流电的三要素？

2. 正弦交流电的表示方法有哪些？正弦交流电如何用解析法表示？正弦交流电如何用图像法表示？正弦交流电如何用矢量图表示？这些表示方法与正弦交流电的三要素之间如何转换？

3. 在正弦交流电中，负载有电阻、电感和电容，这些元件的电压与电流的关系如何？它们的有功功率、无功功率分别为多少？完成表 5.12。

表 5.12　　　　　　　　　　　　　单一元件交流电路比较表

电路	阻抗	电压与电流关系		功率	
		数量关系	相位关系	有功功率	无功功率
纯电阻交流电路					
纯电感交流电路					
纯电容交流电路					

4. 串联交流电路的电压与电流的关系如何？它们的有功功率、无功功率、视在功率和功率因数分别为多少？完成表 5.13。

表 5.13 串联交流电路比较表

电路	阻抗	电压与电流关系		功率			功率因数
		数量关系	相位关系	有功功率	无功功率	视在功率	
RLC 串联交流电路							
RL 串联交流电路							
RC 串联交流电路							

5. 感性负载与电容并联交流电路如何分析？提高功率因数的常用方法是什么？为什么要提高功率因数？

6. 串联谐振电路与并联谐振电路的条件与特点有什么不同？完成表 5.14。

表 5.14 串联谐振电路与并联谐振电路的比较

项 目	RLC 串联谐振电路	电感线圈与电容并联谐振电路
谐振条件		
谐振频率		
谐振阻抗		
谐振电流		
品质因数		
各元件上电压（电流）		

思考与练习

一、填空题

1. 大小和方向随时间按_____变化的电压和电流，称为正弦交流电，即我们平时所说的_____，其文字符号用字母_____表示。

2. 用交流电表测得交流电的数值是_____，最大值和有效值之间的关系_____。

3. 交流电在 1s 内完成周期性变化的次数叫作交流电的_____，频率与周期之间的关系为_____，角频率与周期之间的关系为_____。

4. 我国民用交流电压的频率为_____，有效值为_____。

5. 一交流电流的有效值为 50A，则它的最大值等于_____。用电流表测量它，则电流表的读数为_____。

6. 正弦交流电在 0.1s 时间内变化了 5 周,那么它的周期等于_____,频率等于_____。

7. 正弦交流电的三要素是_____、_____、_____。

8. 已知某交流电流的最大值 $I_m = 2A$，频率 $f = 50Hz$，$\varphi = \dfrac{\pi}{6}$，则有效值 $I =$ _____，角频率 $\omega =$ _____，周期 $T =$ _____，解析式为 $i =$ _____。

9. 某同学测得一工频交流电的电流为 15A，初相位 $\varphi = -\dfrac{\pi}{3}$，则其解析式为_____。

10. 旋转矢量在纵轴上的投影，就是该正弦量的_____值。

11. 已知交流电压的解析式：$u_1 = 10\sqrt{2}\sin(100\pi t - 90°)$V，$u_2 = 10\sin(100\pi t + 90°)$V，则它们之间的相位关系是_____。

12. 某正弦交流电压的波形图如图 5.64 所示，则该电压的频率 $f=$_____，有效值 $U=$_____，解析式 $u=$_____。

13. 从双踪示波器荧光屏上观察到两个同频率交流电压的波形如图 5.65 所示，那么两个电压瞬时值分别为 $u_1=$_____，$u_2=$_____，两个电压之间的相位差为_____。

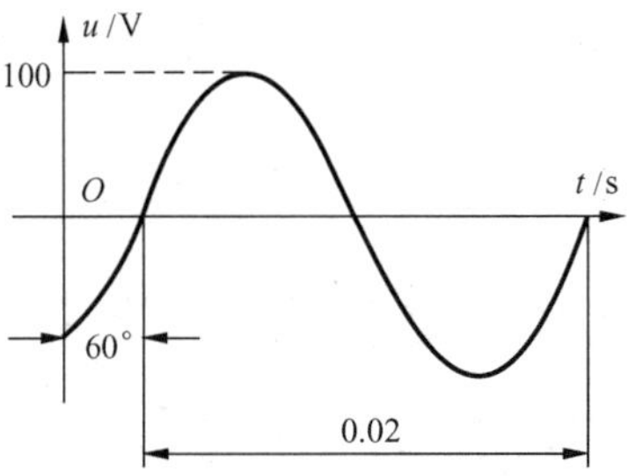

图 5.64 填空题 12 图

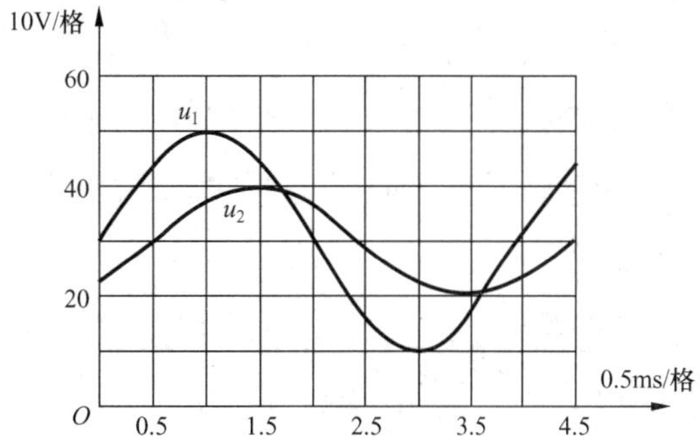

图 5.65 填空题 13 图

14. 电容器和电阻器都是构成电路的基本元件，但它们在电路中所起的作用却是不同的，从能量上来看，电容器是一种_____元件，而电阻器则是_____元件。

15. 纯电阻交流电路中，电压有效值与电流有效值符合_____定律，电压与电流的相位关系为_____。

16. 当 $R=4\Omega$ 的电阻通入交流电，已知交流电流的表达式为 $i=4\sin(314t-60°)$A，则电阻上消耗的功率是_____。

17. 高频扼流线圈的电感量 $L=3$mH，当频率 $f=50$Hz 时，感抗 $X_L=$_____；当频率 $f=1\,000$Hz 时，感抗 X_L 变为_____。

18. 在纯电感电路中，若电源频率提高一倍，而其他条件不变，则电感中的电流 I 将_____。

19. 在纯电容电路中，增大电源频率时，其他条件不变，电容中的电流 I 将_____。

20. 纯电感交流电路中，电感两端电压为 $u=10\sqrt{2}\sin(100\pi t + \dfrac{\pi}{4})$V，$C=40\mu$F，则瞬时功率最大值为_____，一个周期内的平均功率为_____。

21. 纯电阻交流电路的功率因数为_____，纯电感交流电路的功率因数为_____，纯电容交流电路的功率因数为_____。

22. 交流电路中的负载有电阻、电感和电容，其中能消耗电能的只有_____负载。

23. 在 RC 串联正弦交流电路中，电压三角形由 U_C、_____和_____组成。

24. 在 RC 串联正弦交流电路中，用电压表测量电阻 R 两端的电压为 12V，电容 C 两端的电压为 5V，则电路的总电压是_____。

25. 在 RLC 串联正弦交流电路中，当 $X_L > X_C$ 时，电路呈____性；当 $X_L < X_C$ 时，电路呈____性；$X_L = X_C$，电路呈____性。

26. 某日光灯接在 220V 的交流电源上，已知日光灯的有功功率 $P = 40W$，通过日光灯的电流为 0.366A，则该日光灯的功率因数 $\cos\varphi = $ _____。

*27. 如图 5.66 所示电路中，电流表读数为_____，电压表读数为_____。

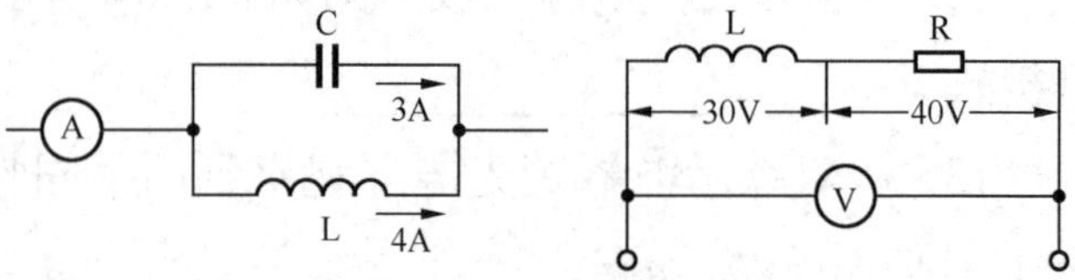

*28. 在感性负载两端并联上电容器以后，线路上的总电流将_____，负载电流将_____，线路上的功率因数将_____，有功功率将_____。

图 5.66 填空题 27 图

*29. 电阻、电感、电容串联电路发生谐振的条件是_____，谐振频率为_____。

*30. 在谐振电路中，可以增大品质因数，以提高电路的_____；但若品质因数过大，就使_____变窄了，接收的信号就容易失真。

二、选择题

1. 两个同频率的正弦交流电的相位差等于 180° 时，则它们的相位关系是（　　）。

A. 同相　　　　　B. 反相　　　　　C. 相等　　　　　D. 正交

2. 已知 $e_1 = 50\sin(314t + 30°)$ V，$e_2 = 70\sin(628t - 45°)$ V，则 e_1、e_2 的相位关系是（　　）。

A. e_1 比 e_2 超前 75°

B. e_1 比 e_2 滞后 75°

C. e_1 比 e_2 滞后 15°

D. e_1 与 e_2 的相位差不能进行比较

3. 一个电容器耐压为 250V，把它接入正弦交流电中使用时，加在电容器上的交流电压有效值最大可以是（　　）。

A. 250V　　　　　B. 200V　　　　　C. 177V　　　　　D. 150V

4. 一个电热器接在 10V 的直流电源上，产生一定的热效率。把它改接到交流电源上，使产生的热效率是直流时的一半，则交流电源电压最大值应是（　　）。

A. 7.07V　　　　　B. 5V　　　　　C. 10V　　　　　D. 14V

5. 两个正弦交流电电流的解析式是 $i_1 = 20\sqrt{2}\sin\left(100\pi t + \dfrac{\pi}{6}\right)$ A，$i_2 = 20\sin\left(100\pi t + \dfrac{\pi}{4}\right)$ A，这两个交流电流相同的量是（　　）。

A. 最大值　　　　　B. 有效值　　　　　C. 周期　　　　　D. 初相位

6. 在纯电阻电路中，计算电流的公式是（　　）。

A. $i = \dfrac{U}{R}$　　　　B. $i = \dfrac{U_m}{R}$　　　　C. $I = \dfrac{U_m}{R}$　　　　D. $I = \dfrac{U}{R}$

7. 在纯电感交流电路中，计算电流的公式（　　）。

A. $i = \dfrac{U}{L}$　　　　B. $I_m = \dfrac{U}{\omega L}$　　　　C. $I = \dfrac{U}{\omega L}$　　　　D. $I = \dfrac{u}{\omega L}$

8. 在电感为 $X_L = 50\Omega$ 的纯电感电路两端加上正弦交流电压 $u = 20\sin\left(100\pi t + \dfrac{\pi}{3}\right)$ V，则通过它的瞬时电流为（　　）。

A. $i = 20\sin\left(100\pi t - \dfrac{\pi}{6}\right)$ A

B. $i = 0.4\sin\left(100\pi t - \dfrac{\pi}{6}\right)$ A

C. $i = 0.4\sin\left(100\pi t + \dfrac{\pi}{3}\right)$ A

D. $i = 0.4\sin\left(100\pi t + \dfrac{\pi}{6}\right)$ A

9. 在纯电容交流电路中，计算电流的公式是（　　）。

A. $i = \dfrac{U}{C}$　　　　　B. $I_m = \dfrac{U}{\omega C}$　　　　　C. $I = \dfrac{U}{\omega C}$　　　　　D. $I = \omega CU$

10. 若电路中某元件两端的电压 $u = 36\sin(314t - 180°)$ V，电流 $i = 4\sin(314t + 180°)$ A，则该元件是（　　）。

A. 电阻　　　　　B. 电感　　　　　C. 电容　　　　　D. 无法判断

11. 已知交流电路中，某元件的阻抗与频率成反比，则该元件是（　　）。

A. 电阻　　　　　B. 电感　　　　　C. 电容　　　　　D. 无法判断

12. 在 RL 串联正弦交流电路中，当外加电源的频率增加时，若电源电压不变，电路中的总电流将（　　）。

A. 变小　　　　　B. 变大　　　　　C. 不变　　　　　D. 不能确定

13. 在 RC 串联的正弦交流电路中，电流的计算公式正确的是（　　）。

A. $I = \dfrac{U}{R}$

B. $I = \dfrac{U}{X_C}$

C. $i = \dfrac{U}{z}$，$z = \sqrt{R^2 + X_C^2}$

D. $I = \dfrac{U}{z}$，$z = \sqrt{R^2 + X_C^2}$

14. 把一个电阻器和一个电容器串联后接到 110V 的交流电压上，已知电阻 $R = 6\Omega$，电容容抗 $X_L = 8\Omega$，则电路阻抗为（　　）。

A. 6Ω　　　　　B. 8Ω　　　　　C. 10Ω　　　　　D. 14Ω

15. 在 RLC 串联正弦交流电路中，$U_R = 40$V，$U_L = 70$V，$U_C = 40$V，则该电路总电压 U 为（　　）。

A. 40V　　　　　B. 50V　　　　　C. 70V　　　　　D. 150V

16. 在一个 RLC 串联电路中，已知 $R = 20\Omega$，$X_L = 80\Omega$，$X_C = 40\Omega$，则该电路呈（　　）。

A. 电容性　　　　　B. 电感性　　　　　C. 电阻性　　　　　D. 中性

17. 在 RLC 串联正弦交流电路中，计算电压与电流的相位差公式正确的是（　　）。

A. $\varphi = \arctan\dfrac{U_L - U_C}{U}$

B. $\varphi = \arctan\dfrac{L - C}{R}$

C. $\varphi = \arctan\dfrac{\omega L - \omega C}{R}$

D. $\varphi = \arctan\dfrac{\omega L - \dfrac{1}{\omega C}}{R}$

18. 如图 5.67 所示交流电路中，已知 $u_1 = 80\sqrt{2}\sin(314t + 45°)$V，$u_2 = 60\sqrt{2}\sin(314t - 45°)$V，则电压表的读数为（　　）。

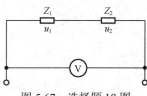

A. 20V   B. 80V

C. 100V   D. 140V

图 5.67　选择题 18 图

19. 功率表测量的是（　　）。

A. 有功功率　　　B. 无功功率　　　C. 视在功率　　　D. 瞬时功率

20. 某负载两端所加的正弦交流电压和流过的正弦交流电流最大值分别为 U_m、I_m，则该负载的视在功率为（　　）。

A. $\sqrt{2}\,U_m I_m$　　　B. $2U_m I_m$　　　C. $\dfrac{1}{2}U_m I_m$　　　D. $\dfrac{1}{\sqrt{2}}U_m I_m$

*21. 如图 5.68 所示电路中，电流表的读数是（　　）。

A. 2A   B. 6A   C. 10A   D. 22A

*22. 如图 5.69 所示电路中，当交流电源为 $U = 220$V，频率 $f = 50$Hz 时，3 只灯泡 A、B、C 亮度相同。当电源电压有效值不变，频率 $f = 500$Hz 时，则（　　）。

A. A 灯比原来亮　　B. B 灯比原来亮　　C. C 灯比原来亮　　D. 所有灯亮度不变

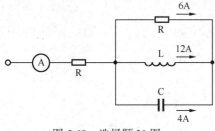

图 5.68　选择题 21 图

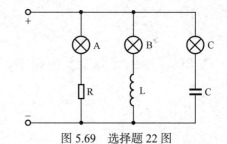

图 5.69　选择题 22 图

*23. 交流电路中负载消耗的功率 $P = UI\cos\varphi$，因此并联电容器使电路的功率因数提高后，负载消耗的功率将（　　）。

A. 减小   B. 不变   C. 增加   D. 无法判断

*24. 在 RLC 串联正弦交流电路中，已知 $X_L = X_C = 40\Omega$，$R = 10\Omega$，总电压有效值为 220V，则电容两端的电压为（　　）。

A. 0V   B. 55V   C. 220V   D. 880V

*25. 在 RLC 串联正弦交流电路中，谐振频率 f_0 为 750kHz，通频带为 10kHz，则该电路的品质因数为（　　）。

A. 10   B. 75   C. 150   D. 7 500

三、计算题

1. 将一个阻值为 48.4Ω 的电炉，接到电压为 $u = 220\sqrt{2}\sin\left(\omega t - \dfrac{\pi}{3}\right)$V 的电源上。（1）求通过电炉的电流，写出电流的解析式；（2）求电炉消耗的功率。

2. 一个电感为 20mH 的纯电感线圈，接在电压 $u = 311\sin(314t + 30°)$V 的电源上，

求：（1）通过线圈的电流，写出电流的解析式；（2）电路的无功功率。

3. 一个容量为 $637\mu F$ 的电容器，接在电压 $u = 220\sqrt{2}\sin(314t - 60°)\,\text{V}$ 的电源上，求：（1）通过电容器的电流，写出电流的解析式；（2）电路的无功功率。

4. 将电感为 63.5mH、电阻为 20Ω 的线圈接到 $u = 220\sqrt{2}\sin(314t + 15°)\,\text{V}$ 的电源上，组成 RL 串联电路。求：（1）线圈的阻抗；（2）通过电路的电流有效值；（3）电路的有功功率；（4）电路的功率因数。

5. 现有一个"110V 40W"的白炽灯，要把它接到"220V 50Hz"的交流电源上使用，分别采用串联电阻和串联电感的方法降压，求串联电阻和串联电感。

6. 将阻值为 80Ω 的电阻和电容为 $53\mu F$ 的电容串联，接到"220V 50Hz"的交流电源上，组成 RC 串联电路。求：（1）电路的阻抗；（2）通过电路的电流有效值；（3）电路的有功功率；（4）电路的功率因数。

7. 在 RLC 串联交流电路中，已知 $R = 30\Omega$，$L = 223\text{mH}$，$C = 80\mu F$，电路两端交流电压 $u = 311\sin 314t\,\text{V}$。求：（1）电路阻抗；（2）电流有效值；（3）各元件两端电压有效值；（4）电路的有功功率、无功功率、视在功率；（5）电路的性质。

*8. 在 RLC 串联电路中，已知流过电路的电流为 6A，$U_R = 80\text{V}$，$U_L = 240\text{V}$，$U_C = 180\text{V}$，电源频率为 50Hz。求：（1）电源电压的有效值 U；（2）电路参数 R、L、C；（3）电流与总电压的相位差；（4）电路的视在功率 S、有功功率 P 和无功功率 Q。

*9. 如图 5.70 所示电路，已知 $u = 10\sqrt{2}\sin(314t + 60°)\,\text{V}$，$i = 2\sqrt{2}\sin(314t + 30°)\,\text{A}$，求：（1）负载阻抗；（2）负载性质；（3）负载的电阻 R 和电抗 X；（4）负载消耗的功率。

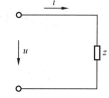

*10. 在电阻、电感、电容串联谐振电路中，电阻 $R = 50\Omega$，电感 $L = 5\text{mH}$，电容 $C = 50\text{pF}$，外加电压有效值 $U = 10\text{mV}$。求：（1）电路的谐振频率；（2）谐振时的电流；（3）电路的品质因数；（4）电容器两端的电压。

图 5.70 计算题 9 图

*四、综合题

1. 日光灯电路是常见的 RL 串联电路，它是把镇流器（电感线圈）和灯管（电阻）串联起来，再接到电压为 220V 的交流电源上，如图 5.71 所示。在日光灯两端并联上一个电容后，能提高电路的功率因数。若此时日光灯的功率不变，则：

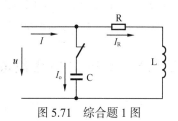

图 5.71 综合题 1 图

（1）并联电容后流过灯管的电流 I_R 将如何变化？为什么？

（2）电路总电流 I 将如何变化？为什么？

（3）在实验中用指针式万用表测量交流电源的电压，万用表的量程应如何选择？

（4）用万用表测得镇流器两端电压为 190V，灯管两端的电压为 110V，发现 $U \neq U_L + U_R$，其原因是什么？

2. 为家庭或亲朋好友安装一盏日光灯，要求从元器件的采购到日光灯的安装必须独立完成。

3. 为学校、家庭或亲朋好友修理一盏日光灯。

第6章

三相交流电路

在电力系统中，广泛应用的是三相交流电。三相交流电有很多的优点：三相发电机比尺寸相同的单相发电机输出功率要大；三相输电线路比单相输电线路经济；三相电动机比单相电动机结构简单，平稳可靠，输出功率大……因此，目前世界上电力系统的供电方式大多数采用三相制供电。通常，单相交流电是三相交流电的一相，从三相交流电源获得。

那么，三相交流电路有哪些特点？如何分析三相交流电路？一起来学一学吧。

知识目标

● 了解三相交流电的概念，理解相序的概念。

● 了解三相电源星形连接的特点，了解我国电力系统的供电制。

● 了解三相对称负载星形、三角形接法的特点。

技能目标

● 会应用三相对称负载星形、三角形接法的特点分析三相交流电路。

● 会应用三相交流电知识分析和解决实际问题。

6.1 三相交流电的基础知识

学习目标

● 知道三相对称电动势，会识别三相电源的相序。

● 认识三相三线制和三相四线制供电系统，说出线电压与相电压的关系。

为三相交流电路提供电能的装置是三相交流电源。那么，三相交流电源是如何产生的？三相异步电动机的旋转方向又是由什么决定的？

6.1.1 三相交流电的基本概念

三相交流电是通过三相交流发电机获得的，如图 6.1（a）所示。三相交流发电机与单相交流发电机的结构相似，由定子和转子组成。定子有 3 个结构相同的绕组，3 个绕组在定子的位置彼此相隔 120°，3 个绕组的始端分别以 U1、V1、W1 来表示，末端分别以 U2、V2、W2 来表示。当转子匀速旋转时，3 个绕组由于切割磁感线而产生 3 个不同相位的三相交流电，如图 6.1（b）和图 6.1（c）所示。

三相交流电的产生

在工程上，**最大值相等、频率相同、相位互差 120° 的 3 个正弦电动势**，称为三相对称电动势。如果以 e_U 为参考正弦量，那么各相电动势的瞬时值表达式为

$$\begin{cases} e_{U} = E_{m} \sin \omega t \\ e_{V} = E_{m} \sin (\omega t - 120°) \\ e_{W} = E_{m} \sin (\omega t + 120°) \end{cases} \qquad (6\text{-}1)$$

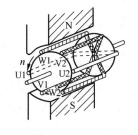 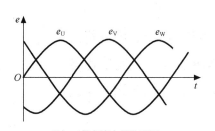 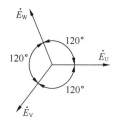

（a）简单三相交流发电机　　　　（b）三相交流电的波形图　　　　（c）三相交流电的矢量图

图 6.1　三相交流电的基本概念

6.1.2　三相交流电的相序

三相电动势随时间按正弦规律变化，它们到达最大值（或零值）的先后次序，称为**相序**。由图 6.1（c）所示矢量图可以看出，3 个电动势按顺时针方向的次序到达最大值（或零值），即按 **U—V—W—U** 的顺序，称为**正序或顺序**；若按逆时针方向的次序达到最大值（或零值），即按 **U—W—V—U** 的顺序，称为**负序或逆序**。

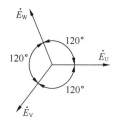
三相交流电的相序

图 6.2 所示为工厂中常用的三相笼型异步电动机。三相笼型异步电动机的旋转方向由三相电源的相序决定，改变三相电源的相序可改变三相异步电动机的旋转方向。工程上，经常通过任意对调三相电源的两根电源线来实现三相笼型异步电动机的正反转控制。

6.1.3　三相交流电源

三相发电机的每一个绕组都是独立的电源，都可以单独向负载

图 6.2　三相笼型异步电动机

供电，但这样供电需要 6 根导线。工程上，三相电源是按照一定的方式连接后再向三相负载供电的，通常采用星形连接方式。

将三相发电机绕组的 3 个末端 U2、V2、W2 连接成公共点，3 个首端 U1、V1、W1 分别与负载连接，如图 6.3 所示，这种连接方式称为**星形连接**，用符号"**Y**"表示。3 个末端 U2、V2、W2 连接成的公共点称为**中性点（中点）**或**零点**，用符号"**N**"表示，从中点引出的导线称为**中性线（中线）**或零线，一般用黑色线或白色线；从三相绕组首端引出的 3 根导线称为**相线**或**火线**，分别用符号"**U、V、W**"表示，用黄、绿、红 3 种颜色区分。这种由 3 根相线和 1 根中性线组成的供电系统称为**三相四线制供电系统**，用符号"**Y₀**"表示，通常在低压配电系统中采用；在高压输电系统中，通常采用只由 3 根相线组成的**三相三线制供电系统**，用符号"**Y**"表示。

三相电源的
星形连接

三相四线制供电系统（见图 6.3）可输送两种电压，即相电压和线电压。

相电压是相线与中性线之间的电压，分别用符号"U_U、U_V、U_W"表示 U、V、W 各相电压的有效值，通用符号用"U_P"表示。因为三相电动势是对称的，所以 3 个相电压也是对称的。

线电压是相线与相线之间的电压，分别用符号"U_{UV}、U_{VW}、U_{WV}"表示 UV、VW、WV 之间的电压有效值，通用符号用"U_L"表示。线电压与相电压之间的关系为

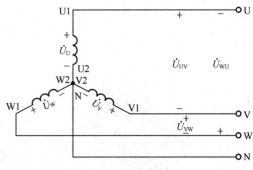

图 6.3　三相四线制电源

$$\dot U_{UV}=\dot U_U-\dot U_V$$
$$\dot U_{VW}=\dot U_V-\dot U_W$$
$$\dot U_{WU}=\dot U_W-\dot U_U$$

由此作出相应的矢量图，如图 6.4 所示。

由矢量图可知，线电压 U_{UV} 与相电压 U_U 之间的数量关系为

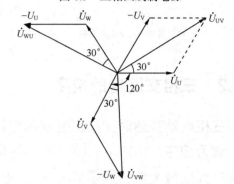

图 6.4　三相四线制电源电压矢量图

$$U_{UV}=\sqrt3\,U_U$$

同理可得

$$U_{VW}=\sqrt3\,U_V$$
$$U_{WU}=\sqrt3\,U_W$$

因此，线电压与相电压之间的数量关系为

$$U_L=\sqrt3\,U_P \tag{6-2}$$

由矢量图还可以看出：线电压与相电压的相位关系为**线电压超前相应的相电压 30°**。因此，相电压是对称的，线电压也是对称的。

 提示

我国的电力系统中，高压输电系统通常采用三相三线制供电系统，低压配电系统通常采用三相四线制供电系统。

在三相四线制供电系统中，动力线路接在 3 根相线上，任意两根相线之间的电压是 380V（线电压），照明线路接在一根相线和一根中性线上，它们之间的电压是 220V（相电压）。

【例 6.1】 已知三相四线制供电系统中，V 相电动势的瞬时值表达式为 $e_V=380\sqrt2\sin(\omega t+\pi)$V，按正序写出 e_U、e_W 的瞬时值表达式。

【分析】 先画出 V 相电动势的矢量图，再根据正序画出 U 相、W 相电动势的矢量图，如图 6.5 所示，即可写出 e_U、e_W 的瞬时值表达式。

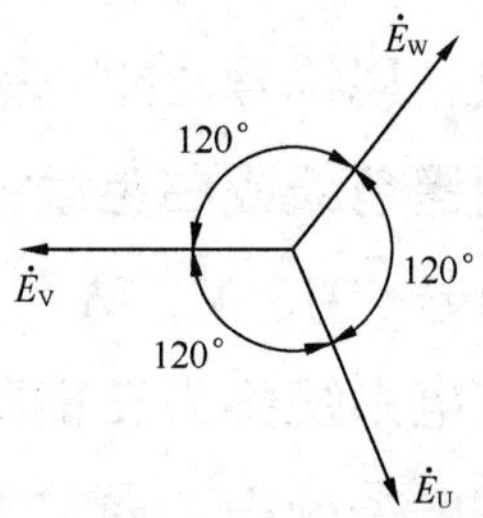

图 6.5　V 相、U 相和 W 相电动势矢量图

解： 由矢量图可知，e_U、e_W 的瞬时值表达式为

$$e_U = 380\sqrt{2}\sin\left(\omega t - \frac{\pi}{3}\right)V$$

$$e_W = 380\sqrt{2}\sin\left(\omega t + \frac{\pi}{3}\right)V$$

小结

　　三相对称电动势最大值相等、频率相同、相位互差 120°。三相四线制供电系统中，相电压和线电压都是对称的，线电压是相电压的 $\sqrt{3}$ 倍，线电压的相位超前相应的相电压 30°。

⌐注意⌐

　　如果将三相电源的每相绕组首尾端依次相连，称为三相电源的三角形接法。三角形接法由于绕组容易形成环流，使绕组过热，甚至烧毁。因此，三相发电机一般不采用三角形接法，三相变压器有时采用三角形接法，但要求连线前必须检查三相绕组的对称性及接线顺序。

6.2　三相负载的连接

学习目标

⊙　知道三相对称负载星形、三角形接法的特点，说出线电压与相电压、线电流与相电流的关系。

⊙　会计算三相对称交流电路。

　　负载是消耗电能的装置。负载按它对电源的要求分为单相负载和三相负载。单相负载是指用单相电源（即照明电源）供电的设备，如电灯、电炉、各种家用电器等。三相负载是指用三相电源（即动力电源）供电的设备，如三相异步电动机、三相电炉等。各相负载的大小和性质都相等的三相负载称为三相对称负载，如三相异步电动机、三相电炉等，否则，称为三相不对称负载，如三相照明电路中的负载。三相负载的连接方式有两种：星形连接（Y）和三角形连接（△）。那么，它们的特点如何？如何分析三相交流电路呢？

三相负载的
星形连接

6.2.1　三相负载的星形连接

1. 连接方式

　　将各相负载的末端 U2、V2、W2 连在一起接到三相电源的中性线上，把各相负载的首端 U1、V1、W1 分别接到三相交流电源的 3 根相线上，这种连接方式称为三相负载有中性线的星形连接法，用符号"Y_0"表示。图 6.6（a）所示为三相负载有中性线的星形连接的原理图，图 6.6（b）所示为其实际电路图。

2. 电路特点

　　三相负载作星形连接有中性线时，每相负载两端的电压称为负载的相电压，用符号 U_{YP} 表示。当输电线的阻抗忽略不计时，负载的相电压等于电源的相电压，负载的线电压等于电源的线电压。因此，负载的线电压与负载的相电压的关系为

$$U_L = \sqrt{3}\ U_{YP} \qquad (6\text{-}3)$$

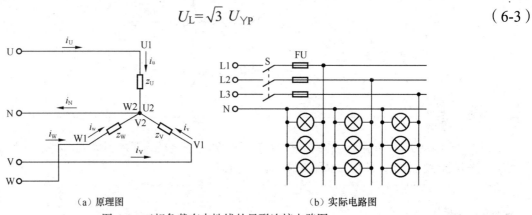

（a）原理图 　　　　　　　　　　　（b）实际电路图

图 6.6　三相负载有中性线的星形连接电路图

在三相交流电路中，**流过每根相线的电流称为线电流**，分别用 I_U、I_V、I_W 表示 U、V、W 各线电流的有效值，用 I_{YL} 表示；流过每一相负载的电流称为相电流，分别用 I_u、I_v、I_w 表示 U、V、W 各相电流的有效值，用 I_{YP} 表示；流过中性线的电流称为**中性线电流**，用 I_N 表示。

三相电路中，三相电压是对称的，如果三相负载也是对称的，那么流过三相负载的各相电流也是对称的，即

$$I_{YP} = I_u = I_v = I_w = \frac{U_{YP}}{z}$$

各相电流的相位差仍是 120°。

由图 6.6 可以看出，三相负载作星形连接时，**线电流等于相电流**，即

$$I_{YL} = I_{YP} \qquad (6\text{-}4)$$

由图 6.6 还可以看出，中性线电流与相电流之间的关系为

$$\dot{I}_N = \dot{I}_u + \dot{I}_v + \dot{I}_w$$

由此作出相应的矢量图，如图 6.7 所示。

由矢量图可知：**对称三相负载作星形连接时，中性线电流等于零**，即

$$I_N = 0 \qquad (6\text{-}5)$$

在这种情况下，中性线没有电流流过，去掉中性线不影响电路的正常工作。为节约导线，常常采用三相三线制电路。常用的三相电动机是三相对称负载，因此采用三相三线制电路。

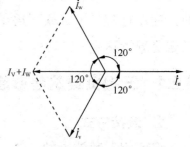

图 6.7　三相对称负载星形连接
电流矢量图

【例 6.2】有 3 个电阻 $R = 10\Omega$，将它们星形连接，接到电压为 380V 的对称三相电源上，求相电压、相电流、线电流和中性线电流。

【分析】电源电压如没特殊说明一般是指线电压。三相电路的欧姆定律是 $I_P = \dfrac{U_P}{z}$，题中负载阻抗 $z = R = 10\Omega$，因此，要先求出相电压，才可求出相电流。

解：对称负载星形连接时，负载的相电压

$$U_P = \frac{U_L}{\sqrt{3}} = \frac{380}{\sqrt{3}} \approx 220\ (\text{V})$$

流过负载的相电流

$$I_P = \frac{U_P}{z} = \frac{220}{10} = 22\ (\text{A})$$

线电流

$$I_L = I_P = 22\ (\text{A})$$

因为负载对称，中性线电流 $I_N = 0$。

3. 中性线的作用

当三相负载不对称时，各相电流的大小就不相等，相位差也不一定是 120°，中性线电流就不是零了。此时，中性线就绝对不能断开。下面分析三相四线制电路中性线的重要作用。

【例6.3】把额定电压为220V，功率为100W、40W、60W 的 3 个灯泡A、B、C 分别接入三相四线制电源中，电源电压为380V，分别由开关 S_U、S_V、S_W 控制，并在中性线上接了开关 S_N，如图 6.8（a）所示。试分析：

（1）开关 S_N、S_U、S_V、S_W 全部闭合时，灯泡A、B、C 能否正常发光？

（2）开关 S_W 断开，开关 S_N、S_U、S_V 闭合时，灯泡A、B 能否正常发光？

（3）开关 S_V、S_W 断开，开关 S_N、S_U 闭合时，灯泡A 能否正常发光？

（4）开关 S_N、S_W 断开，开关 S_U、S_V 闭合时，灯泡A、B 能否正常发光？

【分析】

（1）开关 S_N、S_U、S_V、S_W 全部闭合时，每个灯泡两端的相电压为 220V，它等于灯泡的额定电压为 220V，因此，灯泡A、B、C 能正常发光。

（2）开关 S_W 断开，开关 S_N、S_U、S_V 闭合时，灯泡A、B 两端的相电压仍为 220V，因此，灯泡A、B 能正常发光。

（3）开关 S_V、S_W 断开，开关 S_N、S_U 闭合时，灯泡A 两端的相电压仍为 220V，因此，灯泡A 仍能正常发光。

（4）开关 S_N、S_W 断开，开关 S_U、S_V 闭合时，电路如图 6.8（b）所示，灯泡A、B 串联接在两根相线上，即加在灯泡A、B 两端的是线电压 380V。

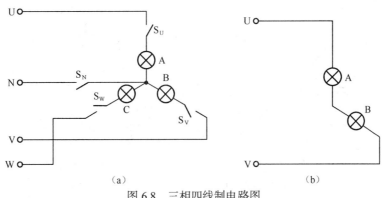

图 6.8 三相四线制电路图

灯泡 A（100W）的电阻为

$$R_A = \frac{U_A^2}{P_A} = \frac{220^2}{100} = 484 \text{（}\Omega\text{）}$$

灯泡 B（40W）的电阻为

$$R_B = \frac{U_B^2}{P_B} = \frac{220^2}{40} = 1\ 210 \text{（}\Omega\text{）}$$

灯泡 A（100W）两端的电压为

$$U_A = \frac{R_A}{R_A + R_B} U_{UV} = \frac{484}{484 + 1\ 210} \times 380 \approx 109 \text{（V）}$$

灯泡 B（40W）两端的电压为

$$U_B = \frac{R_B}{R_A + R_B} U_{UV} = \frac{1\ 210}{484 + 1\ 210} \times 380 \approx 271 \text{（V）} > 220V$$

因此，灯泡 A（100W）两端的电压小于 220V，灯泡反而较暗；灯泡 B（40W）两端因电压大于 220V，可能因过热而烧毁，导致电路开路。

由以上分析可知，在三相电路中，如果负载不对称，必须采用带中性线的三相四线制供电。若无中性线，可能使一相电压过低，该相用电设备不能正常工作，而另一相电压过高，导致该相用电设备烧毁。因此，在三相四线制电路中，中性线的作用是**使不对称负载两端的电压保持对称**，从而保证电路安全可靠地工作。

应用

电工安全操作规程规定：三相四线制电路中性线的干线上不准安装熔断器和开关，有时还采用钢心线来加强其机械强度，以免断开。同时，在连接三相负载时，应尽量保持三相平衡，以减小中性线电流。

6.2.2　三相负载的三角形连接

1. 连接方式

将三相负载分别接到三相电源的两根相线之间，这种连接方式称为三相负载的三角形连接法，用符号"△"表示。图 6.9（a）所示为三相负载三角形连接的原理图，图 6.9（b）所示为其实际电路图。

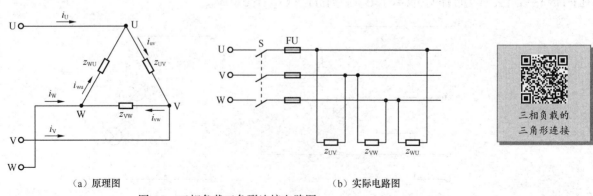

（a）原理图　　　　　　　　　（b）实际电路图

图 6.9　三相负载三角形连接电路图

2. 电路特点

三相负载作三角形连接时，每相负载接在两根相线之间，电源线电压等于负载的相电压。因此，负载的线电压与负载的相电压的关系为

$$U_L = U_{\triangle P} \qquad\qquad (6\text{-}6)$$

三相电路中，三相电压是对称的，如果三相负载也是对称的，那么流过三相负载的各相电流也是对称的，即

$$I_{\triangle P} = I_{uv} = I_{vw} = I_{wu} = \frac{U_{\triangle P}}{z}$$

各相电流的相位差仍是 120°。

由图 6.9（a）可以看出，线电流与相电流之间的关系为

$$\dot{I}_U = \dot{I}_{uv} - \dot{I}_{wu}$$

$$\dot{I}_V = \dot{I}_{vw} - \dot{I}_{uv}$$

$$\dot{I}_W = \dot{I}_{wu} - \dot{I}_{vw}$$

由此作出相应的矢量图，如图 6.10 所示。

由矢量图可知，线电流 I_U 与相电流 I_u 之间的数量关系为

$$I_U = \sqrt{3}\, I_{uv}$$

同理可得

$$I_V = \sqrt{3}\, I_{vw}$$

$$I_W = \sqrt{3}\, I_{wu}$$

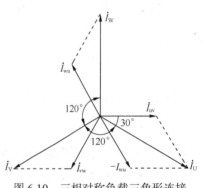

图 6.10 三相对称负载三角形连接
电流矢量图

因此，线电流与相电流之间的数量关系为

$$I_{\triangle L} = \sqrt{3} I_{\triangle P} \qquad\qquad (6\text{-}7)$$

由矢量图还可以看出：线电流与相电流的相位关系为**线电流滞后相应的相电流 30°**。

【例 6.4】有 3 个电阻 $R = 10\Omega$，将它们三角形连接，接到电压为 380V 的对称三相电源上，求相电压、相电流和线电流。

【分析】根据三相负载三角形连接线电压与相电压、欧姆定律及线电流与相电流的关系即可求出有关未知量。

解：对称负载三角形连接时，负载的相电压

$$U_P = U_L = 380\text{V}$$

流过负载的相电流

$$I_P = \frac{U_P}{z} = \frac{380}{10} = 38\ (\text{A})$$

线电流

$$I_L = \sqrt{3}\, I_P = \sqrt{3} \times 38 \approx 66\ (\text{A})$$

三相负载可以星形连接，也可以三角形连接，其接法根据负载的额定电压（相电压）与电源电压（线电压）的数值而定，必须使每相负载所承受的电压等于额定电压。

对电源电压为380V的三相电源来说，当负载的额定电压是220V时，负载应作星形连接；当负载的额定电压是380V时，负载应作三角形连接。

6.2.3 三相交流电路的功率

在三相交流电路中，三相负载消耗的总功率等于各相负载消耗的功率之和，即

$$P = P_U + P_V + P_W = U_uI_u\cos\varphi_u + U_vI_v\cos\varphi_v + U_wI_w\cos\varphi_w \tag{6-8}$$

式中：P——三相负载总有功功率，单位瓦特（W）；

U_u、U_v、U_w——U、V、W 各相的相电压，单位伏特（V）；

I_u、I_v、I_w——U、V、W 各相的相电流，单位安培（A）；

$\cos\varphi_u$、$\cos\varphi_v$、$\cos\varphi_w$——U、V、W 各相负载的功率因数。

在对称三相电路中，各相电压是对称的，各相负载是对称的，因此，各相电流也是对称的，即

$$U_P = U_u = U_v = U_w$$

$$I_P = I_u = I_v = I_w$$

$$\cos\varphi = \cos\varphi_u = \cos\varphi_v = \cos\varphi_w$$

因此，在对称三相电路中，三相对称负载消耗的总功率为

$$P = 3U_PI_P\cos\varphi \tag{6-9}$$

式中：P——三相负载总有功功率，单位是瓦特（W）；

U_P——负载的相电压，单位是伏特（V）；

I_P——流过负载的相电流，单位是安培（A）；

$\cos\varphi$——三相负载的功率因数。

由式（6-9）可知，**对称三相电路的总有功功率等于单相有功功率的 3 倍**。

在实际工作中，相电压、相电流一般不易测量。如没有特殊说明，三相电路的电压和电流都是指线电压和线电流。因此，三相电路的总有功功率常用线电压和线电流来表示。

当三相对称负载星形连接时

$$U_L = \sqrt{3}\ U_{YP}, \quad I_{YL} = I_{YP}$$

$$P = 3U_PI_P\cos\varphi = 3\frac{U_L}{\sqrt{3}}I_L\cos\varphi = \sqrt{3}\ U_L I_L\cos\varphi$$

当三相对称负载三角形连接时

$$U_L = U_{\triangle P}, \quad I_{\triangle L} = \sqrt{3}\ I_{\triangle P}$$

$$P = 3U_PI_P\cos\varphi = 3U_L\frac{I_L}{\sqrt{3}}\cos\varphi = \sqrt{3}\ U_L I_L\cos\varphi$$

因此，三相对称负载不论作星形连接还是作三角形连接，对称三相电路的总有功功率为

$$P = \sqrt{3}\ U_L I_L\cos\varphi \tag{6-10}$$

式中：P——三相负载总有功功率，单位是瓦特（W）；

　　　U_L——三相负载的线电压，单位是伏特（V）；

　　　I_L——三相负载的线电流，单位是安培（A）；

　　　$\cos\varphi$——三相负载的功率因数。

同理，三相对称负载的无功功率和视在功率的计算公式为

$$Q=\sqrt{3}\,U_L I_L\sin\varphi \qquad\qquad (6\text{-}11)$$

$$S=\sqrt{3}\,U_L I_L \qquad\qquad (6\text{-}12)$$

┘ 综合案例 ┖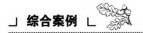

有一个三相对称负载，每相负载的电阻 $R=60\Omega$，感抗 $X_L=80\Omega$，接在电压为 380V 的三相对称电源上，求：（1）将它们作 Y 连接时，线电压、相电压、相电流、线电流、有功功率；（2）将它们作 △ 连接时，线电压、相电压、相电流、线电流、有功功率。

思路分析

解题时注意区分三相负载 Y 连接和 △ 连接时线电压与相电压、线电流与相电流、有功功率的不同关系。

优化解答

不论负载接成 Y 连接还是 △ 连接，三相对称负载阻抗为

$$z=\sqrt{R^2+X_L^2}=\sqrt{60^2+80^2}=100\,（\Omega）$$

三相对称负载功率因数为

$$\cos\varphi=\frac{R}{z}=\frac{60}{100}=0.6$$

（1）负载作 Y 连接时，线电压为

$$U_L=380\,（\text{V}）$$

负载的相电压为

$$U_{YP}=\frac{U_L}{\sqrt{3}}=\frac{380}{\sqrt{3}}\approx220\,（\text{V}）$$

流过负载的相电流为

$$I_{YP}=\frac{U_{YP}}{z}=\frac{220}{100}=2.2\,（\text{A}）$$

线电流为

$$I_{YL}=I_{YP}=2.2\text{A}$$

有功功率为

$$P_Y=\sqrt{3}\,U_L I_{YL}\cos\varphi=\sqrt{3}\times380\times2.2\times0.6\approx868.8\,（\text{W}）$$

（2）负载接成 △ 连接时，线电压为

$$U_L=380\text{V}$$

负载的相电压为

$$U_{\triangle P} = U_L = 380 \text{（V）}$$

流过负载的相电流为

$$I_{\triangle P} = \frac{U_{\triangle P}}{z} = \frac{380}{100} = 3.8 \text{（A）}$$

线电流为

$$I_{\triangle L} = \sqrt{3}\, I_{\triangle P} = \sqrt{3} \times 3.8 \approx 6.6 \text{（A）}$$

有功功率为

$$P_{\triangle} = \sqrt{3}\, U_L I_{\triangle L} \cos\varphi = \sqrt{3} \times 380 \times 6.6 \times 0.6 \approx 2\,606.3 \text{（W）}$$

通过本题的计算可知：

$$\frac{U_{\triangle P}}{U_{YP}} = \frac{380}{220} = \sqrt{3}, \quad \frac{I_{\triangle P}}{I_{YP}} = \frac{3.8}{2.2} = \sqrt{3}, \quad \frac{I_{\triangle L}}{I_{YL}} = \frac{6.6}{2.2} = 3, \quad \frac{P_{\triangle}}{P_Y} = \frac{2\,606.3}{868.8} \approx 3$$

这说明，在同一对称三相电源作用下，同一对称负载，作三角形连接的相电压、相电流是作星形连接时的相电压、相电流的 $\sqrt{3}$ 倍，作三角形连接的线电流是作星形连接时的线电流的 3 倍，作三角形连接的有功功率是负载作星形连接时的有功功率的 3 倍。因此，工程上，大功率的三相电动机常作三角形连接。

 **应用**

在电力系统中，常用三相有功电能表和三相无功电能表来分别计量有功电能和无功电能。计量有功电能 W_P 即计量用户消耗的电能；计量无功电能 W_Q 是为了计量用户的功率因数，便于供电部门对用户采取必要的功率因数奖惩措施。用户在某段时间（如一个月）内的平均功率因数计算公式为 $\cos\varphi = \dfrac{W_P}{\sqrt{W_P^2 + W_Q^2}}$

 小结

三相负载的连接方式有星形连接（Y）和三角形连接（△）两种。

三相对称负载星形连接时，$U_L = \sqrt{3}\, U_{YP}$，$I_L = I_{YP}$。

三相对称负载三角形连接时，$U_L = U_{\triangle P}$，$I_{\triangle L} = \sqrt{3}\, I_{\triangle P}$。

三相对称电路的总有功功率，$P = 3U_P I_P \cos\varphi = \sqrt{3}\, U_L I_L \cos\varphi$。

6.3 技能训练：三相负载的星形连接和三角形连接

 学习目标

◉ 学会三相负载的星形、三角形接法，加深理解三相电路。

情景模拟

这个月，小明在工厂里实习。一天，车间里机器开足马力在运转，生产有条不紊地进行着。

突然，操作工报告车间里的一台机器坏了。小明跟着师傅快速来到生产现场，师傅查了查，判断是三相电动机的线圈烧毁了。这台三相电动机是星形接法，师傅想用备用的三相电动机进行更换。然而，备用三相电动机的其他参数虽然合适，但接法是三角形接法。怎么办？只见师傅打开三相电动机接线盒，转动了几下连接片，迅速将电动机改换成了星形接法。你知道师傅是如何变换三相电动机的接法的吗？

」基础知识し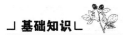

知识链接 1　三相负载的接法

三相负载的连接方式有星形连接（Y）和三角形连接（△）两种。想想这两种接法的连接方式和特点。

将各相负载的末端 U2、V2、W2 连在_____上，把各相负载的首端 U1、V1、W1 分别接到_____上，这种连接方式称为三相负载有中性线的星形连接法。星形连接时，$U_{YL} = \underline{\quad} U_{YP}$，$I_{YL} = \underline{\quad} I_{YP}$。

将三相负载分别接到_____，这种连接方式称为三相负载的三角形连接法。三角形连接时，$U_{\triangle L} = \underline{\quad} U_{\triangle P}$，$I_{\triangle L} = \underline{\quad} I_{\triangle P}$。

知识链接 2　三相负载接法选择

三相负载接法选择根据_____和_____而定，必须使每相负载所承受的电压等于额定电压。如对线电压为 380V 的三相电源来说，当电动机每相绕组的额定电压为 220V 时，电动机应连成_____；当电动机每相绕组的额定电压为 380V 时，则应连成_____。

知识链接 3　三相异步电动机定子绕组接线图

三相异步电动机定子绕组接线图如图 6.11 所示。

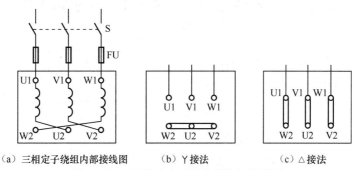

（a）三相定子绕组内部接线图　（b）Y接法　（c）△接法

图 6.11　三相异步电动机定子绕组接线图

➤ 实践操作

✓　**列一列　列出元器件清单**

请根据学校实际，将所需的元器件及导线的型号、规格和数量填入表 6.1。

表 6.1 三相负载的星形、三角形接法元器件清单

序号	名称	符号	规格	数量	备注
1	三相调压器	T			
2	三相闸刀开关	S			
3	灯座				
4	灯泡	D			
5	开关	S			
6	三相异步电动机				

✓ **画一画　实物接线图**

（1）实验板如图 6.12 所示。①应如何连接才能将灯泡负载接入线电压为 380V 的三相电源上（每相两盏灯）？②应如何连接才能将灯泡负载接入线电压为 220V 的三相电源上（每相两盏灯）？

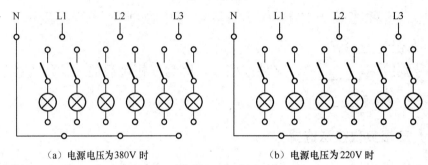

（a）电源电压为 380V 时　　　（b）电源电压为 220V 时

图 6.12　实验板

（2）三相异步电动机的接线盒如图 6.13 所示，三相电源电压为 380V。①应如何连接才能使额定电压为 220V 的电动机正常工作？②应如何连接才能使额定电压为 380V 的电动机正常工作？

✓ **做一做　灯泡和三相异步电动机的连接**

（1）按图 6.12（a）接线，将实验板连接好，接入线电压为 380V 的三相电源上。观察灯泡发光情况。

（2）按图 6.12（b）接线，将实验板连接好，接入线电压为 220V 的三相电源上。观察灯泡发光情况。

（3）按图 6.13（a）接线，将三相电动机的接线盒接好，接入三相电源，观察三相电动机的运行情况。

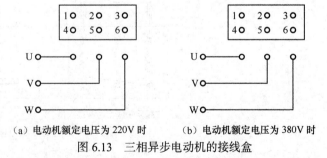

（a）电动机额定电压为 220V 时　　（b）电动机额定电压为 380V 时

图 6.13　三相异步电动机的接线盒

（4）按图 6.13（b）接线，将三相电动机的接线盒接好，接入三相电源，观察三相电动机的运行情况。

▶ **训练总结**

请把三相负载的星形、三角形接法训练的收获和体会写在表 6.2 中，并完成评价。

表 6.2 三相负载的星形、三角形接法训练总结表

课题	三相负载的星形、三角形接法					
班级		姓名		学号	日期	
训练收获						
训练体会						
实训评价	评定人	评语			等级	签名
	自己评					
	同学评					
	老师评					
	综合评定等级					

> **训练拓展**

✧ 拓展 1 钳形电流表

钳形电流表是一种在不断开电路的情况下就能测量交流电流的专用仪表，如图 6.14 所示。用钳形电流表测量三相交流电时，夹住 1 根相线测得的是本相线电流值；夹住两根相线时读数为第三相线电流值；夹住 3 根相线时，如果三相平衡，则读数为零，若有读数则表示三相不平衡，读出的是中性线的电流值。

✧ 拓展 2 三相电能表

三相电能可以用三相电能表测量。三相电能表的结构和工作原理与单相电能表基本相似，其连接方式有直接接入方式和间接接入方式。在低压较小电流线路中，电能表可采用直接接入方式，三相电能表的直接接入方式如图 6.15（a）所示；在低压大电流线路中，若线路负载电流超过电能表的量程，需经电流互感器将电流变小，即将电能表以间接接入方式接在线路上，如图 6.15（b）所示。在计算用电量时，只要把电能表上的读数乘以电流互感器的倍数，就是实际耗电量。

图 6.14 钳形电流表

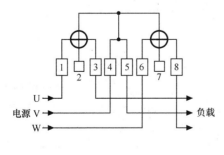
（a）直接接入方式

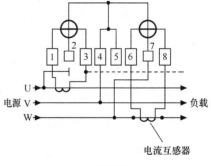
（b）间接接入方式

图 6.15 三相电能表的接入方式

 本章小结

本章学习了三相交流电路。三相交流电路在电力系统中应用广泛，要掌握三相交流电路的

第 6 章知识要点
解读

特点，了解它的应用。

1. 三相交流电是怎样产生的？什么是三相对称电动势？什么是三相交流电的相序？三相交流电源通常采用什么连接方式？

2. 什么是三相对称负载？三相负载有哪两种连接方式？它们的线电压与相电压、线电流与相电流之间的关系如何？

3. 三相对称负载功率如何计算？

思考与练习

一、填空题

1. 三相交流电是由_____产生的，_____相等、_____相同、相位互差_____的 3 个正弦电动势，称为三相对称电动势。

2. 三相四线制是由_____所组成的供电体系，其中相电压是指_____之间的电压，线电压是指_____之间的电压，且 $U_L=$_____U_P。

3. 我国供电系统中，低压配电系统通常采用_____制，高压输电系统通常采用_____制。

4. 我国低压三相四线制配电线路供给用户的线电压为_____，相电压为_____。

5. 在工程上为，U、V、W 三根相线通常用_____3 种颜色区分，中性线一般用_____颜色。

6. 在三相四线制供电系统中，任意两根相线之间的电压是_____，照明线路接在一根相线和一根中性线上，它们之间的电压是_____。

7. 三相异步电动机的接线如图 6.16 所示，若图 6.16（a）所示电动机为顺时针旋转，则图 6.16（b）所示电动机为_____旋转，图 6.16（c）所示电动机为_____旋转。

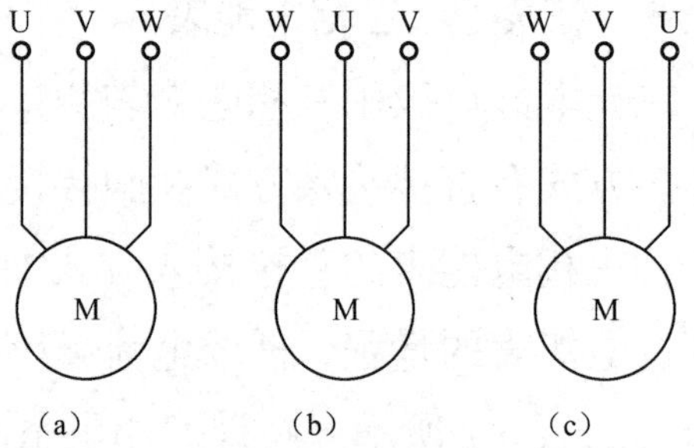

图 6.16　填空题 7 图

8. 各相负载的大小和性质都相等的三相负载称为_____，如三相异步电动机等；否则，称为_____，如_____。

9. 三相负载的连接方式有_____和_____两种。

10. 对称三相负载星形连接，通常采用_____制供电，不对称负载星形连接时一定要采用_____制供电。在三相四线制供电系统中，中性线起_____作用。

11. 三相负载接法分_____和_____。其中，_____接法线电流等于相电流，_____接法线电压等于相电压。

12. 有一台三相异步电动机，每相绕组额定电压是 220V，当它们接成星形时，应接到电压为_____的三相电源上才能正常工作；当它们接成三角形时，应接到电压为_____的三相电源上才能正常工作。

13. 三相对称电路，负载用星形连接，测得各相电流均为 10A，则中性线电流为＿＿＿；当 V 相负载断开时,中性线电流＿＿＿;当两相负载电流减至 2A 时,中性线电流变为＿＿＿。

14. 三相对称负载作三角形连接时，线电压等于相电压的＿＿倍，线电流等于相电流的＿＿倍。

二、选择题

1. 三相四线制供电系统中，相电压为 220V，则火线与火线间的电压为（　　）。

A. 127V 　　　　　B. 220V 　　　　　C. 311V 　　　　　D. 380V

2. 不适合三相三线制输电的是（　　）。

A. 三相交流电动机　　B. 三相对称电路　　C. 三相照明电路　　D. 高压输电线路

3. 某三相电动机，其每相绕组的额定电压为 220V，电源电压为 380V，电源绕组为星形连接，则电动机应作（　　）。

A. 星形连接 　　　　　　　　　　　B. 三角形连接

C. 星形连接必须接中性线　　　　　　D. 星形、三角形连接均可

4. 照明线路采用三相四线制供电线路，中性线必须（　　）。

A. 安装牢靠，防止断开　　　　　　　B. 安装熔断器，防止中性线断开

C. 安装开关以控制其通断　　　　　　D. 取消或断开

5. 一台三相电动机绕组星形连接,接到 $U_L = 380V$ 的三相交流电源上,测得线电流 $I_L = 10A$,则电动机每相绕组的阻抗为（　　）。

A. 11Ω 　　　　　B. 22Ω 　　　　　C. 38Ω 　　　　　D. 66Ω

6. 三相三线制供电系统中，电源电压为 380V。如果 U 相负载因故突然断开，则其余两相负载的电压均为（　　）。

A. 380V　380V　　B. 220V　220V　　C. 190V　190V　　D. 220V　190V

7. 如图 6.17 所示三相对称电路中，电压表读数为 220V，当负载 R_3 发生短路时，电压表读数为（　　）。

A. 380V 　　　　　B. 220V 　　　　　C. 190V 　　　　　D. 0

8. 如图 6.18 所示三相对称电路中，三相电源电压为 380V，每相负载均为 20Ω，则电压表和电流表的读数分别为（　　）。

A. 380V　19A 　　B. 220V　11A 　　C. 380V　$19\sqrt{3}$ A 　D. 220V　$11\sqrt{3}$ A

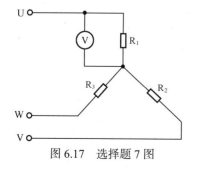

图 6.17　选择题 7 图

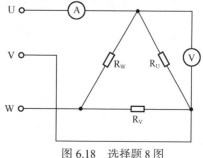

图 6.18　选择题 8 图

9. 三相对称负载接入同一三相对称电源中，负载作三角形连接时的有功功率为作星形连接时有功功率的（　　）。

A. 3 倍　　　　　　　B. $\sqrt{3}$ 倍　　　　　　C. 2 倍　　　　　　D. 1 倍

10. 三相有功功率、无功功率及视在功率单位正确的是（　　）。

A. kW　kvar　kV·A　　　　　　B. kW　kV·A　kvar

C. kvar　kvar　kW　　　　　　D. kW　kV·A　kW

三、计算题

1. 某大楼照明采用三相四线制供电，线电压为380V，每层楼均有"220V 100W"的白炽灯各110只，分别接在U、V、W三相上，求：（1）三层楼电灯全部开亮时的相电流和线电流；（2）当第一层楼电灯全部熄灭，另两层楼电灯全部打开时的相电流和线电流；（3）当第一层楼电灯全部熄灭，且中性线因故断开，另两层楼电灯全部打开时灯泡两端电压。

2. 某三相异步电动机作三角形连接，每相负载的电阻为16Ω，感抗为12Ω，接在线电压为380V、频率为50Hz的三相电源上，求当U相负载断开时流过每相负载的电流和线电流。

3. 有一三相对称负载，每相负载的 $R=8\Omega$，$X_L=6\Omega$，电源电压为380V。求：

（1）负载接成星形时的线电流、相电流和有功功率；

（2）负载接成三角形时的线电流、相电流和有功功率。

4. 有一三相对称负载，每相的电阻为100Ω。如果负载连接成星形，接到线电压为380V的三相电源上，求负载的相电流、线电流及有功功率。

5. 对称三相负载作三角形连接，各相负载的电阻 $R=6\Omega$，感抗 $X_L=8\Omega$，将它们接到线电压为380V的对称电源上，求：（1）相电流 I_P 和线电流 I_L；（2）功率因数 $\cos\varphi$；（3）负载的有功功率。

6. 对称三相负载为感性负载，Y连接，接在线电压为380V的对称三相电源上，测得线电流为12.1A，输入功率为5.5kW，求：（1）负载的功率因数；（2）负载阻抗。

7. 作三角形连接的三相异步电动机在正常运行时，相电压为220V，功率因数为0.8，有功功率为3kW。求线电流和相电流。

*四、综合题

1. 如果给你一支电笔或者一个量度范围在400V以上的交流电压表，你能用这些器件确定三相四线制供电线路中的相线和中性线吗？应怎样做？

2. 有3根额定电压为220V，功率为1kW的电热丝，接到线电压为380V的三相电源上，应采用何种接法？如果这3根电热丝额定电压为380V，功率为1kW，又应采用何种接法？这根电热丝的功率是多大？

*第7章

变压器与电动机

1831 年，法拉第把两个线圈绕在铁环上，第一个线圈和伏打电池相连，第二个线圈和电流计相连。当接通第一个线圈电路的瞬间，与第二个线圈相连的电流计指针摆动一下，在第一个线圈电路断开的瞬间，电流计指针又摆动一下。这就是世界上第一台变压器的雏形。你知道变压器是怎么回事吗？一起来学习变压器与电动机的基本原理及应用吧。

知识目标

● 了解变压器的基本原理、种类、功率和效率及常用变压器。

● 了解异步电动机的结构、基本原理和应用。

技能目标

● 会应用变压器和电动机知识分析和解决实际问题。

7.1 变压器

学习目标

● 知道变压器的基本原理，会应用变压、变流、变阻抗公式作简单计算。

● 知道变压器的种类，知道变压器计算公式功率和效率计算公式。

● 认识常用变压器。

与其他形式的能相比，电能具有转换容易、效率高、便于输送和分配、有利于实现自动化等许多方面的优点。因此，人们总是尽可能地将其他形式的能转换为电能加以利用。由发电、输电、变电、配电和用电系统构成的电力系统中，变压器是变电系统的核心设备。那么，变压器是如何工作的？常用的变压器又有哪些呢？

7.1.1 变压器的基本原理

变压器是由一个矩形铁心和两个互相绝缘的线圈所组成的装置，是利用互感原理工作的，如图 7.1 所示。两个线圈中，左边一个线圈与交流电源相接，称为**原线圈**，又称**初级线圈**或**一次线圈**（一次侧）；右边一个线圈与用电设备（如电灯、电动机等）或电路元件（如电阻、电感

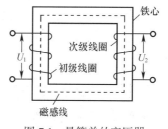

图 7.1 最简单的变压器

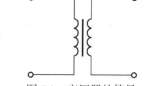

图 7.2 变压器的符号

等）相接，叫**副线圈**，又称**次级线圈**或**二次线圈**（二次侧）。变压器的符号如图 7.2 所示。

当交流电通过变压器原线圈时，由于铁心是导磁的，因此就在铁心内产生交变的磁感线。

这变化的磁感线通过两边线圈，由于自感及互感现象，在两个线圈中都会产生感应电动势，而且它的频率等于原线圈中的电流频率。

变压器不仅能变换交流电压而且能变换交流电流、交流阻抗等。

1. 变换交流电压

如图 7.3 所示，将变压器的原线圈接上交流电压，副线圈不接负载，变压器空载运行。此时，铁心中产生的交变磁通同时通过原线圈、副线圈，原线圈、副线圈中交变的磁通可视为相同。

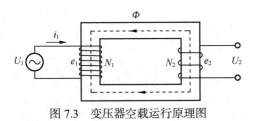

图 7.3　变压器空载运行原理图

设原线圈匝数为 N_1，副线圈匝数为 N_2，磁通为 Φ，变压器的自感电动势与互感电动势分别为

$$e_1 = \frac{N_1 \Delta \Phi}{\Delta t} , \qquad e_2 = \frac{N_2 \Delta \Phi}{\Delta t}$$

因此

$$\frac{e_1}{e_2} = \frac{N_1}{N_2}$$

忽略线圈内阻得

$$\frac{U_1}{U_2} = \frac{N_1}{N_2} = n \tag{7-1}$$

式中，n——变压器的变压比。

由式（7-1）可知，**变压器原线圈、副线圈的电压比等于它们的匝数比**。如果 $N_1 < N_2$，则 $n<1$，电压上升，称为升压变压器；如果 $N_1 > N_2$，则 $n >1$，电压下降，称为降压变压器。

【例 7.1】为了安全，车床上的照明灯电压为 36V。如果电源电压为 380V，所用变压器的原线圈为 1 500 匝，求副线圈的匝数。

解：副线圈匝数为

$$N_2 = \frac{U_2}{U_1} N_1 = \frac{36}{380} \times 1\,500 \approx 142（匝）$$

 应用

在实际应用中，只要适当设计原线圈、副线圈（初级线圈、次级线圈）的匝数，即可任意改变变压器的输出电压。这就是"变压器"这一名字的由来。

2. 变换交流电流

当变压器带负载工作时，绕组电阻、铁心及涡流会产生一定的能量损耗，但是比负载上消耗的功率小得多，一般情况下可以忽略不计，将变压器视作理想变压器，变压器的输入功率全部消耗在负载上，即

$$U_1 I_1 = U_2 I_2$$

$$\frac{I_1}{I_2}=\frac{U_2}{U_1}=\frac{N_2}{N_1}=\frac{1}{n}\qquad（7\text{-}2）$$

可见，**变压器工作时原线圈、副线圈的电流与线圈的匝数成反比**。变压器不但能改变原线圈、副线圈的电压，还能改变原线圈、副线圈的电流。

【**例7.2**】有一台降压变压器，原线圈接电压为 3 000V 的电源，副线圈输出电压为220V。如果副线圈接一台功率为 25kW 的电烤箱，求变压器原线圈电流、副线圈电流。

【**分析**】先求出变压器的副线圈电流，再代入式（7-2）即可。

解：变压器副线圈电流就是电烤箱的工作电流为

$$I_2=\frac{P}{U_2}=\frac{25\times10^3}{220}\approx113.6（A）$$

变压器原线圈电流为

$$I_1=\frac{U_2}{U_1}I_2=\frac{220}{3\,000}\times113.6\approx8.33（A）$$

> 变压器的高压线圈通过的电流小，用较细的导线绕制；低压线圈通过的电流大，用较粗的导线绕制。这是在外观上区别变压器高压线圈、低压线圈的方法。

3. 变换交流阻抗

变压器负载运行时，设变压器初级输入阻抗为z_1，次级负载阻抗为z_2，则

$$\frac{z_1}{z_2}=\frac{\dfrac{U_1}{I_1}}{\dfrac{U_2}{I_2}}=\frac{U_1}{U_2}\times\frac{I_2}{I_1}=n^2\qquad（7\text{-}3）$$

即

$$z_1=n^2 z_2$$

这说明变压器副线圈接上负载z_2时，相当于原线圈接上一个阻抗为$n^2 z_2$的负载。

> 变压器的阻抗变换特性，在电子电路中常用来实现阻抗匹配，使负载阻抗和信号源内阻相等，从而使负载获得最大功率。

小结

> 变压器是一种利用电磁感应原理制成的电气装置，除可以变换电压外，还可变换电流、变换阻抗、改变相位。

7.1.2 变压器的种类

变压器的种类很多，常用变压器可按用途、相数、绕组形式、铁心形式和冷却方式分类。

1. 按用途分

变压器按用途分，有电力变压器、试验变压器、仪表变压器、特殊用途变压器等。

（1）电力变压器：用于输配电的升压或降压，是一种最普通的常用变压器。

（2）试验变压器：产生高电压，用于电气设备的高压试验。

（3）仪表变压器：如电压互感器、电流互感器，用于测量仪表和继电保护装置。

（4）特殊用途变压器：如冶炼用的电炉变压器、电解用的整流变压器、焊接用的电焊变压器、试验用的调压变压器等。

2. 按相数分

变压器按相数分，有用于三相系统升降电压的三相变压器和用于单相负荷及组成三相变压器组的单相变压器。

3. 按绕组形式分

变压器按绕组形式分，有三绕组变压器、双绕组变压器、自耦变压器等。

（1）三绕组变压器：用于连接3个电压等级，一般用于电力系统的区域变电站。

（2）双绕组变压器：用于连接两个电压等级。

（3）自耦变压器：用于连接超高压、大容量的电力系统。

4. 按铁心形式分

变压器按铁心形式分，有心式变压器和壳式变压器。

（1）心式变压器：用于高电压的电力变压器。心式变压器的铁心如图7.4（a）所示。

（2）壳式变压器：用于大电流的特殊变压器，如电炉变压器和电焊变压器等。壳式变压器的铁心如图7.4（b）所示。

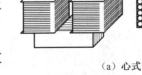

（a）心式　　　　　　　　　（b）壳式

图7.4　心式变压器和壳式变压器的铁心

5. 按冷却方式分

变压器按冷却方式分，有油浸式变压器、干式变压器、充气式变压器、蒸发冷却变压器等。

（1）油浸式变压器：如油浸自冷变压器、油浸风冷变压器、油浸水冷变压器及强迫油循环和水内冷变压器等。

（2）干式变压器：依靠空气对流进行冷却，一般用于局部照明、电子线路等小容量变压器。

（3）充气式变压器：用特殊化学气体（SF_6）代替变压器油散热。

（4）蒸发冷却变压器：用特殊液体代替变压器油进行绝缘散热。

7.1.3　变压器的功率和效率

1. 变压器的功率

变压器原线圈的输入功率为

$$P_1 = U_1 I_1 \cos\varphi_1$$

变压器副线圈的输出功率为

$$P_2 = U_2 I_2 \cos\varphi_2$$

变压器功率损耗包括铁损和铜损两部分。铁损是由于交变的主磁通在铁心中产生的磁滞损耗和涡流损耗引起的。变压器工作时，主磁通基本不变，因此，铁损基本不变。铜损是由于原线圈、副线圈有电阻，电流在电阻上要损耗一定的功率。负载变化时，原线圈、副线圈的电流要相应变化，铜损也随之变化。

变压器的功率损耗为

$$\Delta P = P_{Cu} + P_{Fe}$$

变压器的功率损耗等于输入功率与输出功率之差，即

$$\Delta P = P_1 - P_2$$

2. 变压器的效率

变压器的效率为变压器输出功率与输入功率的百分比，即

$$\eta = \frac{P_2}{P_1} \times 100\%$$

由于变压器的铁损和铜损都很小，因此变压器的效率很高，大容量变压器的效率可达 98%～99%，小型电源变压器效率为 70%～80%。

7.1.4 常用变压器

1. 电力变压器

在电力系统中，为提高经济效益，减少输电线路的损失，需要用高压甚至超高压输电，但为了用电安全却需要低压用电。为有效解决"输电要经济，用电要安全"的矛盾，在电力系统中广泛采用了电力变压器，其实物如图 7.5（a）所示。由于电力系统是三相供电系统，因此，电力变压器大部分是三相变压器。

三相变压器就是 3 个相同的单相变压器的组合，如图 7.5（b）所示。根据三相电源和负载的不同，三相变压器的原线圈和副线圈可接成星形或三角形。原线圈与三相电源连接，副线圈与三相负载连接。

（a）实物图

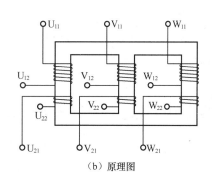
（b）原理图

图 7.5　电力变压器

应用

电力变压器是电力系统的核心设备。为减少输送电过程中的能量损耗，需要用高压输送电。输电线路的电压越高，输送电过程中的能量损耗就越小。特高压输电技术，就是指用非常高的电压，对电能进行长距离输送的技术。从国际标准来看，当输电线路的交流电压超过500kV时，就可称为"超高压输电"。而我国目前成熟应用的输电电压，已经达到了交流1000kV、直流800kV以上的水平，远远超出欧美日等技术强国。2016年1月11日，准东-皖南±1100kV特高压直流输电工程开工建设。这是目前世界上电压等级最高、输送容量最大、输送距离最远、技术水平最先进的特高压输电工程。

2. 自耦变压器

自耦变压器是原线圈、副线圈共用一部分绕组。它们之间不仅有磁耦合，还有电的关系，如图7.6所示。

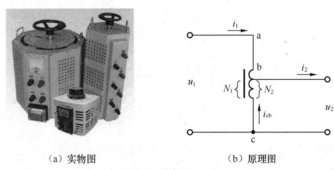

（a）实物图　　　　　　　　　（b）原理图

图7.6　自耦变压器

自耦变压器原线圈、副线圈电压之比和电流之比的关系为

$$\frac{U_1}{U_2} = \frac{I_2}{I_1} \approx \frac{N_1}{N_2} = n$$

自耦变压器在使用时，一定要注意正确接线，否则易发生触电事故。

3. 互感器

互感器是一种专供测量仪表、控制设备和保护设备使用的变压器。其实物如图7.7（a）所示。在实际工作中，需要测量电压、电流，在很多情况下量值比较大，需要扩大测量范围，就必须使用电压互感器或电流互感器。

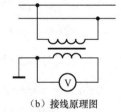

（a）实物图　　　　（b）接线原理图

图7.7　电压互感器

（1）电压互感器

电压互感器的作用是将电力设备上的高电压变换成低电压（一般电压互感器的二次侧电压都设计为100V），再供给测量仪表。这样既保证电气设备和工作人员的安全，又利于仪表标准化。

电压互感器实质上就是降压变压器，因此其主要构造和工作原理与降压变压器相似。

使用时，电压互感器的高压绕组跨接在需要测量的供电线路上，低压绕组则与电压表相连，如图7.7（b）所示。

电压互感器高压侧的电压U_1等于所测量电压U_2和变压比n的乘积，即

$$U_1 = n \, U_2$$

（2）电流互感器

电流互感器的作用是把电路中的大电流变成小电流（一般电流互感器的二次侧电流都设计为5A），再供给测量仪表。其实物如图7.8（a）所示。这样既保证电气设备和工作人员的安全，又利于仪表标准化。

电流互感器的主要构造与普通双绕组变压器相似，也是由铁心和原线圈、副线圈两个主要部分组成。不同点在于原线圈匝数很少，它串联在被测电路中；副线圈的匝数比较多，常与电流表或其他仪表或电路的电流线圈串联成闭合回路。

电流互感器的工作原理与普通双绕组变压器相似，不同点在于原线圈电流与普通变压器原线圈电流不同，它与电流互感器副线圈的负载大小无关；副线圈的阻抗很小，近似于短路状态，副线圈电流与电流比乘积等于原线圈电流。电流互感器副线圈的额定电流通常为5A，原线圈额定电流为10～25 000A。

使用时，电流互感器的原线圈与待测电流的负载串联，副线圈则与电流表串联成闭合回路，如图7.8（b）所示。

电流互感器通过负载的电流等于所测电流和变压比倒数的乘积，即

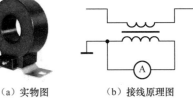

（a）实物图　　　（b）接线原理图

图7.8　电流互感器

$$I_1 = \frac{I_2}{n}$$

┙ 注意 ┕

使用电压互感器时，副线圈不能短路，防止烧坏副线圈。铁心和副线圈一端必须可靠接地，防止线圈绝缘被破坏时造成设备的损坏和人身伤亡。

使用电流互感器时，副线圈不能开路，铁心和副线圈一端均应可靠接地。

7.2　电动机

学习目标

● 认识三相异步电动机的结构，说出基本原理，知道三相异步电动机的控制。

● 说出单相异步电动机的基本原理，知道单相异步电动机的应用。

当你在家里看到电风扇的转动、在工厂听到机器轰隆、在农村看到抽水机工作……它们之所以能够运转是因为它们装有电动机。当电动机接通电流，就会立即转动起来。电动机是用电系统中的重要动力设备，是实现电气自动化的基础，是一种把电能转换为机械能的装置。那么，电动机是如何工作的呢？

7.2.1　三相异步电动机

1. 三相异步电动机的结构

三相异步电动机是一种将电能转换为机械能的交流电动机。由于三相异步电动机结构简

单，制造、使用和维修方便，运行可靠，质量较轻，成本较低，能适应各种不同使用条件的需要。因此，三相异步电动机在工农业生产中是一种既经济又方便的动力设备。使用三相异步电动机作动力，是发展工农业生产必不可少的一部分。图 7.9 所示为一种常见的小型三相异步电动机外形图。

三相异步电动机由两个基本部分组成，固定不动的部分叫定子（由定子铁心、定子绕组、机壳和端盖组成），转动的部分叫转子（由转子铁心、转子绕组和转轴组成）。三相异步电动机的基本结构如图 7.10 所示。

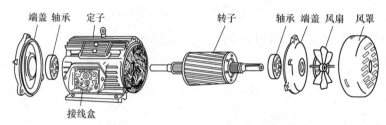

图 7.9　三相异步电动机外形图　　　　　　图 7.10　三相异步电动机基本结构

2．三相异步电动机的基本原理

三相异步电动机的基本工作原理如图 7.11 所示。

（1）当三相异步电动机的定子绕组通入三相交流电时，产生一个转速为 n_0 的旋转磁场。旋转磁场的转速又称为**同步转速**。

若三相交流电的频率为 f，磁极对数为 p，则三相异步电动机的同步转速为

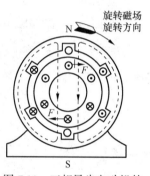

图 7.11　三相异步电动机的
工作原理

$$n_0 = \frac{60f}{p} \qquad (7\text{-}4)$$

式中：n_0——三相异步电动机的同步转速，单位是转/分（r/min）；

　　　f——三相交流电的频率，单位是赫兹（Hz）；

　　　p——旋转磁场的磁极对数，无单位。

（2）转子导体与旋转磁场做相对运动，产生感应电动势和感应电流。当旋转磁场以 n_0 的转速做顺时针方向旋转时，由于转子导体与旋转磁场间存在着相对运动，转子导体切割旋转磁场，从而产生感应电动势，其方向可用右手定则判定。在应用右手定则时应注意，右手定则指的磁场是静止的，导体做切割磁感线的运动，而异步电动机却相反，因此要把磁场看作不动，导体以逆时针（即反向运动）去切割磁感线。这样，用右手定则可判断定转子导体上半部分的感应电动势方向是由里向外的，导体下半部分的感应电动势方向是由外向里的。由于转子导体是被短路环短路的，在感应电动势的作用下转子导体内将产生与感应电动势方向基本一致的感应电流（由于转子导体中有感抗，故两者将相差一个 φ 角）。

（3）产生感应电流的转子导体在旋转磁场中形成电磁转矩。产生感应电流的转子导体在旋转磁场中会受到作用力，其方向可用左手定则来判定。这些作用于转子导体的电磁力，在转子的轴上形成转矩，称为电磁转矩，其作用方向与旋转磁场方向一致。因此，转子就顺着旋转磁

场的方向转动起来。

（4）为保证转子导体与旋转磁场的相对运动，转子与旋转磁场"异步"。若转子的转速与旋转磁场的转速相同，转子导体就不切割磁感线，因而就不产生感应电动势、感应电流和电磁转矩。为保证转子导体与旋转磁场的相对运动，转子的转速 n 总是小于旋转磁场的转速 n_0。可见转子总是紧跟着旋转磁场以小于同步转速 n_0 的转速旋转，因此这类交流电动机称为异步电动机。

通常把同步转速 n_0 与转子转速 n 之差对同步转速 n_0 的比值，称为异步电动机的转差率，其表达式为

$$s = \frac{n_0 - n}{n_0}$$

转差率 s 是异步电动机的一个重要参数，当转子刚启动时，$n = 0$，此时转差率 $s = 1$。理想空载下 $n \approx n_0$，此时转差率 $s = 0$。因此，转差率的变化范围为 $0 \sim 1$。转子转速越高，转差率就越小。异步电动机在正常使用时的转差率为 $0.02 \sim 0.08$。

 注意

因为三相笼型异步电动机的转子电流是由电磁感应产生的，因此三相笼型异步电动机又称为三相感应电动机。

3. 三相异步电动机的铭牌

每台三相异步电动机的机壳上都有一块铭牌，上面标有三相异步电动机的型号、规格和有关技术数据，如图 7.12 所示。

图 7.12　三相异步电动机的铭牌

（1）型号

三相异步电动机的型号是表示电动机品种形式的代号。其由产品代号、规格代号和特殊环境代号等组成，具体编制方法如下。

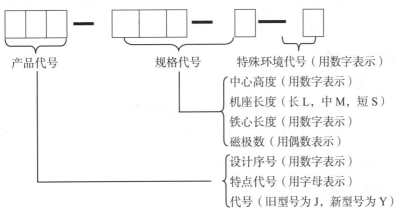

如：

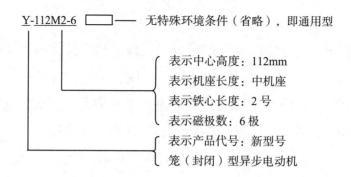

（2）主要参数

三相异步电动机铭牌上标注的主要参数如下。

① 额定功率（P_N）：电动机在额定工作状态下运行时转轴上输出的机械功率，单位是 kW 或 W。

② 额定频率（f）：电动机的交流电源频率，单位是 Hz。

③ 额定电压（U_N）：在额定负载下电动机定子绕组的线电压。通常铭牌上标有两种电压，如 220V/380V，与定子绕组的不同接法一一对应。

④ 额定电流（I_N）：电动机在额定电压、额定频率和额定负载下定子绕组的线电流。对应的接法不同，额定电流也有两种额定值。

⑤ 额定转速（n_N）：电动机在额定电压、额定频率和额定负载下工作时的转速，单位是 r/min。

⑥ 绝缘等级：电动机绕组所用绝缘材料按它允许耐热程度规定的等级，这些级别为：A 级为 105℃；E 级为 120℃；B 级为 130℃；F 级为 155℃。

⑦ 额定效率（η_N）：电动机在额定情况下运行时的效率，是额定输出功率与额定输入功率的比值。

⑧ 功率因数（$\cos\varphi$）：电动机从电网吸收的有功功率与视在功率的比值。

（3）工作方式

三相异步电动机的工作方式有以下三种。

① 连续工作。电动机在额定负载范围内，允许长期连续使用，但不允许多次断续重复使用。

② 短时工作。电动机不能连续使用，只能在规定的负载下作短时间使用。

③ 断续工作。电动机在规定的负载下，可作多次断续重复使用。

（4）编号

编号表示三相异步电动机所执行的技术标准编号。其中，"GB"为国家标准，"JB"为机械行业标准，后面的数字是标准文件的编号。

4. 三相异步电动机的控制

（1）三相异步电动机的启动

三相异步电动机的启动可分为全压启动和降压启动两种。

① 加在定子绕组的启动电压是电动机的额定电压，这样的启动叫**全压启动**。全压启动在刚接通电源的瞬间，旋转磁场与转子间的相对转速较大，在转子中产生的感应电流较大，定子电流必然很大，一般为额定电流的 4～7 倍。

过大的启动电流会在线路上造成较大的电压降，影响供电线路上其他设备的正常工作。此外，当启动频繁时，过大的启动电流会使电动机过热，影响其使用寿命。只有 10kW 以下的异步电动机采用全压启动。

② 降压启动是在启动时降低加在电动机定子绕组上的电压，待启动结束时恢复到额定值运行。笼型电动机的降压启动常用定子绕组串电阻降压启动、Y-△降压启动和自耦变压器降压启动等方法。

（2）三相异步电动机的调速

在负载不变的条件下改变异步电动机的转速称为调速。由转速公式

$$n = (1-s)n_0 = (1-s)\frac{60f}{p}$$

可知，调速有以下 3 种方法。

① 变频调速采用晶闸管整流器将交流电转换为直流电，再由逆变器变换为频率、电压有效值可调的三相交流电，为三相异步电动机供电，实现电动机无级调速。

② 变转差率调速只适用于绕线式电动机。通过改变接在转子电路中调速电阻的大小，就可平滑调速。

③ 变极调速是设计制造的电动机具有不同的磁极对数，根据需要改变定子绕组的连接方式，就能改变磁极对数，使电动机得到不同的转速。

（3）三相异步电动机的反转

异步电动机的转向与旋转磁场的方向一致，而旋转磁场的方向取决于三相电源的相序。因此，只要将 3 根电源相线中任意两根对调即可使电动机反转。

（4）三相异步电动机的制动

为克服惯性，保证电动机在断电时迅速准确停车，需要对电动机进行制动。异步电动机的制动常采用反接制动和能耗制动。

① 反接制动是在电动机停车时，将三相电源线中的任意两根对调，产生反向转矩，起制动作用。当转速接近零时切断电源，否则电动机会反转。

② 能耗制动是在断电的同时，接通直流电源。直流电源产生的磁场是固定的，而转子由于惯性转动产生的感应电流与直流电磁场相互作用产生的转矩方向，恰好与电动机的转向相反，起到制动的作用。

7.2.2 单相异步电动机

单相异步电动机的构造与三相异步电动机相似，也可由定子和转子两个基本部分组成。

1. 单相异步电动机的基本原理

单相异步电动机的定子绕组通以单相电流后，电动机内就产生一交变磁场，但磁场的方向时而垂直向上，时而垂直向下，即单相定子绕组的磁场不是旋转磁场，所以转子不能自行启动。因此，单相异步电动机转动的关键是产生一个启动转矩。

2. 单相电容式异步电动机

单相电容式异步电动机在定子上有工作绕组和启动绕组两个绕组。两个绕组在定子铁心上相差 90° 的空间角度，启动绕组中串联一个电容器。图 7.13 所示为单相电容式异步电动机的原理图。

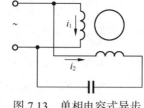

图 7.13　单相电容式异步电动机原理图

由图 7.13 可见，同一电源向两个绕组供电，则工作绕组的电流和启动绕组的电流就会产生一个相位差，适当选择电容，使 i_1 和 i_2 的相位差为 90°，即

$$i_1 = I_{1m}\sin(\omega t - 90°)$$

$$i_2 = I_{2m}\sin\omega t$$

相位差为 90° 的 i_1 和 i_2，流过空间相差 90° 的两个绕组，能产生一个旋转磁场。在旋转磁场的作用下，单相异步电动机转子得到启动转矩而转动。

改变电动机定子绕组接线的顺序，可以改变旋转磁场的方向，也就改变了电动机的转向。

3. 单相异步电动机的应用

单相异步电动机在日常生活中应用十分广泛，如吸尘器、电冰箱、洗衣机、电风扇等家用电器中都要使用电动机——单相交流电动机。图 7.14 所示为一些常见家用电器，这些家用电器都应用了单相交流电动机。

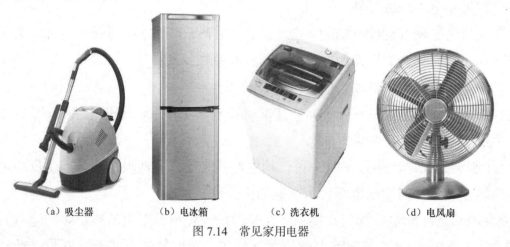

（a）吸尘器　　　（b）电冰箱　　　（c）洗衣机　　　（d）电风扇

图 7.14　常见家用电器

（1）吸尘器用电动机

在家用电器使用的电动机中，吸尘器中的电动机是相对比较简单的。它使用整流子电动机，如图 7.15 所示，这种电动机转速快，它的磁场线圈和电枢串联在一起。

（2）电冰箱用电动机

使用在电冰箱中的电动机是感应式电动机，如图 7.16 所示，它通过电容器启动。启动后，靠电磁铁把辅助线圈断开。电动机一旦开始旋转，即使切断辅助线圈的电源，仍然能继续旋转。

（3）洗衣机用电动机

使用在洗衣机上的电动机有两种：一种是用于脱水的电动机，如图 7.17（a）所示；另一种是用于洗涤的电动机，如图 7.17（b）所示。

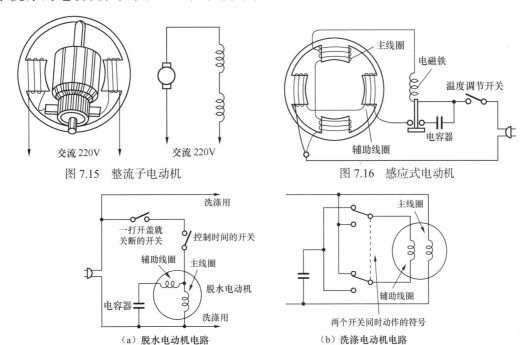

图 7.15 整流子电动机 　　　　　　　图 7.16 感应式电动机

（a）脱水电动机电路 　　　　　　（b）洗涤电动机电路

图 7.17 洗衣机用电动机基本电路

（4）电风扇用电动机

使用在电风扇上的电动机是感应式电动机，靠电容器启动。它变换转速的电路结构如图 7.18 所示，辅助线圈带有几个中间抽头，利用开关选择所需抽头。拨到快速挡位置，全部线圈便都当作辅助线圈，所以转速快；把开关拨到中速（或弱速）挡位置，只有部分线圈当作辅助线圈，所以转速为中速（或弱速）。

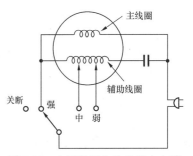

图 7.18 电风扇用电动机基本电路

 小结

电动机是生产和生活中常用的动力装置，常用的电动机有三相电动机和单相电动机。

7.3 技能训练：鸿运扇的安装、拆卸和清洗

 **学习目标**

◉ 学会鸿运扇的安装和拆卸、清洗。

情景模拟

炎热的夏天终于过去了。星期天，秋高气爽，天气晴朗。妈妈说要把用过的鸿运扇清洁后放起来。小田自告奋勇地对妈妈说："妈妈，我在学校里已经学过电动机的知识，我来完成这个任务。"妈妈半信半疑地答应了。只见小田熟练地找来工具，把鸿运扇按顺序拆卸，再将鸿

运扇清洁完毕，放在阴凉通风的地方晾干。傍晚，小田再将鸿运扇安装、包装好。妈妈高兴地称赞小田说："你真能干，能将所学的知识用到生活中来。"你知道小田是怎样拆卸、清洗和安装鸿运扇的吗？

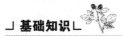 基础知识

知识链接 1 落地式鸿运扇的安装

（1）认真阅读使用说明书，了解落地式鸿运扇的组成结构，如图7.19所示。

（2）将4只管套套入弯立管，如图7.20所示。

（3）将弯立管插入立管定套，并拧上螺钉加以固定，如图7.21所示。

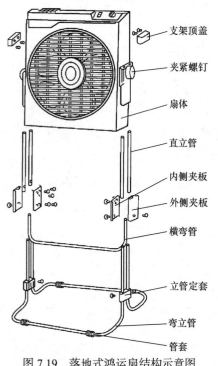

图7.19 落地式鸿运扇结构示意图

图7.20 4只管套套入弯立管

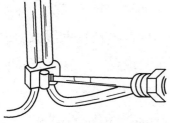

图7.21 固定弯立管

（4）装上内侧夹板用螺钉固定，然后将横弯管、弯立管、外侧夹板上的螺钉孔依次对准，用螺钉逐步固定，如图7.22所示。

（5）将左、右立管插入夹板内，并用螺钉夹紧，如图7.23所示。

（6）将4根直立管插入扇体的左、右手柄4个孔内，并将夹紧螺钉拧松，用手轻轻向里压入，即可将扇体推入。当4根

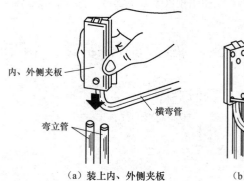
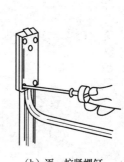

（a）装上内、外侧夹板　　　（b）逐一拧紧螺钉

图7.22 内、外侧夹板与横弯管、弯立管的安装

直立管穿过手柄孔后，合上支架顶盖，用两颗螺钉拧紧，如图7.24所示。插上电源，即可使用。

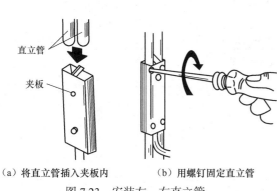

（a）将直立管插入夹板内　　（b）用螺钉固定直立管

图 7.23　安装左、右直立管

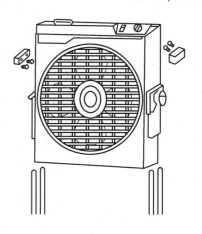

图 7.24　安装扇体

知识链接 2　落地式鸿运扇的拆卸、清洗

（1）落地式鸿运扇的拆卸，按照其安装过程的（6）、（5）、（4）、（3）和（2）操作步骤进行。

（2）拆卸扇体上的网罩、风叶和导风轮等，并进行清洗，用软干质布条擦干、晾干。注意：清洗时，不要把风扇电动机内部弄潮浸湿。

（3）干燥后，进行组装，然后对风扇电动机端面（转轴）加油，如图 7.25 所示，即可包装存放，待来年使用。

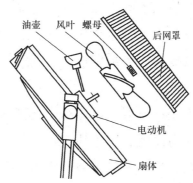

图 7.25　对风扇电动机端面（转轴）加油

▶ **实践操作**

✓　**列一列　列出工具清单**

请根据学校、家庭实际，将所需工具的型号、规格和数量填入表 7.1。

表 7.1　　　　　　　　　　　鸿运扇的安装、拆卸和清洗工具清单

序号	名称	规格	数量	备注
1				
2				
3				
4				

✓　**做一做　鸿运扇的安装和拆卸、清洗**

根据家庭和学校的实际需要，安装和拆卸、清洗鸿运扇 1～2 台。

▶ **训练总结**

请把鸿运扇的安装、拆卸和清洗的收获及体会写在表7.2中，并完成评价。

表7.2 　　　　　　　　　　　　鸿运扇的安装、拆卸和清洗训练总结表

课题	鸿运扇的安装、拆卸和清洗						
班级		姓名		学号		日期	
训练收获							
训练体会							
训练评价	评定人	评语				等级	签名
	自己评						
	同学评						
	老师评						
	综合评定等级						

▶ **训练拓展**

◇ **拓展1　家用电动电器**

家用电动电器是指必须借助电动机才能工作的家用电器。家用电动电器使用的电动机可分为单相交流感应式电动机、交直流两用串励电动机和永磁式直流电动机3类。

单相交流感应式电动机是家用电器用得最多的电动机，如用于电风扇、洗衣机、抽油烟机、电冰箱、家用空调等。

交直流两用串励电动机又称为交直流通用电动机，其转速可以达到20 000r/min，特别适合使用在吸尘器、食品加工机等需要高速旋转的家用电器上。

永磁式直流电动机是以干电池、蓄电池等为直流电源，常用于电动自行车、电吹风机、电动剃须刀等。

◇ **拓展2　电风扇使用要点**

（1）电风扇使用时，要放在平稳的地方。电风扇在使用前和使用一段时间后，需加注适量的润滑油，以保证电风扇启动迅速、旋转灵活，还可以延长电风扇轴承的使用寿命。

（2）电风扇的转速一般分快、中、慢3挡。一般都是通过变换串联线圈的电阻大小达到调速目的的。在启动电风扇时，要先按下快速挡，待扇叶转起来后，再按下慢速挡。这样，既可保护电风扇，又能节约用电。

（3）移动时要关掉开关，切忌在高速运转时移动。移动时应握住提手或底座，不可随意拎拨引线，不要碰撞和改变扇叶的角度。

（4）电风扇连续长时间运转时，要注意用手摸一摸电风扇后部外壳，如稍有热感，则属正常，可继续使用。如果烫手或闻到焦味、看到冒烟时，应立即关闭电源，进行检修。

（5）平时应经常用细软的干布清除灰尘。如有油污，可用软布蘸肥皂水擦拭，再用干布擦

干。切勿用汽油、酒精等溶剂擦抹，以免损坏电风扇表面装饰层。

（6）天凉不用时，要仔细清除灰尘、污垢，然后放入纸箱内，放置在通风干燥处，防止受潮生锈。

 本章小结

本章学习了变压器与电动机。变压器与电动机是生产、生活中常用的电气设备，了解变压器与电动机的一些基本常识，有助于更好地学习专业课。

第 7 章知识要点解读

1. 变压器的用途有哪些？它是按什么原理工作的？写出变压器的变压、变流和变阻抗公式。

2. 常用的变压器有哪些？

3. 三相异步电动机有哪些基本组成？说说三相异步电动机的工作原理。

4. 三相异步电动机如何启动？如何调速？如何反转？如何制动？

5. 说说单相异步电动机的工作原理。常用家用电器中哪些需要单相异步电动机？

 思考与练习

一、填空题

1. 变压器是按照_____原理工作的，它的用途有_____、_____、_____等。

2. 变压器主要由_____和_____两个基本部分组成。变压器的铁心通常是采用_____制成的。

3. 若变压器的变压比 $n=20$，当原线圈的电流为 1A 时，则副线圈流过负载的电流是_____。

4. 电流互感器的主要作用是_____，电压互感器的主要作用是_____。

5. 在使用中，电压互感器的副线圈严禁_____，电流互感器的副线圈严禁_____。

6. 异步电动机的基本结构由_____和_____两大部分组成，异步电动机是利用_____原理进行能量转换的设备，将电能转换成机械能。

7. 三相异步电动机主要由____和____两大部分组成。电动机的定子绕组有____和____两种接法。

8. 三相异步电动机旋转磁场的旋转方向与通入定子绕组中三相电流的____有关。异步电动机的转动方向与旋转磁场的方向____。旋转磁场的转速决定于旋转磁场的_____。

9. 三相异步电动机的磁极对数 $p=4$，如果电源频率 $f=50Hz$，则电动机的同步转速为_____。

10. 转差率是分析异步电动机运行情况的一个重要参数。转子转速越接近磁场转速，则转差率越____。对应于最大转矩处的转差率称为____转差率。

11. 三相笼型异步电动机降压启动的方法有_____、_____、_____、_____。

12. 异步电动机的调速可以用改变____、____和_____3 种方法来实现。

13. 三相异步电动机电气制动方法有_____、_____等。

二、选择题

1. 变压器原线圈 100 匝，副线圈 1 200 匝，在原线圈两端接有电动势为 10V 的蓄电池组，则副线圈的输出电压是（　　　）。

A. 120V　　　　　B. 12V　　　　　C. 0.8V　　　　　D. 0

2. 为了安全，机床上照明电灯的电压是 36V，这个电压是把 220V 的交流电压通过变压器降压后得到的。如果这台变压器给 40W 的电灯供电（不计变压器的损耗），则原线圈和副线圈的电流之比是（　　　）。

A. 1：1　　　　　B. 55：9　　　　　C. 9：55　　　　　D. 无法确定

3. 理想变压器原、副线圈中的电流 I_1、I_2，电压 U_1、U_2，功率 P_1、P_2，关于它们之间的关系，正确的说法是（　　　）。

A. I_2 由 I_1 决定　　B. U_2 与负载有关　　C. P_1 由 P_2 决定　　D. U_1 与负载有关

4. 三相异步电动机旋转磁场的转速与（　　　）。

A. 电源电压成正比　　　　　　　　B. 频率和磁极对数成正比

C. 频率成正比，与磁极对数成反比　　D. 频率成反比，与磁极对数成正比

5. 三相异步电动机的旋转方向与通入三相绕组的三相电流（　　　）有关。

A. 大小　　　　　B. 方向　　　　　C. 相序　　　　　D. 频率

6. 三相异步电动机能耗制动的方法就是在切断三相电源的同时（　　　）。

A. 给转子绕组中通入交流电　　　　B. 给转子绕组中通入直流电

C. 给定子绕组中通入交流电　　　　D. 给定子绕组中通入直流电

7. 三相异步电动机的电源频率为 50Hz，额定转速为 1 455r/min，则转差率为（　　　）。

A. 0.03　　　　　B. 0.04　　　　　C. 0.18　　　　　D. 0.52

三、计算题

1. 一台单相变压器，原线圈接电压为 1 000V，空载时测得副线圈电压为 400V。若已知副线圈匝数是 32 匝，求变压器的原线圈匝数。

2. 有一电压比为 220V/110V 的降压变压器，如果副线圈接上 55Ω 的电阻，求变压器原线圈的输入阻抗。

*四、综合题

某交流电源，其内阻为 100Ω，向电阻为 4Ω 的负载供电，要使负载上获得最大功率，应采用什么方法？

*第8章

安全用电与节约用电

　　人是导体，如果使用不当，电将对人们造成伤害，严重的将危及生命。作为即将从事"电"的工作的专业人员，将会比普通人有更多的机会接触电。因此，一定要绷紧"安全用电"这根弦，让"电老虎"乖乖地听指挥，更好地为人类服务。

　　那么，如何让"电老虎"听话呢？安全用电有哪些基本常识呢？一起来学一学吧。

知识目标

● 了解电力系统电能的生产、输送和分配过程。

● 了解人体触电的类型及常见原因。

● 了解电气火灾的防范及扑救常识。

● 了解保护接地的原理，掌握保护接零的方法，了解其应用。

● 了解节约用电的基本常识。

技能目标

● 了解触电的现场处理措施，掌握防止触电的保护措施。

● 能正确选择电气火灾现场处理方法。

● 会应用安全用电常识解决实际问题。

8.1　电能的生产、输送和分配

学习目标

● 知道电力系统电能的生产、输送和分配过程。

　　电能与其他形式的能相比较，具有转换容易、效率高、便于输送和分配、有利于实现自动化等许多方面的优点。因此，人们总是尽可能地将其他形式的能量转换为电能加以利用。目前，电能基本由发电厂生产，经升压变压器升压后，通过输电线做一定距离的输送，最后经区域变电所的降压后分配给各个电力用户，这样就构成了发电、输送、变电、配电和用电的整体，称为电力系统，如图8.1所示。那么，电能是如何生产、输送和分配的呢？

认识电力系统

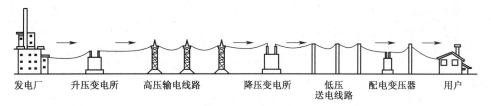

图 8.1　电力系统

8.1.1 电能的生产

电能主要是由发电厂生产的。发电厂是把其他形式的能量转换成电能的场所。发电厂（站）的种类很多，一般根据它所利用能源的不同分为火力发电厂、水力发电厂、核能发电厂、风力发电厂、沼气发电厂、潮汐发电厂、地热发电厂和太阳能发电厂（站）等。目前，常见的发电厂类型主要有火力发电厂、水力发电厂和核能发电厂等，它们的特点见表8.1。

表8.1　　　　　　　　　　　　　常见3类发电厂的特点

发电厂类型	发电形式	特点
火力发电厂	火力发电通常以煤、重油和天然气为燃料，使锅炉产生蒸汽，以高压、高温蒸汽驱动汽轮机，由汽轮机带动发电机而发电	需要消耗大量的煤炭、重油和天然气，排放大量温室气体等废气，污染环境
水力发电厂	水力发电利用自然水力资源作为动力，通过水库或筑坝截流的方式提高水位，利用水流的位能驱动水轮机，由水轮机带动发电机而发电	发电成本低，对环境无污染，但只有在某些水利资源丰富的地域可建造
核能发电厂	核能发电由核燃料在反应堆中的裂变反应所产生的热能来产生高压、高温蒸汽，驱动汽轮机带动发电机而发电，核能发电又称原子能发电	燃料体积小，使用时间长，产生的电能巨大，但对发电技术要求高

由于火力发电需要消耗大量宝贵的地球资源，在产生电力的同时还释放了大量的温室气体；水力发电又有着很强的地理条件要求；而核能发电只需要技术能力达到标准就可以在任何地域，长期提供强大的电力，因此是目前解决能源危机的一个发展方向。

┘注意└

目前，世界上由发电厂提供的电力，绝大多数是交流电。我国交流电频率为50Hz，称为工频，频率太低或不稳定时，会使电动机转速不稳定，自动控制装置失灵。国家规定频率偏差范围为±0.2Hz。

8.1.2 电能的输送

电能的输送又称输电。从发电厂发出的电能，先经过升压变压器将电压升高，用高压输电线送到远方用户附近，再经过降压变压器降低电压，供给用户使用。输电的距离越长，输送容量越大，输电电压升得越高。一般情况下，输电距离在50km以下，采用35kV电压；输电距离在100km左右，采用110kV电压；输电距离在2 000km以上，采用220kV或更高的电压。

电能的输送一般需经过变电、输电和配电3个环节，它们的特点见表8.2。

表8.2　　　　　　　　　　　　　电能输送的3个环节

环节	说明
变电	变换电压等级。它可分为升压和降压两种，升压是将较低等级的电压升到较高等级的电压，反之即为降压。变压通常由变电站（所）来完成，相应的变电站可分为升压变压站（所）和降压变压站（所）
输电	电力的输送。一般由输电网来实现。输电网通常由35kV及以上的输电线路及其连接的变电站组成
配电	电力的分配。通常由配电网来实现。配电网一般由10kV及以下的配电线路组成。现有的配电电压等级为10kV、6kV、3kV、380V/220V等多种，农村地区常采用的是10kV/0.4kV变配电站，380V/220V配电线路

┘注意└

输电线路的损耗主要由输电导线的热效应引起。采用高压输电可以保证在输送电功率不变的情况下，减少输电过程中电能的损耗。

在工厂配电系统中，对车间动力用电和照明用电采用分别配电的方式，即把各个动力配电线路与照明配电线路——分开，这样可以避免因局部故障而影响整个车间的生产用电和照明用电。

8.1.3 电能的分配

高压输电到用电点（如住宅、工厂）后，需经区域变电（即将交流电的高压降低到低压），再供给各用电点。电能提供给民用住宅的照明电压为交流 220V，提供给工厂车间的交流电压为 380V/220V。

一般电力系统要求总用电负荷与总供电功率保持平衡，以确保供电质量，避免或减少供电事故的发生。根据用电用户不同的重要性及对供电可靠性的要求，用电负荷一般可分为 3 级，见表 8.3。

表 8.3　　　　　　　　　　　　　　　　电力系统负荷 3 级分类

负荷分类	重要性和可靠性要求	采取措施
一类负荷	如果供电中断会造成生命危险，造成国民经济的重大损失，损坏生产的重要设备以致生产长期不能恢复或产生大量废品，破坏复杂的工艺过程，以及破坏大城市正常社会秩序，如钢铁厂、石化企业、矿井、医院等	必须有两个独立电源供电，重要的应设置备用电源，以保证持续供电
二类负荷	停止供电会造成大量减产，机器和运输停顿，城市的正常社会秩序遭受破坏。对这类负载应尽可能保证供电可靠，是否设置备用电源，要经过经济技术比较，如中断供电造成的损失大于设置备用电源的费用时，可以设置备用电源，如化纤厂、生物制药厂、体育馆、剧院等	设置备用电源，提高供电的连续性
三类负荷	断电后造成的损失与影响不太大，如生产单位的辅助车间、小城市及农村的照明负载等	可以不设置备用电源，但应该在不增加投资的情况下尽量提高供电的可靠性

阅读材料

中华人民共和国成立后的电力工业发展

中华人民共和国成立是中国电力工业发展的重大转折点。中国电力工业经历了由弱变强、由落后变先进的发展历程，取得了举世瞩目的巨大发展成就。第一，全国电力生产规模和用电规模增长超千倍：发电装机增长超过 1 000 倍，发电量增加超过 1 600 倍；用电量增长超过 1 900 倍，人均用电量增长 630 倍。发电能力从中华人民共和国成立初期的世界落后水平，进入世界先进行列，为中国经济建设提供了价格可承受的电力供应。第二，全国电网规模增长数百倍：电网线路长度增长 290 倍，通电率达 100%。电力供应从难以保障进入高可靠性水平阶段，电网规模稳步发展，电压等级不断提升，建成世界上覆盖范围最广、能源资源配置能力最强、运行水平最高的电网。第三，全国清洁电力增长数千倍：清洁发电装机增长 4 600 倍，清洁能源发电量增长 2 910 倍。电源结构从一煤独大到多种能源发电并举，清洁能源装机规模和发电量不断扩大，电源结构持续优化。第四，电力工业技术水平和装备能力大幅提升，特高压输电技术、新能源发电并网技术、核电技术和发电设备生产能力步入世界先进行列。第五，电力技术创新与电力国际合作取得重大进展，电力体制机制日趋完善。中华人民共和国成立后的电力工业发展为中国经济快速发展提供了可靠的电力保障。

8.2　触电及现场处理

学习目标

⊙ 了解电流对人体的伤害，人体触电的类型及常见原因。

⊙ 了解触电的现场处理措施，掌握防止触电的保护措施。

电看不见摸不得，只能用仪表测量。电如果使用不合理、安装不恰当、维修不及时或违反操作规程，都会带来不良的后果，严重的会导致人身伤害。因此，必须了解安全用电的知识，安全合理地使用电能，避免人身伤害和设备损坏。那么，什么是触电？如何进行触电现场处理？如何防止触电？

8.2.1　电流对人体的伤害

1. 电流对人体的伤害形式

人体触及带电体时，电流通过人体，会对人体造成伤害，其伤害的形式有电击和电伤两种。

（1）电击

当人体直接接触带电体时，电流通过人体内部，对内部组织造成的伤害称为电击。电击伤害主要是伤害了人体的心脏、呼吸和神经系统，如使人出现痉挛、窒息、心颤、心脏骤停，乃至死亡。电击伤害是最危险的伤害，多数触电死亡事故是由电击造成的。

（2）电伤

电伤是指电流对人体外部造成的局部伤害，包括灼伤（电流热效应产生的电伤）、电烙印（电流化学效应和机械效应产生的电伤）和皮肤金属化（在电流的作用下产生的高温电弧使电弧周围的金属熔化、蒸发并飞溅到皮肤表层所造成的伤害）。

2. 电流对人体伤害程度的主要影响因素

电流对人体伤害的程度主要由通过人体的电流大小决定，还与电流通过人体的路径、通电时间等因素有关。

（1）电流大小

通过人体的电流越大，人体的生理反应就越明显，感觉也就越强烈，生命的危险性就越大。

（2）电流通过人体的路径

电流流过头部，会使人昏迷；电流流过心脏，会引起心脏颤动；电流流过中枢神经系统，会引起呼吸停止、四肢瘫痪等。因此，电流流过这些要害部位，对人体都有严重的危害。

（3）通电时间

通电时间越长，一方面可使能量积累越多，另一方面还可使人体电阻下降，导致通过人体的电流增大，其危险性也就越大。

（4）电流频率

电流频率不同，对人体的伤害程度也不同。一般来说，民用电对人体的伤害最严重。

（5）电压高低

触电电压越高，通过人体的电流就越大，对人体的危害也就越大。36V 及以下的电压称为安全电压，在一般情况下对人体无伤害。

（6）人体状况

电流对人体的危害程度与人体身体状况有关，即与性别、年龄和健康状况等因素有很大的关系。一般来说，女性较男性对电流的刺激更为敏感，感知电流和摆脱电流的能力要低于男性。儿童触电比成人要严重。此外，人体健康状态也是影响触电时受到伤害程度的因素。

（7）人体的电阻

人体对电流有一定的阻碍作用，这种阻碍作用表现为人体电阻，而人体电阻主要来自皮肤表层。起皱和干燥的皮肤电阻很大。但皮肤潮湿或接触点的皮肤遭到破坏时，电阻就会突然减小，并且人体电阻将随着接触电压的升高而迅速下降。

╛ 提示 ╚

流过人体的电流与作用到人体上的电压和人体的电阻值有关。通常人体的电阻为 800Ω 至几万欧不等，一般情况下，人体的电阻可按 1 000～2 000Ω 考虑。在安全程度要求较高时，人体电阻应以不受外界因素影响的体内电阻 500Ω 计算。当皮肤出汗，有导电液或导电尘埃时，人体电阻将降低。电气安全操作规程规定：在潮湿环境和特别危险的局部照明和携带式电动工具等，如无特殊安全装置和安全措施，均应采用 36V 的安全电压。凡在工作场所潮湿或在安全金属容器内、隧道内、矿井内的手提式电动用具或照明灯，均应采用 12V 的安全电压。

8.2.2 人体触电的类型与原因

1. 人体触电的类型

因人体接触或接近带电体所引起的局部受伤或死亡的现象，称为触电。

认识安全用电

（1）低压触电

对于低压触电，常见的触电类型有单相触电、两相触电。

① 单相触电。人体的某一部位碰到相线或绝缘性能不好的电气设备外壳时，电流由相线经人体流入大地的触电现象，称为单相触电，也称单线触电。这是最常见的触电方式，如人站在地上用手接触绝缘破损的家用电器时的触电，如图 8.2（a）所示。

② 两相触电。人体的不同部位分别接触到同一电源的两根不同相位的相线时，电流由一根相线经人体流到另一根相线的触电现象，称为两相触电，也称双线触电。这是最危险的触电方式，如电工在工作时双手分别接触两根电线时的触电，如图 8.2（b）所示。所以电工在一般情况下不允许带电作业。

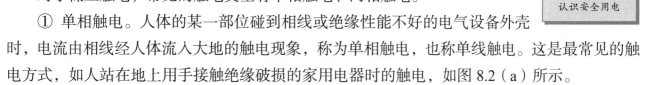

（a）单相触电　　　　　（b）两相触电

图 8.2　低压触电常见类型

（2）高压触电

高压触电比低压触电危险得多，常见的高压触电类型有高压电弧触电和跨步电压触电。

① 高压电弧触电。人靠近高压线（高压带电体），造成空气弧光放电而触电，称为高压电弧触电，如图8.3（a）所示。

② 跨步电压触电。人走近高压线掉落处，前后两脚间电压超过了36V而触电，称为跨步电压触电，如图8.3（b）所示。

（a）高压电弧触电　　　　　　　　　　　（b）跨步电压触电

图8.3　高压触电常见类型

 **阅读材料**

雷电与避雷装置

雷电是自然界的放电现象，属于高压电弧触电。发生雷电时，云层和大地间的放电经过人体就会引起触电。发生雷电时，在云层和大地之间雷电的路径上，有强大的电流通过，会给人们带来危害，雷电的路径往往经过地面上突起的部分。因此，为避免雷击，一般高大的物体如高大建筑物、室外天线、架空输电线路等，都要装设避雷装置。图8.4（a）所示为高大建筑物上的避雷针，图8.4（b）所示为输电线路上的避雷器。读者也可以上网查一查：人在野外时，如何有效防止雷击？

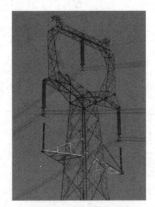

（a）建筑物的避雷针　　　　（b）输电线路的避雷器

图8.4　常见避雷装置

2. 人体触电的原因

（1）电工违规操作

如电气线路、设备的安装不符合安装安全规程，经常可能使人碰到导线或由跨步电压造成触电；在维护检修时，不严格遵守电工操作规程，麻痹大意，造成事故；现场临时用电管理不善。图 8.5 所示为电线盒中的电线头裸露在外面，如果带电，这样的线头外露很可能造成触电事故。

（2）用电人员安全意识淡薄

如由于用电人员缺乏用电知识或在工作中不注意，不遵守有关安全规程，直接触碰了裸露在外面的导电体；在高压线下违章施工或在高压线下施工时不遵守操作规程，使金属构件接触高压线路而造成触电；操作漏电的机器设备或使用漏电的电动工具。图 8.6 所示为一个没有柜门的临时电柜上正插着一台电焊机，里面的插座全部裸露在外，现场也没有专人看管，这样也容易发生触电事故。

图 8.5 电线盒中裸露的电线头　　图 8.6 无人看管的临时电柜

（3）电气设备绝缘受损

由于电气设备损坏或不符合规格，又没有定期检修，以致绝缘老化、破损而漏电，没有及时发现或疏忽大意，触碰了漏电的设备。如图 8.7 所示的路边灯箱，外箱已经破烂不堪，电线和灯管均裸露在外面，如果行人不小心碰到，很可能发生触电事故，后果不堪设想。

（4）其他原因

由于外力的破坏等原因，如雷击、弹打等，使送电的导线断落在地上，导线周围将有大量的扩散电流向大地流入，将出现高电压，人行走时跨入了有危险电压的范围，造成跨步电压触电；有雷雨时，人在树下或高大建筑物下躲雨，或在野外行走，或用金属柄伞，则容易遭受雷击，引起电损伤；在电线上晒衣服或大风把电线吹断形成跨步电压。如图 8.8 所示，居民小区的箱式变压配电站和变压器之间有一道狭窄的空间，电力部门为安全用铁护栏将其围住，但有的居民对上面标注的"有电危险，请勿靠近"的警示语视而不见，有人翻越护栏在检修梯下晾晒衣物，万一发生触电事故，后果也是不堪设想。

图 8.7 路边破损的灯箱　　　　图 8.8 变压器边晾晒的衣服

8.2.3 触电的现场处理

触电处理的基本原则是动作迅速、救护得法，不惊慌失措、束手无策。当发现有人触电时，必须使触电者迅速脱离电源，然后根据触电者的具体情况，进行相应的现场急救。

触电现场抢救

1. 脱离电源

使触电者迅速脱离电源的常用方法见表8.4。

表 8.4　　　　　　　　　　　　　使触电者脱离电源的方法

序号	示意图	操作方法
1		迅速拉开闸刀或拔去电源插头
2		用绝缘棒拨开触电者身上的电线
3		切断电源回路
4		用手拉触电者的干燥衣服，同时注意操作者自己的安全（如踩在干燥的木板上）

2. 现场判断

现场判断触电者情况的常用方法见表8.5。

表 8.5　　　　　　　　　　　　现场判断触电者情况的常用方法

判断方法	看	听	摸
示意图			
说明	侧看触电者的胸部、腹部，有无起伏动作	聆听触电者心脏跳动的情况和口鼻处的呼吸声响	触摸触电者喉结旁凹陷处的颈动脉有无搏动

3. 现场救护

现场救护的常用操作方法见表8.6。

表 8.6 现场救护的操作方法

救护方法	操作示意图	注意事项
口对口人工呼吸救护法	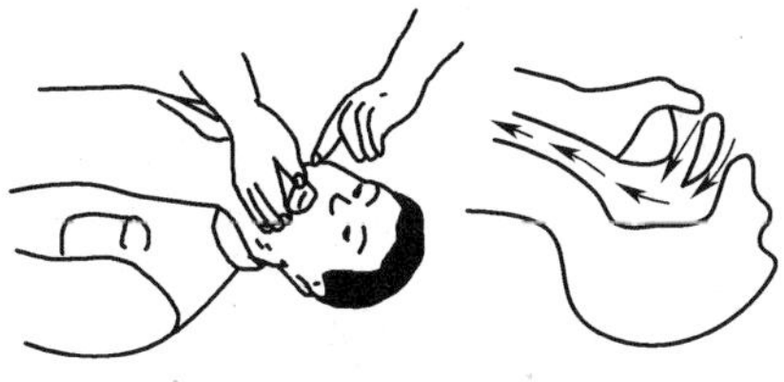 (a) 消除口腔杂物　(b) 舌根抬起气通道 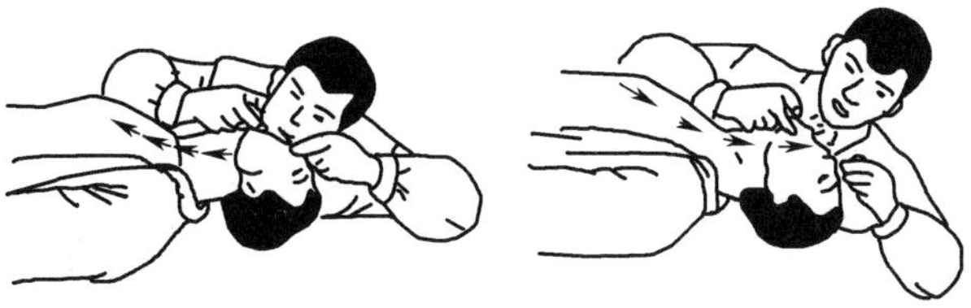 (c) 深呼吸后紧贴嘴吹气　(d) 放松嘴鼻换气	 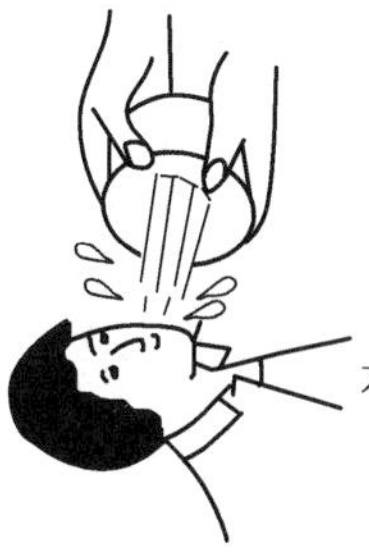 不能打强心针 不能泼冷水
心脏胸外挤压救护法	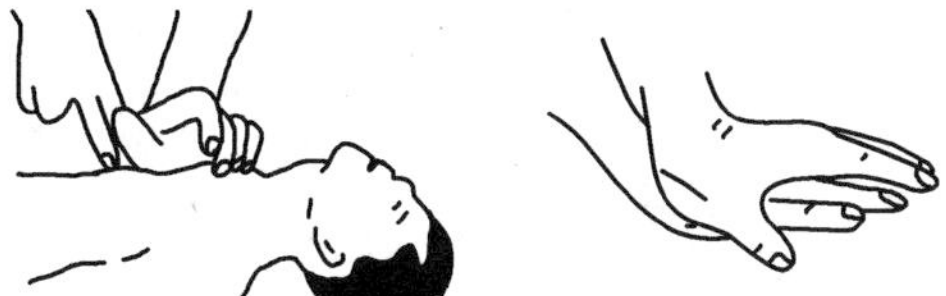 (a) 找准位置　(b) 挤压姿势 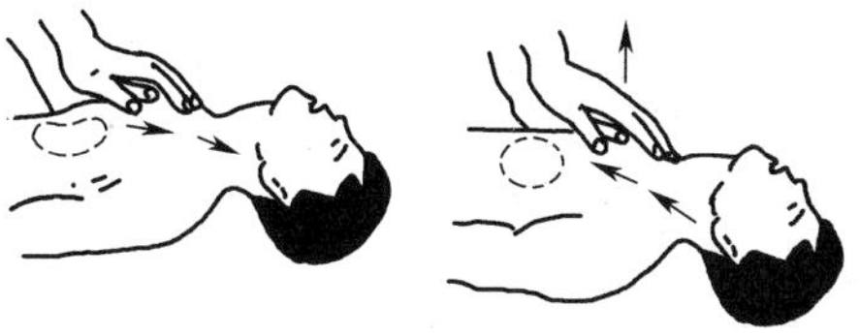 (c) 向下挤压　(d) 突然松手	

⌐ 提示 ⌐

在进行触电现场急救时，应注意：

① 将触电人员身上妨害呼吸的衣服全部解开，越快越好；

② 应迅速将口中的假牙或食物取出；

③ 如果触电者牙齿紧闭，须使其口张开，把下颚抬起，用两手四指托在下颚背后，用力慢慢往前移动，使下牙移到上牙前；

④ 不能打强心针，也不能泼冷水。

8.2.4　防止触电常识

防止触电的基本原则是：不接触低压带电体，不靠近高压带电体。常用的触电防护措施见表 8.7。

表 8.7　　　　　　　　　　　　常用的触电防护措施

序号	示意图	操作方法
1		禁止用湿手去接触开关或家用电器的金属外壳
2		清洁电器时，一定要先切断电源，禁止用潮湿的布擦洗家用电器
3		禁止电线与其他金属导体接触，禁止在电线上晾衣物、挂物品。电线有老化与破损时，要及时修复
4	地线	电器该接地的地方一定要做到可靠接地，并定期检查
5		禁止在高压线附近放风筝

8.3　电气火灾及现场处理

学习目标

- 了解电气火灾的防范及扑救常识。
- 能正确选择电气火灾现场的处理方法。

电气设备和电气线路都离不开绝缘材料，如变压器油、绝缘漆、橡胶、树脂、薄膜等。这些绝缘材料如超过一定的温度或遇到明火等，就会引起燃烧，造成电气火灾。由电气故障引起的电气设备或线路着火统称电气火灾。那么，引起电气火灾的原因是什么？如何进行电气火灾现场处理？如何防止电气火灾呢？

8.3.1 电气火灾的原因

电气火灾隐患的特点就是火灾隐患的分布性、持续性和隐蔽性。由于电气系统分布广泛、长期持续运行，电气线路通常敷设在隐蔽处（如吊顶、电缆沟内），火灾初期时不易被火灾报警系统发现，也不易为肉眼所观察到。电气火灾的危险性还与用电情况密切相关，当用电负荷增大时，容易因过电流而造成电气火灾。引起电气火灾的主要原因如下所述。

1. 短路

由于电路中导线选择不当、绝缘老化和安装不当等原因，都可能造成电路短路。发生短路时，其短路电流比正常电流大很多倍，由于电流的热效应，产生大量的热量，引起电气火灾。

造成短路的原因除导线选择不当、绝缘老化和安装不当而造成短路外，还有电源过电压，造成绝缘击穿；小动物跨接在裸线上；室外架空线的线路松弛，在大风作用下发生碰撞；线路与各种运输物品或金属物品相碰等。图 8.9 所示为电缆线绝缘破损，如果有电，非常容易由于短路形成电气火灾。

2. 过载

不同规格的导线，允许流过它的电流都有一定的范围。在实际使用中，流过导线的电流大大超过其允许值，就会造成过载，产生很多的热量。这些热量往往不能及时地被散发掉，就可能使导线的绝缘物质燃烧，或使绝缘物受热而失去绝缘能力造成短路，引起火灾。

发生过载的原因有导线截面选择不当，实际负载已超过了导线的安全电流；"小马拉大车"，即在线路中接入了过多的大功率设备，超过了配电线路的负载能力。图 8.10（a）所示为某工地上电线私拉乱接，容易造成电气火灾等意外。

3. 漏电

线路的某个地方因某种原因（风吹、雨打、日晒、受潮、碰压、划破、摩擦、腐蚀等）使电线的绝缘下降，导致线与线、线与地有部分电流通过，泄漏的电流在流入大地途中，如遇电阻较大的部位（如钢筋连接部位），会产生局部高温，致使附近的可燃物着火，引起火灾。图 8.10（b）所示为某居民小区外墙上凌乱的电线，时间久了，非常容易引起电气火灾。

图 8.9 电缆线绝缘破损

（a）易造成过载

（b）易造成漏电

图 8.10 电线私拉乱接

此外，电力设备在工作时出现的火花或电弧，都会引起可燃烧物燃烧而引起电气火灾。特别在油库、乙炔站、电镀车间以及其他有易燃气体、液体的场所，一个不大的电火花往往就会引起燃烧和爆炸，造成严重的伤亡和损失。

8.3.2　电气火灾的现场处理

电气火灾的起因与一般火灾不同，紧急处理的方法也不一样，具体处理方法如下。

1．尽快切断电源

当用电设备或电气线路发生火灾时，应尽快切断电源，以防火势蔓延和灭火时触电，并及时报警。

2．选用合适的灭火器

带电灭火时，应选用干黄沙、二氧化碳、1211（二氟一氯一溴甲烷）、二氟二溴甲烷或干粉灭火器。严禁用泡沫灭火器对带电设备进行灭火，否则既有触电危险，又会损坏电气设备。

3．保持适当的距离

灭火时，要保证灭火器与人体间距及灭火器与带电体之间的最小距离，避免与电线、电气设备接触，特别要留心地上的电线，以防触电。

8.3.3　电气火灾的防范措施

1．防止短路引起的火灾

（1）严格按照电力规程进行安装、维修，根据具体环境选用合适导线和电缆。

（2）选用合适的安全保护装置。

（3）注意对插座、插头和导线的维护，如有破损要及时更换，做到不乱拉电线，不乱装插座；在有孩子的家庭，所有明线和插座都要安装在孩子够不着的位置；不在插座上接过多和功率过大的用电设备，不用铜丝代替熔断器等，如图 8.11 所示。

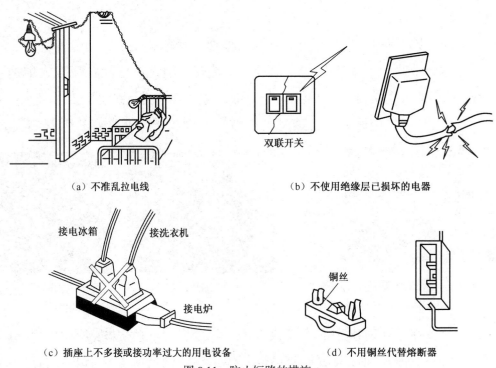

(a) 不准乱拉电线　　　　　　　　　　(b) 不使用绝缘层已损坏的电器

(c) 插座上不多接或接功率过大的用电设备　　　(d) 不用铜丝代替熔断器

图 8.11　防止短路的措施

2. 防止过载引起的火灾

（1）对重要的物资仓库、居住场所和公共建筑物中的照明线路，有可能引起导线或电缆长时间过载的动力线路，以及采用有延烧性护套的绝缘导线敷设在可燃建筑构件上时，都应采取过载保护。

（2）线路的过载保护一般采用断路器，其延时动作整定电流不应大于线路长期允许通过的电流。如采用熔断器作过载保护，熔断器熔体的额定电流应不大于线路长期允许通过的电流。

3. 防止漏电引起的火灾

（1）导线和电缆的绝缘强度不应低于线路的额定电压，绝缘子也要根据电源电压选配。

（2）在潮湿、高温、腐蚀场所内，严禁绝缘导线明敷，应使用套管布线；多尘场所，要经常打扫线路。

（3）尽量避免施工中的损伤，注意导线连接质量；活动电气设备的移动线路因采用铝套管保护，经常受压的地方要用钢管暗敷。

（4）安装漏电保护器，经常检查线路的绝缘情况。

8.4 用电保护

学习目标

◎ 了解保护接地的原理。

◎ 掌握保护接零的方法，了解其应用。

◎ 了解对用电保护的措施，防止发生事故。

现在大家基本学完了本课程，对今后从事的"电"的工作有了一定的了解。作为未来的专业电工，为了更好地预防电气意外的发生，如何做好用电保护措施呢？

认识接地装置

8.4.1 接地装置

1. "地"的概念

"地"是指电气上的"地"，即指如图 8.12 所示的距接地点 20 m 以外地方的电位（该处的电位已近降至为零）。这电位等于零的地方，就是电气上的"地"。

2. 接地的作用与种类

接地的主要作用是保证人身和设备的安全。接地按其目的及工作原理来分，有保护接地、保护接零、工作接地和重复接地 4 种。

（1）保护接地

保护接地就是将正常情况下不带电，而在绝缘材料损坏后或其他情况下可能带电的电气设备金属部分（即与带电部分绝缘的金属结构部分）用导线与接地体可靠连接的一种保护接线方式，如图 8.13 所示。保护接地一般用于配电变压器中性点不直接接地（三相三线制）的供电系统中，用以保证当电气设备因绝缘损坏而漏电时产生的对地电压不超过安全范围。

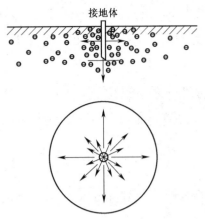

图 8.12　接地处的电位分布曲线图

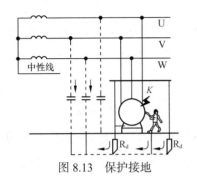

图 8.13　保护接地

如果电气设备未采用接地保护，当某一部分的绝缘损坏或某一相线碰及外壳时，家用电器的外壳将带电，人体万一触及该绝缘损坏的电气设备外壳，就会有触电的危险。相反，若将电气设备做了接地保护，单相接地短路电流就会沿接地装置和人体这两条并联支路分别流过。一般来说，人体的电阻大于 $1\,000\Omega$，接地体的电阻按规定不能大于 4Ω，所以流经人体的电流就很小，而流经接地装置的电流很大。这样就减小了电气设备漏电后人体触电的危险。

（2）保护接零

保护接零是将电气设备的外壳及金属支架等与零线连接，以保护人身安全的一种用电安全措施，如图 8.14 所示。在三相四线制中性点直接接地的电网中，广泛采用保护接零。

把电气设备的金属外壳和电网的零线连接在电压低于 $1\,000V$ 的接零电网中，若电气设备因绝缘损坏或意外情况而使金属外壳带电时，形成相线对中性线的单相短路，则线路上的

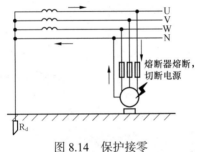

图 8.14　保护接零

保护装置（自动开关或熔断器）迅速动作，切断电源，从而使设备的金属部分不致会长时间存在危险的电压，这就保证了人身安全。

 应用

家用电器插座是供移动电气设备如台灯、电风扇、电视机、洗衣机等连接电源用的。因为家庭用电中的供电系统一般为 TT 系统（采用保护接地方式），所以为了保证用电安全，插座的接线必须做到："左零右火上接地"，接线时专用接地插孔应与专用的保护接地线相连，如图 8.15 所示。我们在接线时一定要严格遵守这个接线规范。

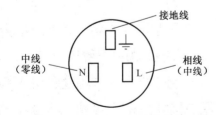

图 8.15　家用电器插座的接线

如果供电系统为 TN 系统（采用保护接零方式），则插座上面的插孔为接零线，这根接零线必须接在零线的干线上（一般从电源端专门引来），而不应就近引入插座的零线。

保护接地与保护接零的区别。

（1）保护原理不同。保护接地是限制设备漏电后的对地电压，使之不超过安全范围；保护接零是借助接零线路使设备形成短路，促使线路上的保护装置动作，以切断故障设备的电源。

（2）适用范围不同。保护接地既适用于一般不接地的高低压电网，也适用于采取了其他安全措施（如装设漏电保护器）的低压电网；保护接零只适用于中性点直接接地的低压电网。

（3）线路结构不同。如果采取保护接地措施，电网中可以无工作零线，只设保护接地线；如果采取保护接零措施，则必须设工作零线，利用工作零线作接零保护。保护零线不应接开关、熔断器，当在工作零线上装设熔断器等时，还必须另装保护接地线或接零线。

在同一供电线路上，不允许一部分电气设备保护接地，另一部分电气设备保护接零。因为接地设备绝缘损坏外壳带电时，若有人同时接触接地设备外壳和接零设备的外壳，人体将承受相电压，这是非常危险的。

（3）工作接地

工作接地是指为保证用电设备安全运行，将电力系统中的变压器低压侧中性点接地，如图 8.16 所示。如电力变压器和互感器的中性点接地，都属于工作接地。

（4）重复接地

重复接地是在三相四线制保护接零电网中，除了变压器中性点的工作接地之外，在零线上一点或多点与接地装置的连接，如图 8.17 所示。

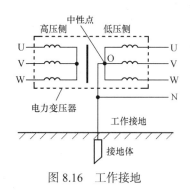

图 8.16　工作接地

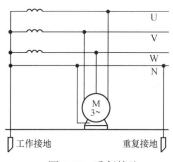

图 8.17　重复接地

8.4.2　用电保护措施

为防止发生触电等电气事故，除应注意开关必须安装在火线上、合理选择导线与熔丝外，还必须采取防护措施。常见的用电保护措施如下。

1. 正确安装用电设备

电气设备要根据说明和要求正确安装，不可马虎。带电部分必须有防护罩或放到不易接触到的高处，以防触电。

2. 电气设备采用保护接地

电气设备采用保护接地后，即使外壳绝缘不好而带电，也不会有危险。因为这时工作人员碰到机壳就相当于人体和接地电阻并联，而人体的电阻远比接地电阻大，因此流过人体的电流就很微小，从而保证了人身安全。

3. 电气设备采用保护接零

电气设备采用保护接零后，即使电气设备的绝缘损坏而碰壳，由于中性线的电阻很小，所以短路电流很大，立即使电路中的熔丝烧断，切断电源，从而避免触电危险。

4. 采用漏电保护装置

漏电保护装置的作用主要是防止由漏电引起的触电事故和单相触电事故；其次是防止由漏电引起火灾事故以及监视或切除一相接地故障，有的漏电保护装置还能切除三相电动机的断相运行故障。

5. 采用各种安全保护用具

为保护工作人员的操作安全，操作者必须严格遵守操作规程，并使用绝缘手套、绝缘鞋、绝缘钳、绝缘垫等保护用具。

8.5 安全用电案例

学习目标

● 强化安全用电意识。

"生命无价。"人是导体，如果操作和使用不当，电将对人们造成伤害，严重的将危及生命。大家即将从事"电"的工作，将比普通人有更多的机会接触"电"。那么，在实际生产、生活中，如何强化安全用电意识，保证安全用电呢？

8.5.1 安全用电案例之一

▶ 案例回放

高村农民张某路经本村配电变压器时，因站住提鞋，一只手去扶电杆时手接触配电变压器外壳的接地线和中性线接地线而造成触电死亡。事故发生后，村电工检查现场接地线带电原因时，发现接地体连接固定螺栓已丢失。

▶ 案例分析

配电变压器外壳接地线和中性线接地线在人体接触时一般不会发生触电，因为人与接地点处于同一电位，一般不会产生接触电压，如图8.18所示。

张某这次手接触接地线造成触电，是因为接地线在靠近地面处的接地螺栓因年久失修而丢失，使接地引线和接地体断开。当张某手触接地线时，电流通过人体进入大地，造成触电，如图8.19所示。

变压器接地引下线没有按照技术规程要求做防护套，在引下线发生问题时，失去了安全防护措施，造成触电事故的发生。

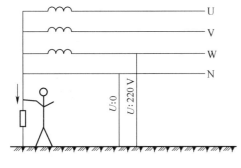

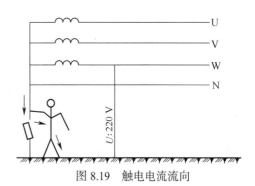

图 8.18　人与接地点处于同一电位　　　　图 8.19　触电电流流向

> 案例思考

（1）接地线上除靠近配电变压器处允许有螺栓接头外，变压器引下地线接头必须采用焊接。

（2）在距地面 2m 以上的线段应套上硬塑料管，以提供良好的对外绝缘特性。

（3）应加强对配电变压器的巡视检查，及时发现缺陷，迅速处理。

（4）加强对保护电力设施条例的宣传教育工作，发现有破坏电力设施的现象和行为要及时处理。

8.5.2　安全用电案例之二

> 案例回放

　　王某家今年新买了一台电扇，因家中三孔插座已被其他家用电器占用，所以将电扇的三脚插头改装成两脚插头，电扇外壳没有接地。接上电源，电扇转动后，他的儿子看到电扇很高兴，就去摸电扇底座，结果小孩"哇"了一声倒在电风扇底座边，如图 8.20 所示。王某看到小孩栽倒地上，忙去拉小孩，刚一接触小孩身体，就喊了一声"有电"，便急忙把电扇插头拔下，迅速送往医院。经医生检查，小孩已经因误时较长，抢救无效而死亡。

图 8.20　电扇漏电引起触电事故

> 案例分析

　　经电工打开电扇接线盒盖，检查接线，发现电线绝缘部分有破损，电线破损处接触电扇外壳。王某安装电扇时，没有用带接地线的三孔插座，私装电器又不按规程要求施工，致使电扇外壳与电线破损处接触而带电。因此，违章作业是造成这次事故的主要原因。王某家没有安装漏电保护器也是造成触电死亡事故的原因之一。

> 案例思考

（1）家用电扇安装应找相应的专业人员（如电工），在接电源前，应连同电源线用 500V 兆欧表测量电线，电线对外壳绝缘电阻应在 1MΩ以上，方为合格。

（2）电扇电源线应用有塑料护套的三芯线，三芯线中有黑色的线芯按电扇外壳保护接地线。如用两芯线及两脚插头时，应将电扇外壳接地，接地线应接在接地体上，接地体的接地电阻要小于 10Ω。

（3）移动电扇时，首先应关闭电扇，拔掉电源插头。

（4）电扇在使用之前，应注意检查电源线外皮绝缘是否良好，若发现擦伤、压伤、扭伤、老化等情况，应及时更换或进行绝缘处理。

（5）一旦发生触电事故，应首先切断电源，根据触电者的情况打急救电话。在等待急救车时进行相应的急救措施，如进行人工呼吸等。

8.5.3 安全用电案例之三

▶ 案例回放

临时工韩某与其他3名工人从事化工产品的包装作业。班长让韩某去取塑料编织袋，韩某回来时一脚踏上盘在地上的电缆线上，触电摔倒，在场的其他工人急忙拽断电缆线，拉下闸刀，如图8.21所示。他们一边在韩某胸部乱按，一边报告领导打120急救电话。待急救车赶到开始抢救时，韩某出现昏迷、呼吸困难、面部及嘴唇发紫、血压忽高忽低等症状。现场抢救20min后，韩某被送去医院继续抢救。住院特护12天，一般护理3天后，韩某病情稳定出院。

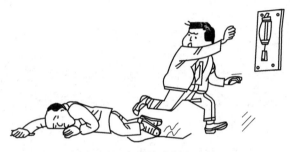

图 8.21　电缆线头漏电事故

▶ 案例分析

安全管理人员得到通知后，立即赶到现场，并对事故现场进行了保护。现场调查发现，事故原因主要如下。

（1）电缆线长约20 m，由3种不同规格的电缆线拼接而成，而且线头包裹不好，以至于电线接线处漏电。

（2）事故现场未见漏电保护器，不能在触电事故发生时进行断电保护。

（3）当时因阴雨连绵，加上该化工产品吸水性较强，电缆料潮湿，而韩某脚上布鞋被水浸透，所以未能起到保护作用。

▶ 案例思考

（1）分析当时的情况，如果安装有可靠的漏电保护器，在电缆潮湿的情况下，触电保护器的开关可能根本合不上，根本不可能发生这起事故。即使开关能勉强合上，湿透的脚踏到线头上，漏电保护器的动作电流肯定会超过数倍而断电。所以在实际电路施工中，必须要安装触电保护设备。

（2）电缆接头过多，对电缆的安全性带来了威胁。每一个接头就是触电的一个隐患，实际电缆铺设时应尽可能使用整段电缆，以提高输电线路的输送质量和安全性。

（3）故障处理及时。发生了触电事故，立即切断电源，使伤员脱离继续受电流损害的状态，减少损伤程度，同时向医疗部门呼救。这是能否抢救成功的首要因素。

⌐ 注意 ∟ 📢

进行切断电源前应注意伤员身上因有电流通过，已成带电体，任何人不应触碰伤员，以免自己也成为带电体而遭电击。

⌐ 提示 ∟ 🌿

通过 3 个安全用电案例的"回放—分析—思考"后，我们对安全用电有了更进一步的认识。作为即将从事"电"的工作的专业人员，我们要时刻牢记"安全用电"，融于心，践于行，使安全意识和安全操作成为一种职业习惯。

8.6 节约用电

学习目标

⊙ 了解节约用电的意义和方法。

⊙ 树立节约用电意识。

节约用电是指在满足生产、生活所必需的用电条件下，采取技术上可行、经济上合理的节电措施，减少电能的消耗，提高用户的电能利用率和减少供电网络的电能损耗。那么，节约用电有什么意义？如何做到节约用电呢？

8.6.1 节约用电的意义

1. 节约用电就是节约能源

电能是由一次能源转换来的二次能源。节约用电，也就是节约发电所需的一次能源，从而使能源得到节约，可以减轻能源和交通运输的紧张程度，改善环境。

2. 节约用电可以减少投资

节约用电可以使发电、输电、变电、配电所需的设备容量减少，也就意味着相应地节省国家对供用电设备需要投入的基建投资。

3. 节约用电可以提高效益

节约用电，要靠加强用电的科学管理，从而改善经营管理工作，提高企业的管理水平。同时，节约用电能够减少不必要的电能损失，为企业减少电费支出，降低成本，提高经济效益，从而使有限的电力发挥更大的社会经济效益，提高电能利用率，更为有效地利用好电力资源。

4. 节约用电促进技术进步

节约用电，必须依靠科学技术，在不断采用新技术、新材料、新工艺、新设备的情况下，节约用电必定会促进科技的不断进步，促进工农业生产水平的不断发展与提高。

⌐ 提示 ∟

　　1kW·h 电在家中可以让 25W 的灯泡能连续点亮 40h，家用冰箱能运行 1 天，普通电风扇能连续运行 15 h，1P 空调器能开 1.5 h，能将 8kg 的水烧开，电视机能开 10h，电动自行车所充的电足够行驶 80km，利用电热水器可洗一个非常舒服的澡。

　　节约 1kW·h 电相当于节约 0.4kg 标准煤，节约 4L 净水。而发 1kW·h 电将排放污染 0.272kg 碳粉尘，0.997kg 二氧化碳，0.03kg 二氧化硫，0.015kg 氮氧化物。

　　有 400 万居民用户的城市，如果每户每天都能节约 1kW·h 电，全市每天就将减少 400 万 kW·h 用电量，节约 1 600t 煤和 16 000t 水，其效果是非常显著的。

　　节能环保，就从节约每一度电开始吧！

8.6.2　节约用电的方法

　　节约用电可以通过管理节电、结构节电和技术节电 3 种方式。管理节电是通过改善和加强用电管理和考核工作，来挖掘潜力减少消费的节电方式；结构节电是通过调整产业结构、工业结构和产品结构来达到节电的方式；而技术节电则是通过设备更新、工艺改革、采取先进技术来达到节电的方式。在生产和生活中，常用的技术节电方法如下。

1．照明节电方法

　　照明用电占全国用电总量的 5% 左右，常用的照明节电方法有：采用绿色高效照明灯具，如图 8.22 所示为上海世博园的 LED 照明工程；采取有效照明方式，如图 8.23 所示为常用的局部照明灯具；充分利用自然光源，如图 8.24 所示；充分利用反射和反光，如灯配上合适的反光罩（见图 8.25）可提高照度，利用室内墙壁的反光可提高照度 2% 左右；采用节电控制电路，如使用声控开关（见图 8.26）和光控开关等。

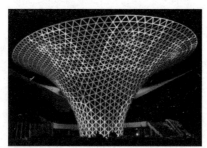

图 8.22　上海世博园的 LED 照明工程

图 8.23　局部照明灯具

图 8.24　充分利用自然光源

图 8.25　反光罩

图 8.26　声控开关

2. 电动机节电方法

电动机是各种生产机械的主要动力，所消耗电能占全国总用电量的 60%～70%。电动机常用的节电方法有：选用高效节能电动机，如图 8.27 所示；合理配置电动机容量，避免"大马拉小车"；将定子绕组改接成星形-三角形混合串接绕组，按负载轻重转换星形接法或三角形接法；采用电动机节电器，如图 8.28 所示。

3. 变压器节电方法

电力变压器是发电、输电、变电、配电系统中的重要设备之一。变压器的节电方法是利用新型电磁材料、新型生产工艺开发研制出的高效节能变压器，用以更新改造低效变压器，如图 8.29 所示。

图 8.27　高效节能电动机　　　　图 8.28　电动机节电器　　　　图 8.29　高效节能变压器

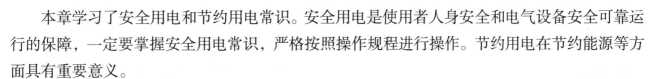
本章小结

本章学习了安全用电和节约用电常识。安全用电是使用者人身安全和电气设备安全可靠运行的保障，一定要掌握安全用电常识，严格按照操作规程进行操作。节约用电在节约能源等方面具有重要意义。

1. 电力系统由哪几部分组成？电能的生产、输送和分配的过程是怎样的？

2. 常见的触电方式有哪几种？如何正确进行触电急救？

3. 遇到电气火灾应该如何处理？遇到有人触电应该如何处理？

4. 什么是保护接地和保护接零？什么是工作接地和重复接地？什么是防雷接地？

5. 什么是节约用电？节约用电有哪些意义？常用的技术节电方法有哪些？

第 8 章知识要点解读

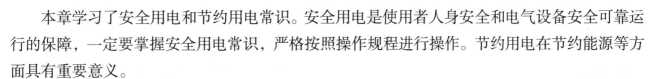
思考与练习

一、填空题

1. 电力系统由_____、_____、_____、_____和_____5 部分构成。

2. 电能主要是由发电厂生产的，发电厂是把_____转变成电能的场所。常见发电厂有_____、_____和_____等。

3. 电能的输送一般需经过_____、_____和_____3 个环节。

4. 一般情况下，规定安全电压为_____及以下，人体通过_____电流就会有生命危险。

5. 常见的触电方式有_____、_____和_____。

6. 当人体某一部位接触到带电的导体或触及绝缘损坏的用电设备时，人体便成为一个通电的导体，电流流过人体会造成伤害，这就是_____。

7. 当人体的不同部位分别接触到同一电源的两根不同相位的相线，电流由一根相线经人体流到另一根相线的触电，称为_____。

8. 当电气设备相线碰壳短路接地，或带电导线直接触地时，人体虽没有接触带电设备外壳或带电导线，但跨步行走在电位分布曲线的范围内而造成的触电，称为_____。

9. 触电急救的步骤有_____、_____和_____。

10. 在日常生活中，安全用电的基本原则是：不直接接触_____线路，不靠近_____线路。

11. 现场救护常用方法有_____和_____。

12. 发生电气火灾，首先要_____。

13. 接地的主要作用是保证人身和设备的安全，若按接地的目的及工作原理来分，有_____、_____、_____和_____。

14. 在照明用电系统中，开关应接在_____线上，洗衣机的金属外壳可靠保护_____或保护_____。

15. 在三相四线制保护接零电网中，除了变压器中性点的工作接地之外，在零线上一点或多点与接地装置的连接称为_____。

16. 在同一供电线路上，不允许一部分电气设备_____，另一部分电气设备_____。

17. 节约用电是指在满足生产、生活所必需的用电条件下，采取_____上可行、_____上合理的节电措施，减少_____的消耗，提高用户的电能利用率和减少供电网络的电能损耗。

18. 节约用电可以通过_____、_____和_____3种方式。

二、选择题

1. 一般情况下，输电距离在50km以下，采用（　　）。
A. 10kV 电压　　　　B. 35kV 电压　　　　C. 110kV 电压　　　　D. 220kV 电压

2. 停止供电会造成大量减产，机器和运输停顿，城市的正常社会秩序遭受破坏。这类负荷属于（　　）。
A. 一类负荷　　　　B. 二类负荷　　　　C. 三类负荷　　　　D. 重要负荷

3. 关于家庭电路中电器安装的说法错误的是（　　）。
A. 开关应接在火线上　　　　B. 螺口灯泡的螺旋套一定要接在零线上
C. 开关应和灯泡并联　　　　D. 三孔插座应有接地线

4. 发现有人触电后，应采取的正确措施是（　　）。
A. 赶快把触电人拉离电源　　　　B. 赶快去喊电工来处理
C. 赶快用剪刀剪断电源线　　　　D. 赶快用绝缘物体使人脱离电线

5. 被电击的人能否获救，关键在于（　　）。
A. 触电的方式　　　　B. 人体电阻的大小

C. 触电电压的高低　　　　　　　　　D. 能否尽快脱离电源和施行紧急救护

6. 把电气设备的金属外壳用导线和埋在地中的接地装置连接起来，称为（　　　）。

A. 保护接地　　　　B. 保护接零　　　　C. 工作接地　　　　D. 重复接地

三、简答题

1. 为什么要采用高压输电？

2. 作为电工，遇到有人触电如何处理？

3. 作为电工，遇到电气火灾如何处理？

4. 什么是保护接零？保护接零有何作用？

5. 什么是保护接地？保护接地有何作用？

6. 收集一个安全用电案例，并进行案例分析。

7. 收集常用家用电器的节电方法。

四、综合题

1. 某用户在使用电视机时，由于电视机短路发生了电气火灾。

（1）如果当时你在现场，应该采取哪些应急措施进行救火？

（2）请你分析这台电视机短路的原因可能有哪些。

（3）一般家庭常用的电气火灾防护措施有哪些？

2. 据某报报道：7 月 3 日，姚家三姐弟来某地游玩。当晚 11 点 40 分，在某农居点三楼 303 室，老二去卫生间洗澡。过了很久，姐姐都没见妹妹出来，这时卫生间里的水流进了房间。姐姐一看不对，连忙冲到卫生间门口大叫，但没人回应。于是转身爬到窗台，进入卫生间察看情况，结果不幸触电，也倒在了卫生间。弟弟一看是触电，连忙回房间穿了双塑胶跑鞋，把电源拔掉，随后报警求助。但两姐妹都已身亡。据调查：死者使用的是二手电热水器，洗澡过程中热水器出现漏电现象。加上现场用电系统缺少接地线保护，也没装漏电保护器，埋下了触电事故的隐患。

（1）本案例中，发生触电事故的主要原因有哪些？

（2）如何进行正确的触电急救？

参考文献

[1] 李瀚苏. 简明电路分析基础[M]. 北京：高等教育出版社，2002.

[2] 新电气编辑部. 图解电工电子基础[M]. 杨凯，译. 北京：科学出版社，2004.

[3] 欧姆社. 图解家庭电工百科基础[M]. 马杰，孙文凯，译. 北京：科学出版社，2004.

[4] 迈克尔·迪斯拜齐奥. 电和磁[M]. 张晓燕，译. 天津：新蕾出版社，2003.

[5] 俞艳. 电工技术基础与技能[M]. 北京：人民邮电出版社，2008.

[6] 李福民，姚建永. 电工基础[M]. 北京：人民邮电出版社，2003.

[7] 崔陵. 电工基本电路安装与测试[M]. 2 版. 北京：高等教育出版社，2020.

[8] 崔陵. 电子元器件与电路基础[M]. 2 版. 北京：高等教育出版社，2018.